矿物加工工程卓越工程师人才培养项目系列教材

非金属资源开发项目驱动
实践教学教程

主　编　艾光华

副主编　周贺鹏

北　京

冶金工业出版社

2017

内 容 提 要

本书以非金属矿资源开发为例,围绕"非金属矿石—非金属矿物组成—非金属矿物加工原理及方法—实践与应用"这条主线,结合矿物加工工程专业中的"矿石学"、"粉体工程"、"矿物加工学"、"研究方法实践"等核心课程,构建了以非金属矿资源开发项目驱动为背景的课程教学、实验教学、专业实践等方面的实践教学体系,并提供了实践教学案例。

本书适合作为高等院校矿物加工工程本科生和研究生类的实践教学教材,也可供从事矿物加工技术人员和管理人员参考。

图书在版编目(CIP)数据

非金属资源开发项目驱动实践教学教程/艾光华主编.—北京:冶金工业出版社,2017.12

矿物加工工程卓越工程师人才培养项目系列教材

ISBN 978-7-5024-7705-9

Ⅰ.①非… Ⅱ.①艾… Ⅲ.①非金属矿—矿产资源开发—教材 Ⅳ.①P619.2

中国版本图书馆 CIP 数据核字(2017)第 316963 号

出 版 人　谭学余
地　　　址　北京市东城区嵩祝院北巷 39 号　邮编　100009　电话　(010)64027926
网　　　址　www.cnmip.com.cn　电子信箱　yjcbs@cnmip.com.cn
责任编辑　杨盈园　美术编辑　杨　帆　版式设计　禹　蕊　孙跃红
责任校对　卿文春　责任印制　牛晓波
ISBN 978-7-5024-7705-9
冶金工业出版社出版发行;各地新华书店经销;三河市双峰印刷装订有限公司印刷
2017 年 12 月第 1 版,2017 年 12 月第 1 次印刷
787mm×1092mm　1/16;13.25 印张;318 千字;200 页
38.00 元
冶金工业出版社　投稿电话　(010)64027932　投稿信箱　tougao@cnmip.com.cn
冶金工业出版社营销中心　电话　(010)64044283　传真　(010)64027893
冶金书店　地址　北京市东四西大街46 号(100010)　电话　(010)65289081(兼传真)
冶金工业出版社天猫旗舰店　yjgycbs.tmall.com
(本书如有印装质量问题,本社营销中心负责退换)

矿物加工工程卓越工程师人才培养项目系列教材

编 委 会

主　编：邱廷省

编　委：吴彩斌　艾光华　石贵明　夏　青

余新阳　匡敬忠　周贺鹏　方夕辉

陈江安　冯　博　李晓波　邱仙辉

前　言

自20世纪80年代以来，随着人们生活水平的提高和科学技术的发展，金属材料已经远远不能满足市场需求，世界各国对非金属矿产品的需求不断提高，生产与应用迅速增长。早在1987年，英国地质学家布里斯托就曾提出，在一个国家的经济中，非金属矿产值超过金属矿产值之时，就是这个国家的工业走向成熟的里程碑。如今，非金属矿已经成为现代信息、航空航天、生物工程等高科技和新材料产业的必不可少的原材料。

非金属矿资源在世界范围内分布不均衡，大理石、方解石、石灰石、石膏、硅藻土等在世界各国分布较广，储量较大；而金刚石、重晶石、石棉、萤石等，分布就相对比较集中，我国的石墨、滑石、重晶石、菱镁矿、萤石、硅灰石等非金属矿种在世界上占据领先地位。

本书较为系统地论述了非金属矿选矿技术、试验及实践方法，并较为详细地介绍了相关技术的基础理论知识，在撰写过程中，着力考虑系统性、科学性、先进性及在学习过程中的实用性。

本书共5章。第1章非金属矿物资源概况，介绍了非金属矿的分类用途、资源分布、加工现状及发展趋势；第2章非金属矿物加工技术，介绍了非金属矿物加工技术的基础理论、选矿提纯技术、非金属矿物深加工技术及非金属矿物材料的检测与表征；第3章非金属矿资源开发项目驱动下的实践教学体系，包括实践教学体系构建内容、课程实验教学大纲、实习与研究类实践教学大纲、实践教学体系的考核；第4章非金属矿资源开发项目驱动下的实践教学指导，包括"矿石学"、"粉体工程"、"矿物加工学"、"研究方法试验"、"实习"、"毕业论文"实践教学指导；第5章非金属矿资源开发项目驱动实践教学案例，介绍了非金属矿的小型实验室实验教学案例、半工业实验及工业实验、本科毕业论文的案例。

全书由艾光华副教授主编并统稿。在编写过程中，周贺鹏、李晓波、匡敬忠、方夕辉老师参与编写，研究生杨冰、梁焘茂、王澜参与部分文字录入和图表整理，在此表示感谢。

在编写过程中，引用了矿物加工领域中部分专家学者的著作和学术论文等资料，在此一并表示感谢。

由于作者水平所限，书中不妥之处，希望读者批评指正。

艾光华

2017 年 10 月

目　录

1 非金属矿物资源概况

1.1 概述

石头作为人类改造自然的重要工具，在人类发展的历史长河中，起着极其重要的作用，而非金属矿的加工与应用对人类社会文明进步的贡献不可估量。远在石器时代，非金属矿就登上了历史的舞台。后来，由于金属及能源矿产的广泛应用，非金属矿产的地位大不如从前。但随着近代工业革命的兴起、高新技术产业的迅速发展，金属材料已经不能完全满足市场需求，而非金属材料在耐磨性、质轻等方面的优越性重新得到了广泛认可，非金属矿产的加工及应用得到迅速发展，改革开放以来，我国非金属矿产业发展迅速，20世纪 90 年代初，我国非金属矿产值及消费量就超过了金属矿产。

非金属矿物的加工涉及矿石学、选矿学、晶体矿物学、无机非金属材料学、颗粒学、粉体工程学、化学工程、机械仪器仪表、无机化学、物理化学等众多学科和工程技术领域，是现代飞速发展的多学科交叉的新型工程技术。非金属矿的加工就是通过一系列的加工过程，获得想要得到产品的过程，在这一系列加工过程中，主要包括粉碎和分级、选矿与提纯、表面改性等。

1.2 非金属矿分类与用途

非金属矿是与金属矿相对而言的，是指除金属矿产和矿物燃料以外的具有经济价值的岩石、矿物等自然资源。现已探明的非金属矿物有 93 种，分别为金刚石、石墨、自然硫、硫铁矿、水晶、刚玉、蓝水晶、硅线石、红柱石、钠硝石、滑石、石棉、蓝石棉、云母、长石、石榴子石、叶蜡石、透辉石、透闪石、蛭石、沸石、明矾石、芒硝、石膏、重晶石、毒重石、天然碱、方解石、冰洲石、菱镁矿、萤石、宝石、玉石、玛瑙、石灰岩、白垩、白云岩、石英岩、砂岩、天然石英砂、脉石英、硅藻土、页岩、高岭土、陶瓷土、耐火黏土、凹凸棒石、海泡石、伊利石、累托石、膨润土、辉长岩、大理岩、花岗岩、盐矿、镁盐、钾盐、碘、溴、砷、硼砂、磷矿等。

非金属矿石的利用方式和金属矿石不同。只有少数非金属矿石是用来提取和使用某些非金属元素或其化合物，如硫、磷、钾、硼等，而大多数非金属矿石则是直接利用其中的有用矿物、矿物集合体或岩石的某些物理、化学性质和工艺特征。因此，非金属矿石的物理性质从采场采出时一直保持到产品的最后应用阶段，这一点与金属矿石完全不同。

世界各国多按用途对非金属矿产进行分类。如美国分为磨料、陶瓷原料、化工原料、建筑材料、电子及光学原料、肥料矿产、填料、过滤物质及矿物吸附剂、助熔剂、铸型原料、玻璃原料、矿物颜料、耐火原料及钻井泥浆原料等 14 类。前苏联分为化学原料、黏结原料、耐火-陶瓷原料和玻璃原料、集合原料和晶体原料等 5 类。我国通常分为化工原料、建筑材料、冶金辅助原料、轻工原料、电器和无线电电子工业原料、宝石类和光学材料等 6 类。多数矿产具有多种用途，所以按用途分类并不确切，往往造成一种矿产同时属于不同种类。为此，提出以工业用途与矿石加工技术相结合的分类方案，见表 1-1。

表 1-1 非金属矿产工业分类

类	亚类	原料类别	矿 产 种 类
矿物	自然元素	化学原料	自然硫
	晶体	宝石原料	金刚石（宝石级）、祖母绿、红宝石、电气石、黄玉、绿柱石、青蛋白石、紫水晶等
		工业技术	金刚石（工业级）、压电石英、冰洲石、白云母、金云母、石榴子石等
	独立矿物	半宝石、彩石和玉石原料	玛瑙、蛋白石、玉髓、孔雀石、绿松石、绿玉髓、赤铁矿等
	矿物集合体（非金属矿石）	化学原料	磷灰石、磷块矿、天青石、含硼硅酸盐、钾盐、镁盐等
		磨料	刚玉、金刚砂、铝土矿
		耐火、耐酸原料	磷镁矿、石棉、蓝晶石、红柱石、硅线石、水铝石
		隔音及绝热材料	蛭石、珍珠岩
		综合性原料	萤石、重晶石、石墨、滑石、石盐、硅灰石等
岩石	原矿直接利用或经机械加工后利用	彩石、玉石和装饰砌面石料	碧玉、角质岩、天河石、花岗岩、蛇纹石大理岩、蛇纹石、蔷薇辉石
		建筑和砌面石料	花岗岩、拉长石岩、闪长石及其他火成岩、灰岩、白云岩、大理岩、凝灰岩等
		混凝土填料、建筑及道路建筑材料	砾石、碎石、细砾、建筑砂
	经热加工或化学处理后应用	陶瓷及玻璃原料	玻璃砂、长石和伟晶岩、易熔及耐熔黏土、高岭土
		制取黏结剂原料	泥灰岩、石膏、易熔黏土、板状硅藻土、硅藻土
		耐火材料	耐火黏土、石英岩、橄榄岩、纯橄榄岩
		铸石材料	玄武石、辉绿岩等
		颜料材料	赭石、红土、铝矾等
		综合性原料	灰岩、白云岩、白垩、砂、黏土、石膏等

1.3 世界非金属矿资源分布

目前，自然界已发现的非金属矿种类达 1500 多种，已被开发的仅 200 多种。世界非金属矿产资源丰富。高岭土、菱镁矿、石膏等大宗非金属矿产储量都在百亿吨以上。我国是世界上非金属矿资源总量丰富、矿种齐全、但人均拥有量少的国家之一。据统计，我国已经发现的非金属矿种有 126 种，已探明储量的非金属矿产有 93 种。其中石墨、石膏、膨润土、石灰石、菱镁矿、重晶石、芒硝等矿种的储量居世界首位；滑石、石棉、萤石、硅灰石的储量居世界第二位；磷、硫、高岭土、珍珠岩、天然碱、耐火黏土的储量居世界第三位；大理石、花岗石及砂石等矿产也名列前茅。

非金属矿产在国民经济中占有十分重要的地位，其开发应用水平已成为衡量一个国家科技、经济水平的重要综合标志之一。美国 1994 年非金属矿物产值是金属矿物产值的 2

倍。中国 1993 年非金属矿物产值超过了金属矿物产值。50 多年来，世界非金属矿产品的产值每 10 年增长 50%~60%，大大超过了金属矿产的增长速度。有的学者甚至预言，人类社会进入了第二个"石器"时代，见表 1-2。近十年来，世界上多数非金属矿产资源产量都有了不同程度的增加，少数非金属矿产产量略有下降。

表 1-2　2012 年世界主要非金属矿产储量

矿 产	单 位	储 量	矿 产	单 位	储 量
石墨	万吨	7700	硅藻土	亿吨	大
萤石	万吨	24000	天然碱	亿吨	240
钾盐	亿吨（K_2O）	95	金刚石	亿 ct	6.0
硼矿	万吨（B_2O_3）	21000	碘	万吨	760
重晶石	万吨	24000	硒	万吨	9.8

世界各主要非金属矿产资源及开发利用现状。

1.3.1　萤石

萤石又称氟石、氟石粉，萤石粉，等轴晶系，其主要成分是氟化钙（CaF_2）。萤石在世界各大洲均有分布，目前已探明储量分布在 40 多个国家和地区，南非、墨西哥、中国和蒙古的萤石储量位列世界前四位，全球萤石资源约 5 亿吨。

南非萤石储量居世界第一位，占世界萤石储量的 17%。南非已发现矿床主要分布在德兰图瓦省和西北省，已开发的矿床包括 Witkop 萤石矿、Buffalo 萤石矿、Vergenoeg 萤石矿、Nokeng 萤石矿和 Doornhoek 萤石矿，矿床类型主要是白云岩层状矿床。

墨西哥萤石储量居世界第二位，占世界萤石储量的 13%。墨西哥萤石矿资源主要分布在科阿维拉、圣路易斯托西和瓜那华托。拉奎瓦萤石矿床是世界上最大的萤石矿之一，位于圣路易斯托西的 Salitrera 地区，该矿储量 5000 万吨。Sabina 萤石矿区位于阿维拉州的 Muzquiz 城的西北地区，储量超过 1300 万吨。

中国萤石储量位于世界第三，占世界萤石储量的 10%。中国萤石资源分布在内蒙古自治区、浙江省、福建省、江西省和湖南省，这五个地区萤石储量占全国的 70% 之多。

蒙古萤石储量位列世界第四，占世界萤石储量的 9% 左右。蒙古已发现萤石矿床主要分布在东戈壁省，大型矿床是北克鲁伦矿和南克鲁伦矿，南克鲁伦矿区中有多个矿体，最大矿体长数百米至千米，储量规模最大的开采矿区是波尔安杜尔萤石矿。

其他萤石矿资源比较丰富的国家有纳米比亚、加拿大、澳大利亚和美国等。

全球出口萤石的国家主要是中国、墨西哥、纳米比亚、蒙古和南非。中国萤石及相关化工产品出口量居世界第一位，2014 年 1~12 月，中国出口萤石（按重量计氟化钙含量不大于 97% 的萤石）总量为 179316.23t。主要出口至韩国、日本、台澎金马关税区、荷兰、印度、马来西亚、阿联酋、印度尼西亚、美国、芬兰、比利时、沙特阿拉伯、越南、新喀里多尼亚、罗马尼亚、菲律宾、希腊、新加坡、澳大利亚、阿曼等国家和地区。

1.3.2　高岭土

高岭土是一种非金属矿产，是一种以高岭石族黏土矿物为主的黏土和黏土岩。因呈白色而又细腻，又称白云土。因江西省景德镇高岭村而得名。其质纯的高岭土呈洁白细腻、松软土状，具有良好的可塑性和耐火性等理化性质。其矿物成分主要由高岭石、埃洛石、水云母、伊利石、蒙脱石以及石英、长石等矿物组成。

世界上高岭土资源极为丰富，五大洲 60 多个国家和地区均有分布，但主要集中在欧洲、北美洲、亚洲和大洋洲。目前全世界高岭土的探明储量约 242.3 亿吨。储量较大的地区有美国佐治亚州、巴西的亚马逊盆地、英国的康沃尔和德文郡、中国的广东、福建、广西、江西和江苏等。

美国高岭土矿产资源十分丰富，居世界首位，主要来自佐治亚州、南卡罗来纳州，亚拉巴马州、阿肯色州、加利福尼亚州，佛罗里达州、北卡罗来纳州及得克萨斯州等 130 多个矿山。佐治亚州高岭土矿床是世界最大的高岭土矿床，储量达 79 亿吨。

中国高岭土资源储量居世界第二位，据中国国土资源部资料，截至 2006 年年底的统计，中国已有高岭土矿床（点）有 318 处，基础储量为 6.36 亿吨，储量为 2.31 亿吨，已查明资源储量为 19.14 亿吨。

英国高岭土资源较为丰富，主要集中分布在康沃尔半岛圣奥斯特尔花岗岩体的西部和中部，达特模尔花岗岩体西南部，波德明花岗岩体西部和南部。经选矿后用于造纸填料和涂料。已查明储量为 18.15 亿吨。

巴西高岭土矿床主要分布在亚马孙盆地，据报道，已查明资源量达 13 亿吨以上，在世界高岭土矿物储量方面，将取代英国的地位。矿床大多为残积型，产于风化的花岗岩、伟晶岩及其他结晶岩中，有价值的矿床是沿帕腊河（亚马逊河支流）的费利佩高岭土矿，矿床产于上新世巴雷拉斯统，后来在沿雅里河地区又发现大规模的次生矿床，绵延几公里，储量较大。主要用于造纸及陶瓷工业。

世界高岭土主要出口国是美国、中国、巴西、英国等；进口国和地区主要有中国香港、中国台湾地区、日本、意大利、韩国、泰国和荷兰等。美国是世界上造纸级高岭土的主要供货者，不过，近来，巴西所占市场份额在不断增加。

1.3.3 滑石

滑石是热液蚀变矿物。富镁矿物经热液蚀变常变为滑石，故滑石常呈橄榄石、顽火辉石、角闪石、透闪石等矿物假象。滑石是一种常见的硅酸盐矿物，它非常软并且具有滑腻的手感。滑石一般呈块状、叶片状、纤维状或放射状，颜色为白色、灰白色，并且会因含有其他杂质而带各种颜色。滑石的用途很多，如作耐火材料、造纸、橡胶的填料、农药吸收剂、皮革涂料、化妆材料及雕刻用料等等。

世界滑石储量丰富，滑石类（包括叶蜡石）矿床分布在 40 多个国家和地区，主要有美国、巴西、中国、法国、芬兰和俄罗斯等，另外韩国和日本等国家和地区也有滑石类矿床分布，但以叶蜡石为主。据美国地调局估计世界滑石资源是已探明储量的 5 倍之多。中国滑石矿产基础储量约 1 亿吨，分布在江西、辽宁、广西和山东等 18 个省区，优质白滑石分布在广西、辽宁和山东，黑滑石主要分布在江西省广丰县。印度已开发的滑石矿床主要分布在拉贾斯坦邦和喜马偕尔邦，据印度年报，印度滑石和皂石证实储量 11553 万吨，推测滑石资源量 11523 万吨，叶蜡石储量 1948 万吨，资源量 1421 万吨。美国滑石储量 14000 万吨，储量基础 54000 万吨位居第一；巴西滑石储量 23000 万吨位居第一，储量基础 25000 万吨。

世界上出口滑石的国家有中国、美国、加拿大、意大利、印度和澳大利亚，进口滑石的国家和地区有日本、韩国、墨西哥和德国等 70 个国家。

1.3.4 石墨

石墨是碳结晶矿物，层状结构。石墨分晶质石墨和隐晶质石墨，晶质（鳞片）石墨主要蕴藏在中国、乌克兰、斯里兰卡、巴西等国；隐晶质石墨主要分布在中国、印度、墨西哥和奥地利等国。

石墨具有导电、导热、润滑、耐腐蚀和耐高温等独特的理化性质，石墨制品和石墨功能材料广泛应用于冶金、化工、机械和航空航天等国民经济各个行业，石墨是一个传统工业和战略性产业所必需的矿物原料。

2012 年世界石墨储量 7700 万吨，中国石墨储量 5500 万吨，占世界的 71%。中国已发现石墨资源储量居世界第一。截止 2012 年年底，中国晶质石墨矿物储量 2000 万吨，查明资源储量约 2 亿吨；分布在黑龙江、山东、内蒙古和四川等 20 个省市区，其中，黑龙江省萝北县云山石墨矿区是最大的，已查明资源储量 4200 万吨。隐晶质石墨矿石储量约 500 万吨，资源储量约 3500 万吨，主要分布在内蒙古、湖南、吉林等 9 个省、自治区，隐晶质石墨固定碳含量 55%~80%。

印度的石墨矿产储量位居世界第二。据印度矿业年度报道，印度石墨储量 105 万吨，资源量 15802.5 万吨。有 3 个石墨矿带，即博兰吉尔-桑巴尔普尔矿带、普尔巴尼-长拉汉迪矿带和登卡纳尔矿带。

墨西哥已发现石墨矿全部是微晶石墨，主要分布在索若拉州、格雷罗州和瓦哈卡州。索若拉州的石墨矿床赋存在含煤的深灰红色石英岩之间。已开发的埃莫西约石墨矿全部是微晶石墨，品位在 65%~85%，罗尔德斯石墨矿已开发。苏利石墨公司勘查开发的石墨矿位于索若拉州，品位 88%，墨西哥石墨公司勘查位于瓦哈卡的微晶石墨矿床。

韩国勘查发现 Chungnam 鳞片石墨矿床，位于 Kang Won，粗略估计资源量 100 万~150 万吨。Kyong Gi 微晶石墨矿床，位于 Lyung Pak，估算资源量 250 万~300 万吨，固定碳含量 5%。

2011 年世界石墨出口超过 50 万吨，2012 年世界石墨出口达 30 万吨以上，世界上 50 多个国家和地区进口石墨，进口国家有美国、日本、荷兰、德国、韩国等。世界石墨主要出口国家有中国、墨西哥、加拿大、巴西、斯里兰卡和朝鲜等。美国、日本和欧盟等发达国家基本垄断了石墨深加工的先进技术和知识产权，主要进口石墨原矿和石墨初级产品，深加工后以极高的价格占领国际市场。中国、巴西和朝鲜等发展中国家主要出口初级石墨产品，进口石墨深加工产品。

1.3.5 重晶石

重晶石是钡的最常见矿物，它的成分为硫酸钡，常见产于低温热液矿脉中。重晶石的晶体呈大的管状，晶体聚集在一起有时可形成玫瑰花形状或分叉的晶块，这称为冠毛状重晶石。纯的重晶石是无色透明的，一般则呈白、浅黄色，具有玻璃光泽。而且重晶石可以用作白色颜料（我们俗称立德粉），还可用于化工、造纸、纺织填料，在玻璃生产中它可充当助熔剂并增加玻璃的光亮度。但它最主要的是作为加重剂用在钻井行业中及提炼钡。

世界上可开发利用的重晶石资源不多，主要有沉积型、低温热液型和风化残积型等 3 种，储量总计 24000 万吨，集中在中国、印度、阿尔及利亚、美国、俄罗斯、摩洛哥、墨西哥等 20 多个国家或地区，静态保障年限为 35 年。

中国重晶石储量居世界首位，为 1 亿吨，占世界总储量的 41.7%。国内统计为 1890 万吨，低于国外机构的估计，这是由于对"储量"的分类不一所致。按照中国矿产资源储量分类，中国重晶石查明资源储量为 29021 万吨，中国重晶石资源比其他的任何国家都丰富。中国重晶石主要分布在贵州、湖南、广西、甘肃、陕西和浙江，上述 6 个省（区）合计占全国查明储量的 86%。其中，贵州 9325.4 万吨，居全国第一，占全国查明资源储量的 32.1%；其次是湖南 6361.8 万吨，占 21.9%；广西 3057.1 万吨，占 10.5%；甘肃 263406 万吨，占 9.1%；陕西 2571.8 万吨，占 8.9%；浙江 1011.6 万吨，占 3.5%。

由于重晶石的消费与世界油气生产有着密切的关系，因此，重晶石的国际贸易流向主要是从重晶石生产国流向油气生产国。国际上重晶石的商业购买者主要有：M-1 公司，巴罗德公司，贝克休斯英泰克公司，纽帕克资源公司。它们主要是向美洲、里海地区和东南亚提供钻井级重晶石粉的原矿。

1.3.6　硅灰石

硅灰石是偏硅酸钙矿物，纯硅灰石化学组成为氧化钙 48.3%，二氧化硅 51.7%。硅灰石矿物中常含有少量的铝、镁、铁、钾和钠元素，颜色有亮白、灰白和棕色。常用作造纸、陶瓷、水泥、橡胶、塑料等的原料或填料；气体过滤材料和隔热材料；冶金的助熔剂等。

世界上只有 20 多个国家或地区发现了硅灰石矿床，大型矿床主要分布在中国、印度、美国、墨西哥、西班牙和芬兰。加拿大、澳大利亚、南非、肯尼亚、哈萨克斯坦、乌兹别克斯坦、塔吉克斯坦、土耳其、纳米比亚和苏丹等国家勘查发现可开发的硅灰石矿床。世界硅灰石证实储量超过 9000 万吨，美国地调局估计世界硅灰石资源量 2.7 亿吨。

中国、印度和墨西哥硅灰石资源比较丰富，质量优良。中国硅灰石已查明资源储量 1.6 亿吨，相对集中在辽宁、吉林、江西、云南和青海等省，上述 5 省拥有的硅灰石资源储量占全国的 90%。印度硅灰石储量 853.33 万吨，资源量 1170.8 万吨，主要分布在拉贾斯坦邦。南非马加塔硅灰石矿床储量 320 万吨。美国已发现硅灰石矿床分布在亚利桑那州等 7 个州，唯有在纽约州的硅灰石被开发。墨西哥硅灰石矿床位于索诺拉州莫西约地区，有高长径比纤维状硅灰石。澳大利亚昆士兰北部发现硅灰石矿床，钻探显示有两个硅灰石矿体，硅灰石矿带宽 20m，长 500m，估计潜在资源量 250 万吨，长纤维硅灰石含量占 50%，硅灰石质地软，白度高，纯度高。西班牙 2 个已开发的硅灰石矿床，一个是欧洲最大的，位于萨拉曼卡市的 Aldea del Obispo 地区；另一个位于韦尔瓦省北部 Aoche 城附近 Alto del Carmen 山丘，已探明硅灰石矿床证实储量 570 万吨，硅灰石含量平均 27%，最高 75%。

中国、印度、墨西哥和芬兰是硅灰石主要出口国，荷兰、日本、意大利、韩国、西班牙、俄罗斯是硅灰石主要进口国，世界硅灰石年出口贸易量 25 万吨以上。

1.3.7　膨润土

膨润土是以蒙脱石为主要矿物成分的非金属矿产，有很强的离子交换能力。根据蒙脱石所含的可交换阳离子种类、含量及结晶化学性质的不同分为钠基、钙基、镁基、铝（氢）基等膨润土，商业膨润土主要是钠基和钙基。由于膨润土（蒙脱石）具于有良好的物理化学性能，可做净化脱色剂、黏结剂、触变剂、悬浮剂、稳定剂、充填料、饲料、催化剂等，广泛用于农业、轻工业及化妆品、药品等领域，所以蒙脱石是一种用途广泛的天然矿物材料。

世界膨润土资源丰富，但分布不均衡，主要分布在环太平洋带、环印度洋带和地中海-黑海带。主要资源国有中国、美国、俄罗斯、德国、意大利、日本及希腊等。据美国前矿业局统计世界膨润土查明资源量为 14.52 亿吨（不包括中国）。钠基膨润土资源不足 5 亿吨，主要产地是美国的怀俄明州，储量 6800 万～12000 万吨；意大利、俄罗斯、希腊和中国也有分布。天然膨润土主要产地为美国的得克萨斯州和内华达州、土耳其的安卡拉地区、意大利的萨丁岛和摩洛哥等。美国的膨润土开放时间长，怀俄明已有 80 年的开采史，资源日渐枯竭；其他国家，如意大利和庞廷岛的膨润土已经开采殆尽；日本和东南亚各国资源也很有限，每年需要大量进口。中国膨润土资源居世界前列，探明储量多，主要分布在广西、新疆、内蒙古、江苏、河北、湖北、山东和安徽等省区。

美国是世界最大的膨润土出口国，2011 年出口量 102 万吨，同比增长 7%；出口额 1.67 亿美元，同比增长 16.8%。其中 70% 出口到墨西哥，14% 出口到秘鲁，16% 出口到中国台湾地区。

1.3.8 石膏

石膏是单斜晶系矿物，是主要化学成分为硫酸钙（$CaSO_4$）的水合物。石膏是一种用途广泛的工业材料和建筑材料。可用于水泥缓凝剂、石膏建筑制品、模型制作、医用食品添加剂、硫酸生产、纸张填料、油漆填料等。石膏及其制品的微孔结构和加热脱水性，使之具优良的隔音、隔热和防火性能。

世界石膏资源十分丰富，分布广，已发现天然石膏资源分布不均衡。目前全球有 100 多个国家和地区勘查探明石膏资源，俄罗斯石膏储量 32 亿吨，伊朗 24 亿吨，中国 13 亿吨，巴西 2.3 亿吨，美国 7 亿吨，加拿大 4.5 亿吨，其他石膏资源丰富的国家还有墨西哥、西班牙、法国、泰国、澳大利亚、印度和英国等。中国已探明石膏资源储量世界第一，高达 846 亿吨，分布在 23 省（区），石膏资源储量超过 10 亿吨。美国石膏储量分布在 29 个州，探明储量相对集中在俄克拉荷马、爱荷华、阿肯色、内华达、加利福尼亚、得克萨斯、印第安纳和密歇根。排烟脱硫石膏和磷石膏等工业副产石膏已成为工业用石膏的重要来源之一。

普通石膏进出口贸易局限于周边国家之间贸易往来，医用石膏和石膏制品贸易比较活跃，并不局限于周边国家。

1.3.9 石棉

石棉是具有高抗张强度、高挠性、耐化学和热侵蚀、电绝缘和具有可纺性的硅酸盐类矿物产品。它是天然的纤维状的硅酸盐类矿物质的总称。石棉防火制品、石棉密封材料和石棉保温材料用于建筑、化工、运输机械和国防部门。近十年来，全球石棉产量和消费量在 200 万～240 万吨之间波动。全球石棉生产高度集中在俄罗斯、中国、巴西和哈萨克斯坦,石棉产量合计占世界总产量的90%,中国、印度和俄罗斯是石棉消费大国。

世界已探明的石棉储量已超过20亿吨,石棉矿产地有150处,分布于40多个国家和地区。俄罗斯、哈萨克斯坦、加拿大、中国、巴西、南非和津巴布韦石棉资源比较丰富。俄罗斯乌拉尔地区和加拿大魁北克地区的石棉资源量占世界的一半以上。加拿大魁北克温石棉矿证实储量2亿吨,石棉含量6%。中国已查明石棉资源储量超过1亿吨,储量2500万吨,西部地区四川、云南、陕西、甘肃、青海、新疆6省(区)石棉资源储量占全国的99%,中国石棉主要是短纤维石棉。印度石棉储量604万吨,资源量1569万吨。巴西石棉储量1126万吨,足以满足巴西需要,卡纳布拉瓦石棉矿位于戈亚斯州,石棉含量5.2%。美国有石棉资源,但大部分是短纤维石棉。

出口石棉的国家主要是俄罗斯、加拿大、哈萨克斯坦和巴西。进口石棉的国家主要是发展中国家,印度、中国和印度尼西亚等国石棉进口量占世界的石棉进口量的半数以上。

1.3.10 硫

硫以自然硫、硫化氢、金属硫化物、硫酸盐等多种形式存在于地壳中,资源十分丰富。目前可经济利用的硫资源有如下5种来源:一是从石油、天然气中回收的硫;二是金属硫化物矿床共生、伴生的硫;三是煤、油页岩和富含有机质的页岩中所含的硫;四是硫铁矿;五是自然硫矿。其中,以前两种来源的硫最有工业和商业利用价值,是世界上工业利用硫的主要来源,所占比重逐年提高。中国目前虽然是以硫铁矿为主要工业硫源,但其比重已呈现逐年下降趋势。在可以预见的未来,仅仅靠油气和金属硫化物矿床中的硫就可以保障世界工业的需要。

中国从2008年开始超过美国成为世界第一大硫生产大国,2011年,硫产量970万吨,占世界总产量的14%。在17个主要硫生产国中,中国是唯一以黄铁矿为主要利用资源的国家,黄铁矿硫产量占世界黄铁矿硫产量的89%。美国2011年硫产量895万吨,居世界第二位,占世界总产量的13%。与中国不同的是,美国为了满足减少二氧化硫排放的环保要求,硫实际上全部来源于冶金、天然气、石油工业回收的副产品。

俄罗斯2011年硫产量在最近的5年来首次超过加拿大,居世界第三位,为725万吨,占世界总产量的10%。它的硫主要来源于工业回收过程,约703万吨,占本国的硫总产量的97%;黄铁矿硫和自然硫产量分别为20万吨、5万吨,合计约占本国的3%。加拿大2011年硫产量排在第四位,为652万吨,下降了10%。该国的硫2/3都来源于艾伯塔省的油砂和天然气企业,其余部分来源于不列颠哥伦比亚省的天然气生产公司和该国的其他地区一些炼油厂。

硫的贸易形式主要是硫黄、硫铁矿以及硫酸。2011年全球硫贸易量约为3089万吨,比2010年略降0.88%。出口国家主要有加拿大、俄罗斯、哈萨克斯坦、沙特阿拉伯、卡塔尔、阿布必达、伊朗、美国和日本,出口量均在100万吨以上;进口国家主要有中国、摩洛哥、美国、巴西、印度和突尼斯等。世界硫的贸易流向主要是从油气产区流向磷肥产区。

1.3.11 磷

世界磷矿资源分布十分广泛,主要分布在非洲、北美、亚洲、中东、南美等60多个国家和地区。据美国地质调查所统计，截至 2012 年年底世界磷矿石储量为 670 亿吨，比上年减少 40 亿吨，下降了 5.6%，这主要是由于重新修订了伊拉克磷矿储量，从 58 亿吨，校正为 4.6 亿吨。非洲是世界上磷矿最富集的地区，集中了世界上 75% 以上的磷矿。磷矿储量在 10 亿吨以上的国家或地区有 8 个，分别是：摩洛哥和西撒哈拉、中国、阿尔及利亚、叙利亚、约旦、南非、美国和俄罗斯，合计 634 亿吨，占世界储量的比重合计为 94.6%。目前世界可供经济开采的磷矿资源可使用 350 年左右。

摩洛哥和西撒哈拉 2012 年磷矿石储量为 500 亿吨，占世界总量的 74.6%。该地区磷矿资源主要分布在摩洛哥的西部，品位基本上在 34% 以上，属于优质矿。主要有四大磷矿区，分别是乌拉德·阿布顿、甘图尔高原、梅斯卡拉、欧德·埃德达布哈。按照目前的开采速度，可供开采约 2000 年。

中国磷矿石 2012 年储量为 37 亿吨，占世界总量的 5.5%。主要分布在中西部地区，其中云南、贵州、四川、湖北和湖南五省磷矿的查明资源储量占全国的 75% 以上，P_2O_5 品位在 30% 以上的富矿石储量几乎都在这五个省内。

世界磷矿石的贸易主要是从磷矿石生产区流向磷肥生产区和磷肥消费区。2011 年世界磷矿石的贸易量为 3114.6 万吨（毛重），比 2010 年增长了 3.9%。非洲地区的出口量为 1529.9 万吨，占世界总出口量的 49%。欧盟 27 国的进口量为 929.2 万吨，占世界总进口量的 29.8%；东南亚地区进口量为 457.7 万吨，占 15%；北美地区进口量 327.2 万吨，占 11%。磷矿石主要出口国为摩洛哥、约旦、叙利亚、阿尔及利亚等，主要进口国为印度、美国、波兰、西班牙、印度尼西亚等。

1.4　我国非金属矿资源分布

我国非金属矿工业起步于 20 世纪 50 年代，现有非金属矿企业 8 万多家，从业人员 120 多万人。非金属矿产资源丰富，年采矿量超过 100 亿吨，2015 年规模以上非金属矿企业采选业主营业务收入 5457 亿元、利润总额 414.1 亿元。

我国探明储量的非金属矿产有 125 种（含亚种），其中化工原料 25 种、建材和其他非金属矿产 100 种。其中，菱镁矿资源有产地 27 处，总保有储量矿石 30 亿吨，居世界第一位；萤石矿有 230 处，总保有储量 1.08 亿吨，居世界第三位；耐火黏土资源有 327 处，总保有储量矿石 21 亿吨；硫矿资源 760 余处，总保有储量折合硫 14.93 亿吨，居世界第二位；芒硝矿资源有 100 余处，总保有储量 105 亿吨，居世界首位；重晶石资源 103 处，总保有储量矿石 3.6 亿吨，居世界首位；盐矿资源有 150 处，总保有储量 4075 亿吨；钾盐资源有 28 处，总保有储量 4.56 亿吨；硼矿资源有 63 处，总保有储量 4670 万吨，居世界第五位；磷矿资源有 412 处，总保有储量矿石 152 亿吨，居世界第二位；金刚石矿资源有 23 处，总保有储量金刚石矿物 4179kg；石墨矿资源有 91 处，总保有储量矿物 1.73 亿吨，居世界首位；硅灰石资源有 31 处，总保有储量矿石 1.32 亿吨，居世界首位；滑石资源有 43 处，总保有储量矿石 2.47 亿吨，居世界第三位；石棉资源有 45 处，总保有储量矿物 9061 万吨，居世界第三位；云母矿资源有 169 处，总保有储量 6.31 万吨；石膏矿资源有 169 处，总保有储量矿石 576 亿吨；水泥灰岩资源有 1124 处，总保有储量矿石 489 亿吨；玻璃硅质原料有 189 处，保有储量 38 亿吨；硅藻土资源有 354 处，总保有储量 3.85 亿吨，居世界第二位；高岭土矿资源有 208 处，总保有储量矿石 14.3 亿吨，居世界第七位；膨润土矿资源有 86 处，保有储量矿石 24.6 亿吨，居世界首位；花岗石矿资源有 180 余处，总保有储量矿石 17 亿立方米；大理石矿有 123 处，保有储量矿石 10 亿立方米。

我国主要非金属矿产分布简介见表 1-3，主要非金属矿产资源储量，见表 1-4。

表 1-3　我国主要非金属矿产分布

矿种	已探明矿床数量/处	主要分布
硫矿	760	硫铁矿：辽宁省清原；内蒙古自治区东升庙、甲生盘、炭窑口；河南省焦作；山西省阳泉；安徽省庐江、马鞍山、铜陵；江苏省梅山；浙江省衢县；江西省城门山、武山、德兴、水平、宁都；广东省大宝山、凡口、红岩、大降坪、阳春；广西壮族自治区凤山、环江；四川省叙永兴文、谷蔺；云南省富源等矿区自然硫；山东省大汶口矿床
磷矿	412	云南省晋宁（昆明）、昆明、会泽、湖北省荆襄、宜昌、保康、大悟；贵州省开阳、瓮安；四川省什邡；湖南省浏阳；河北省矾山；江苏省新浦和锦屏等磷矿区
钾盐		青海省察尔汗、大浪滩、东泰吉乃尔、西泰吉乃尔等盐湖；云南省勐野井钾盐矿
盐类和芒硝		青海省察尔汗等、新疆维吾尔自治区七角井等、湖北省应城、江西省樟树等、江苏省淮安、山西省运城、内蒙古自治区吉兰泰等地区
硼矿	63	吉林省集安；辽宁省营口五零一、宽甸、二人沟；西藏自治区扎布耶茶卡、榜于茶卡、茶拉卡等矿床
重晶石	103	贵州省天柱、湖南省贡溪、湖北省柳林、广西壮族自治区象州、甘肃省黑风沟、陕西省水坪
石墨	91	黑龙江省鸡西（柳毛）、勃利（佛岭）、钼利、穆棱（光义）、萝北；吉林省磐石；内蒙古自治区兴和；湖南省鲁塘；山东省南墅；陕西省银铜沟、铜峪等矿床
石膏	169	山东省大汶口、内蒙古自治区鄂托克旗、湖北省应城、山西省太原、宁夏回族自治区中卫、甘肃省天祝、湖南省邵东、吉林省浑江、四川省峨边等矿床
石棉	45	四川省石棉；青海省茫崖；新疆维吾尔自治区若羌
滑石	43	辽宁省海城、本溪、恒仁；山东省栖霞、平度、掖县；江西省广丰、于都；广西壮族自治区龙胜等矿床
云母	45	新疆维吾尔自治区、内蒙古自治区和四川等省区
硅灰石	31	吉林省磐石、梨树；辽宁省法库、建平；青海省大通；江西省新余；浙江省长兴等矿床
高岭土	208	广东省茂名、湛江、惠阳；河北省徐水；广西壮族自治区合浦；湖南衡阳、汨罗
膨润土	86	广西壮族自治区宁明；辽宁省黑山、建平；河北省宣化、隆化；吉林省公主岭；内蒙古自治区乌拉特前旗、兴和；甘肃省金昌；新疆维吾尔自治区和布克赛尔、托克逊；浙江省余杭；山东省潍县等矿床
硅藻土	354	吉林省长白；云南省寻甸、腾冲；浙江省嵊州等矿床
宝玉石		辽宁省瓦房店、山东省昌乐、湖南省沅陵、常德等矿床
玻璃硅质原料	189	青海、海南、河北、内蒙古、辽宁、河南、福建、广西壮族自治区等省（区）

矿 种	已探明矿床数量/处	主 要 分 布
水泥灰岩		陕西、安徽、广西、四川、山东等省（区）
菱镁矿	27	辽宁省海城、山东省莱州市、西藏自治区巴下等地
萤石	190	浙江省武义、遂昌、龙泉；福建省建阳、将乐、邵武；安徽省郎溪、旌德；河南省信阳；内蒙古自治区四子王旗、额济纳旗；甘肃省高台、永昌等地
耐火黏土	327	山西、河北、山东、河南、四川、黑龙江、内蒙古等省（区）

表1-4 我国主要非金属矿产资源储量

矿 产	单 位	2010年	2015年	增减变化率/%
菱镁矿	矿石亿吨	36.4	29.7	-18.4
萤石	矿物亿吨	1.8	2.21	22.8
耐火黏土	矿石亿吨	24.6	25.6	4.1
硫铁矿	矿石亿吨	56.9	58.8	3.3
磷矿	矿石亿吨	186.3	231.1	24.0
钾盐	KCl亿吨	9.3	10.8	16.1
硼矿	B_2O_3万吨	7309.2	7575.7	3.6
钠盐	NaCl亿吨	13337.7	13680.0	2.6
芒硝	Na_2SO_4亿吨	934.2	1170.7	25.3
重晶石	矿石亿吨	2.90	3.30	13.8
水泥用灰岩	矿石亿吨	1021.0	1282.3	25.6
玻璃硅质原料	矿石亿吨	64.7	79.0	22.1
石膏	矿石亿吨	769.1	1004.2	30.6
高岭土	矿石亿吨	21.0	27.1	29.0
膨润土	矿石亿吨	28.0	28.9	3.2
硅藻土	矿石亿吨	4.3	4.8	11.6
饰面花岗岩	矿石亿立方米	23.2	34.3	47.8
饰面大理石	矿石亿立方米	15.3	16.1	5.2
金刚石	矿石千克	3702.1	3396.5	-8.3
晶质石墨	矿物亿吨	1.85	2.6	40.5
石棉	矿物亿吨	8975.3	9157.4	2.0
滑石	矿石亿吨	2.67	2.75	3.0
硅灰石	矿石亿吨	1.55	1.7	9.7

"十二五"期间，我国非金属矿产业稳定发展，其中采选业主营业务收入年均增长12.67%。非金属矿深加工产品出口2010年约60亿美元，2015年约80亿美元，年增长约6%。并且，在许多方面都取得了显著的效果：

在产业集聚方面，我国石墨、萤石、高岭土、菱镁矿、硅藻土、硅灰石、碳酸钙等重要非金属矿产，依托资源产地，逐步形成一定规模的采选加工基地，产业向集群园区集中呈现明显发展趋势。目前已建成黑龙江鹤岗、鸡西石墨，江苏盱眙凹凸棒，吉林梨树硅灰石，吉林临江硅藻土等产业集群。

在产业结构优化方面，我国非金属矿山治理整顿不断加强，开采秩序逐渐规范；企业数量减少近 1 万家，规模以上的非金属矿企业数量在逐年增大；非金属矿产品质量、品种规格有所提升，开发了石墨新能源材料、石墨散热导电材料、高性能石墨密封材料、高纯石英、硅藻土复合材料、硅灰石矿物纤维材料、各种功能性填充材料等深加工产品。

在技术装备方面，我国开发应用一批新工艺、新技术，促进了非金属矿行业的发展。如，鳞片石墨选矿工艺技术提升，使鳞片石墨选矿最终混合精矿品位达到 95% 以上；非金属矿物粉体干法连续表面改性技术的推广应用，不仅显著提高了表面改性粉体的质量和改性作业的效率，而且降低了改性剂的用量和能耗。

与此同时，一批重大技术装备研究取得突破，提高了行业装备水平。非金属矿超细粉碎和精细分级技术装备的设备处理能力、单位产品能耗、耐磨性能、工艺配套和自动控制等综合性能显著进步。在特殊加工技术装备上，如高长径比针状硅灰石粉体加工技术装备方面，国内自主开发的 ACM-700E 型冲击式粉碎机及 TM1200 矿物制粉系统，可生产出长径比>12 的超细硅灰石粉体。

在绿色矿山建设方面，我国非金属矿行业绿色矿山试点单位共 59 家，涵盖非金属矿产有石灰岩、高岭土、萤石、滑石、石墨、重晶石等 12 种。试点矿山企业在资源利用、技术创新、节能减排、环境保护、土地复垦和矿山绿化等领域进步明显，在行业内属领先和先进水平，对非金属矿行业绿色矿山建设具有引领和示范作用。

据《中国矿产资源报告 2016》数据显示，我国硫铁矿、磷矿、钾盐、菱镁矿、萤石、硼矿和重晶石等非金属矿产资源潜力巨大，见表 1-5。截至 2015 年年底，我国新发现石墨矿产地 17 处，其中大中型矿产地 12 处；新发现磷矿产地 18 处，其中大中型矿产地 10 处。

表 1-5 我国重要非金属矿产资源潜力

矿产	单 位	预测资源量	资源查明率/%
硫铁矿	矿石亿吨	184	26.1
自然硫	硫亿吨	2.3	61.0
磷矿	矿石亿吨	560	31.4
钾盐	KCl 亿吨	20	39.1
重晶石	矿石亿吨	14.4	26.9
硼矿	B_2O_3 万吨	18859.1	33.5
菱镁矿	矿石亿吨	131.4	19.5
萤石	矿物亿吨	95276	26.9

1.5 非金属矿物加工现状及发展趋势

1.5.1 非金属矿物材料市场需求

21 世纪，人类已经进入了高新技术迅猛发展的时代。高新技术的发展，一方面导致一大批新兴产业群的诞生，另一方面也给传统产业带来巨大的变化，现代生产技术的提高，新产品开发日趋活跃，以及生产工艺不断创新，促使非金属矿物材料逐步向超细化、功能化、高性能化和复合化方向发展，应用市场将更加广阔。

1.5.1.1 超细化和纳米化矿物材料应用市场

目前，超细化-纳米粉体材料在高技术和新材料领域主要用于以下几个方面：

（1）玻璃行业。纳米矿物粉体加入后，可使玻璃韧性变好，强度提高，不影响透光性，并具有抗紫外线和短波辐射功能，可替代传统的钢化玻璃和某些镀膜玻璃。

（2）陶瓷行业。陶瓷中加入纳米的二氧化硅其脆性大大降低，而柔韧性提高几倍至几十倍，表面粗糙度也明显提高。

（3）塑料行业。在塑料加工过程中，加入纳米矿物材料可提高产品的透明度、强度、韧性、防水性、抗老化性、抗菌性、吸波隐身性等。

（4）涂料行业。在各种建筑涂料中加入纳米二氧化硅可使其抗老化性、表面光洁度、机械强度、附着力和耐酸、碱、盐的能力成倍增长，使用寿命增加，还可制造出杀菌、防污、除臭、自洁的抗菌防污涂料，同时，还可以制成吸波隐身涂料等。

（5）橡胶行业。纳米三氧化二铝加入到橡胶中去，能提高橡胶的介电性和耐磨性。用纳米二氧化硅粒子控制其颗粒尺寸，可制备对不同波段光敏感程度不同的橡胶，用于国防建设。

其次，在胶黏剂和密封胶中，将纳米矿物材料（二氧化硅）作为添加剂加入到黏合剂和密封胶中，可使黏合剂的黏结效果和密封胶的密封性都大大提高。在催化剂中，具有纳米结构的矿物材料（如沸石）可广泛用作催化剂和催化载体。

（6）其他行业。微米-纳米级粉体材料在农业、环保、能源、医药、油墨、印染等领域的生产或提高产品性能方面也同样具有重要意义。同时，随着微米-纳米级粉体材料的应用和开发，还将不断开拓出新的应用领域。

1.5.1.2 功能化与高性能化矿物材料应用市场

矿物材料的性能决定于它本身的矿物组成和结构构造。矿物材料具有良好的使用性能，如光学性能、力学性能、热学性能、化学性能及电磁学性能等，随着矿物材料向功能化和高性能化发展，其应用市场潜力很大。

A 光学性能

非金属矿物材料有许多特殊的光学性能，特别是在光学仪器和尖端科学技术领域有着广泛的用途。如冰洲石，由于具有双折射性能，使其成为不可缺少的偏光片材料；金刚石具有良好的透红外光的能力，目前已应用于空间技术中作窗口材料。此外，部分非金属矿物还具有旋光性、压电性和光电性，如石英晶体等等，可广泛地应用于众多特殊领域。

B 力学性能

在非金属矿物材料中，利用力学性能的情况是最普遍的。例如，金刚石、刚玉、石榴石等可作为高强度研磨材料；石英粉、白炭黑、钛白粉等可作为填料，制成耐磨塑料和耐磨橡胶；蛇纹石石棉、针状硅灰石、石膏晶须、碳纤维、矿棉、岩棉及玻璃纤维等可作为制品基材的补强材料。

C 热学性能

热学性能是非金属矿物材料应用的另一个方面。如石墨，这是目前已知的最耐高温的材料之一，其熔点高达 3850℃、4500℃ 才气化，尤其是在 2500℃ 时，石墨的强度反而比室温时提高一倍。因此，石墨是高温极限条件下最好的耐高温材料，在尖端科技中具有重要的作用。同时，可用作耐高温的非金属矿物材料还有刚玉、方镁石、富铝红柱石等，它们在火箭制造和现代冶炼工业上都是不可缺少的；蛭石、珍珠岩等轻质的保温隔热材料，广泛用于高层建筑、图书馆、档案室、冷库等建筑物及供暖、供热等设备的保温、隔热、隔音和防火等。

D　电学性能

非金属矿物材料的电学性能，在现代电子、电器工业中起着非常重要的作用。如具有良好介电性能的白云母是非常优异的绝缘材料。通常，生产一台 10 万千瓦的发电机需要 1t 云母绝缘（带）材料（其中含片云母约 450kg）。随着我国电力、电子和电器工业的发展，云母绝缘材料的用量将快速增长。除此之外，石墨的导电性、水晶的压电性、石墨间层化合物的超导性、金刚石的光电转换性等等都在现代科学技术中发挥了巨大的作用。

非金属矿物材料还有许多其他的优异性能，在国民经济领域中起着非常重要的作用，其应用市场潜力很大。

1.5.2　我国非金属矿物加工现状及问题

由于非金属矿产品独特的物理化学性质，使其应用领域几乎渗透到整个工业部门，在国民经济中发挥着重要的作用。非金属矿工业的发展状况是衡量国家科技进步以及工业发达程度的重要标志之一。近 20 年来，我国非金属矿工业科技事业取得了较快的发展，在重大项目的科技攻关、引进技术消化吸收与创新、科技成果的推广与应用、利用先进技术提升和改造产业生产等方面都取得了一定的进步。据不完全统计，在"七五"至"十一五"的 20 多年间，非金属矿行业共取得科技成果 500 多项，其中获得省、部级科技进步奖近 100 项，并先后成功开发了一批行业发展急需和对行业技术进步带动性较大的新技术、新工艺，以及市场急需的非金属矿精细加工新产品。

1.5.2.1　发展现状

（1）科技开发和技术创新取得重大进展。非金属矿物粉体的生产能力和产量显著增长，如重质碳酸钙的生产能力由 10 年前的 300 万吨左右发展到超过 1000 万吨，满足了国内市场的需求；开发了一批非金属矿精细加工新产品，如利用硅藻土的吸附特性，制备成不同产品应用于油田废水处理和空气净化等方面，扩大了非金属矿的应用领域；此外，非金属矿物材料加工技术与装备水平快速提升，如以煤系硬质高岭岩为原料的煅烧高岭土成套生产技术与装备、大型无机粉体表面改性技术与装备、硅灰石矿物纤维制备与表面改性技术与装备等，既促进了非金属矿行业的发展，又提高了行业装备水平。

（2）企业技术创新能力明显增强。长期以来，非金属矿行业企业规模小、数量大、技术创新能力薄弱。近年来，通过贯彻落实科学发展观，非金属矿企业，特别是大、中型企业技术创新能力逐步增强，有力地推动了行业的技术创新工作。

（3）行业科技体制改革继续深入。以企业为主体，产、学、研紧密结合的技术创新局面正在形成。产、学、研结合是科技成果转化和技术创新的重要手段。"十一五"期间，随着行业科技体制改革的不断深化，非金属矿行业通过科技攻关、新产品开发，有力地推动了产、学、研结合，加快了科技成果转化的步伐，增强了企业的实力，同时也为高校和研究院所科技成果的转化提供了平台。

1.5.2.2 存在的问题

我国非金属矿工业科技创新经过 60 多年的发展，在科技体制改革、科技兴国战略实施等方面都取得了显著进步，促进了行业整体技术水平的提高。然而非金属矿行业的科技创新工作远不能满足行业发展的需求，非金属矿行业的技术发展水平与金属和煤炭业相比，仍然较低，特别是与发达国家存在较大的差距。主要表现在如下几方面：

（1）行业整体工艺技术、装备落后。在采矿方面，采矿工艺技术落后、设备陈旧、许多矿山仍处于半机械化和手工开采状态，劳动强度大，采矿回收率低，生态破坏和环境污染严重，矿山的开采技术水平落后；在选矿方面，缺乏针对性强、性能可靠的专有适用设备，工艺过程控制仍处在初级水平；在超细粉碎、分级、提纯、改性和复合等精细加工方面，存在设备规格小、稳定性、可靠性较差，自动控制水平低，表面改性剂品种少，产品规格少，质量不稳定，加工技术未过关；加工能耗、材耗差距大等，高档涂料级高岭土、高档石墨、高纯石英砂许多精细加工产品，至今仍依赖进口，进口价格较我国出口的同类产品价格高数倍、数十倍乃至 100 多倍；在环保方面，缺乏严格的法规，完善的监督执行机制，良好的环保意识和有效的措施和方法。

（2）科技开发投入不足，技术创新能力薄弱，科技成果转化率较低。造成这些问题的主要原因是我国非金属矿科技发展起步较晚、企业规模小，技术开发和创新能力较差、科研开发经费支持力度不足以及研究队伍分散和重复研究等。

（3）尚未形成以企业为主体的技术创新体系。国外一般是大型企业集团担负起主要的技术研发责任，组成跨学科的攻关团队，容易实现技术产业化，而我国过去都是一些专业化的科研院所或高校独立进行研究，缺乏国外大型企业的跨学科集成创新体制。

1.5.3 我国非金属矿物加工技术发展趋势

随着技术进步和深加工业的发展壮大，非金属矿工业已经逐步受到国家有关部门的重视。"八五"期间，"非金属矿资源深加工技术"被列为我国的科技攻关研究项目。然而，先进的产业结构模式和作为中心工作的经济建设，要求非金属矿工业产品走向系列化、规模化、集约化、功能化、标准化、和优质、稳定、高效、更纯、更细、更规范。

1.5.3.1 注重非金属矿加工技术的改进与提高

目前，必须针对我国非金属矿选矿提纯技术存在的主要问题找到相应的对策。我国非金属矿选矿提纯的主要问题是：

（1）高纯加工技术相对落后。

（2）微细粒选矿提纯技术的工业应用滞后。

（3）选矿回收率和资源综合利用率较低。

现在我国非金属矿提纯技术的发展有 3 个显著的特点：一是经过选矿提纯的非金属矿品种较 80 年代之前增多；二是传统的非金属矿物，如石棉、石墨、云母、萤石、高岭土等的提纯工艺有了改进；三是微细粒非金属矿物的提纯及高纯加工技术有了显著发展。这即是我国主要的非金属矿产选矿发展方向。

1.5.3.2 非金属矿的超细粉碎与精细分级技术日益发展

超细粉碎精细分级技术是非金属矿物最重要的深加工技术之一。近年来我国超细粉碎技术发展迅速。现在各类超细粉碎设备国内大多数都能生产，在某些设备性能及以配套工艺技术方面逐渐接近或达到国外同类设备的水平。我国建立的滑石、方解石、高岭土、石墨、云母、硅灰石、石英等超细非金属矿粉生产厂家，基本上能满足国内造纸、涂料、橡胶、塑料等应用领域的要求，部分非金属矿超细粉，如滑石、方解石、云母等还出口国外。

针对非金属矿的应用中要求粒度分布较窄的产品以获得更好的性能。经气流粉碎机及其他细磨设备产出的微细产品，则要经湿式、干式分级才能达到上述要求，因此超细产品分级受到矿业部门的重视，干式涡轮分级机得到广泛应用。湿法分级对粉体分级精度更高，但超细粒子在液相介质中沉降慢，设备处理能力低，脱水干燥困难，且干燥后易固结，需二次粉碎。

许多工业矿物填料，粒度越细，它赋予产品的性能越好，因此各国都非常重视非金属矿的超细粉碎和研制新型的超细粉碎设备。而超细粉碎方面的设备一般首推干式超细粉磨的气流粉碎机和湿式搅拌磨等设备，国内外都已开发了许多形式的产品。目前，我国已有微粉设备厂几十家，产品性能各异。今后，超细粉碎与分级技术将会以更快的速度向前发展。

1.5.3.3 非金属矿表面改性继续向前发展

表面改性或表面处理技术是非金属矿重要的深加工技术之一。其背景是现代高技术、新材料，尤其是功能性复合材料，新型高分子材料，特种涂料以及生物化学材料的发展。主要涉及用作高分子材料（如塑料、橡胶、胶黏剂等）以及复合材料填料和涂料填料或颜料的非金属矿物粉体，如方解石粉、高岭土粉、云母粉、滑石粉、硅灰石粉、石英粉、长石粉、叶蜡石粉、重晶石粉、白云石粉、石灰石粉以及石棉纤维、碳纤维、玻璃纤维，同时还包括珠光云母和有机膨润土等的制备技术。

这就要求用非金属矿作为工业填料时，除了细度的要求外，通过表面改性在非金属矿粒子表面涂盖某种化学试剂，使其能与基质材料特别是有机基质更好结合，从而使产品的机械性能、热电性质、表面性能等都大大提高，功能作用得以充分发挥。由于与国外先进技术相比仍存在较大差距，非金属矿表面改性还要继续向前发展。

1.5.3.4 发展非金属矿深加工向高增值化发展

随着技术进步及人类对非金属矿性质认识日益深入，非金属矿深加工，生产增值率高的产品已是非金属矿开发的首要目标。如：云母生产纸（板）、云母钛珠光颜料及其他云母制品；石墨生产超细超纯石墨乳、膨胀石墨、高级润滑剂、石墨密封产品、碳素制品等。

1.5.3.5 通过化工处理拓宽非金属矿的应用领域

这是非金属矿应用的一个重要方面，重晶石除了主要作为钻探泥浆加重剂之外，还广泛用于钡化工产品的生产，尤其是碳酸钡的生产。我国特有的毒重石除了显示特殊的油井钻探加重性能外，作为生产钡化工产品的原料也日益引人注目；菱锶矿和天青石主要作为碳酸锶化工产品的原料；锂矿物除主要生产金属外，作为直接应用已在玻璃、陶瓷行业显示了卓越的性能；在化工加工方面，碳酸锂、氢氧化锂（进一步生产锂基润滑脂）有广泛用途，这些都是非金属矿应用的重要方向。总之，非金属矿的开发已经在国民经济中产生了重大影响，今后随着科学技术的进步，人类认识水平的提高，无疑会开拓出更多的应用领域，可以预见，今后20年世界非金属矿的应用成果将会更为巨大。

2 非金属矿物加工技术

2.1 概述

从远古时代的淘金，到现代的各种矿物加工技术，矿物加工学科的形成与发展大致经历了 3 个阶段。第一阶段，从远古至 20 世纪 20 年代前后，从天然矿石中分选出有用矿物的"选矿"技术的起源与形成；第二阶段，从 20 世纪 20 年代至 60 年代前后，选矿技术的发展、选矿理论的形成与选矿学科的形成；第三阶段，从 20 世纪 60 年代至今。无论是从处理的资源变化，还是科学技术水平发展来看，"选矿"学科已远超出了传统意义上的"选矿"，而用"矿物加工"才能更确切地反映其学科范畴与科技发展。

选矿技术和提纯技术是非金属矿物加工的重要技术，是非金属矿物得以有效利用的重要前提。非金属矿的选矿、提纯技术既包括浮选、重选、磁选、电选等常规选矿技术，也包括复合物理场分级分选技术、光电分选等特殊分选技术。

2.2 矿物加工技术基础

2.2.1 矿物加工概念

矿物加工是用物理的、化学的方法，对矿物资源进行粉碎，对目标矿物进行分离、富集或提取、深加工处理，以获取有用矿物的工艺过程。

在工业上矿物通常被分为金属、非金属和可燃性矿物三大类。矿物在长期的地质作用下，可以形成相对富集的矿物集合体，通常人们把现有技术条件下可以开采、加工、利用的矿物集合体叫做矿石；否则就称为岩石。矿石和岩石的划分，需要从技术和经济等多方面综合分析。因为随着科学技术的发展和经济条件的许可，岩石可能成为矿石；同样，脉石矿物也会随着技术和应用场合的发展变化而变化。地壳中具有开采价值的矿石集聚区，通常称为矿床。矿石由有用矿物和脉石矿物组成。能成为国民经济利用的矿物，即选矿所要选出的目的矿物，称为有用矿物；目前国民经济尚不能利用的矿物，称为脉石矿物。除少数富矿外，一般品位（即矿石中有价成分含量的百分数）都比较低，绝大多数需要加工后才能利用，选矿就是主要的加工过程。非金属矿物资源绝大多数都是多种矿物共生，不经过选矿提纯是无法直接利用的。就矿物原料的整个加工过程而言，选矿是介于采矿与化工、冶金之间的学科。就非金属矿物的加工深度而言，一般非金属矿物加工成各种功能材料，需经过初加工、深加工和制品加工 3 个阶段。初加工是指传统的矿物机械加工，初加工的任务是为材料工业部门提供从颗粒粒级上或有用矿物品位上合格的原料矿物；深加工是相对初加工的加工处理程度而言，它指初加工后的原料矿物，根据用户或制品对其技术物理性能及界面特性的要求再深化精细加工过程；制品加工指利用经初加工的矿物作为主要原料，与其他无机或有机材料结合，通过各种工艺手段制成不同形态的结构材料或功能材料的加工。选矿基本上属于初加工阶段技术，尽管化学选矿等一些新方法已属于深加工阶段技术，但其主要的方法仍大多属于初加工技术。从矿物岩石学-矿物加工学-矿物材料学的纵向发展来看，选矿属于矿物加工学范畴。

选矿的目的和任务是将有用矿物同无用的脉石分离，把彼此共生的有用矿物尽可能分离并富集成所需的精矿，综合回收有价成分，去除对冶炼和其他加工过程有害的杂质，提高精矿品质，充分利用有限的矿产资源。

2.2.2　矿物加工过程

矿物加工过程不是一个单独的过程，而是一个系列过程，一般情况主要包括 3 个大的处理作业：选矿前的准备作业，矿物的选别作业，产品处理作业。

2.2.2.1　选矿前的准备作业

入选的矿石首先要进行破碎和磨矿，把矿石碎磨至有用矿物基本达到单体解离的程度，并且为后续选别作业创造合适的入选粒度和浓度。矿石的碎磨通常由破碎机与筛分设备、磨矿机与分级设备配合使用来完成。

2.2.2.2　矿物的选别作业

选别作业是选矿过程的中心作业。选别作业是利用矿物的物理性质和化学性质的差异，采取不同的选别方法，使有用矿物与脉石分离，并尽可能把共生的有用矿物彼此分离，得出最终精矿产品和尾矿。

2.2.2.3　产品处理作业

产品处理作业主要包括精矿的脱水和尾矿的处理。由于选矿方法多是湿式的，精矿含有大量水分，为方便贮存和外运，必须通过浓缩、过滤甚至干燥等脱水工序脱除大部分水分。尾矿通常送到尾矿库贮存。尾矿澄清水还应返回到选矿厂循环利用，这样既节约新水，又可防止污染环境。

2.2.3　矿物加工指标

衡量选矿过程进行的好坏，常采用产品的品位、产率、回收率、富集比、选矿比等指标表示。

(1) 品位。它是指矿石或产品中所含有用成分（元素或化合物）的百分含量，通常以 α、β、θ 表示原矿、精矿、尾矿的品位。

(2) 产率。产率为产品重量占原矿重量的百分数，常用 γ 表示。产率可用下式计算：

$$\gamma = \frac{\alpha - \theta}{\beta - \theta} \times 100\%$$

式中，α、β、θ 分别表示原矿、精矿和尾矿品位，%。

(3) 回收率。回收率即为精矿中有价成分的重量含量占原矿该成分重量含量的百分数，常用 ε 来表示。如需表明是某一作业、产品的回收率，可用 ε_n 表示。

选别作业的回收率可用下式计算：

$$\varepsilon = \frac{\beta}{\alpha} \cdot \gamma = \frac{\beta(\alpha - \theta)}{\alpha(\beta - \theta)} \times 100\%$$

式中，α、β、θ 分别为该作业给矿、精矿、尾矿的元素品位，%。

如是多段选别，则总回收率 ε 为各段选别回收率之积：

$$\varepsilon = \varepsilon_1 \varepsilon_2 \cdots \varepsilon_n$$

选矿厂的实际回收率是对原矿和精矿直接称重计量并取样化验品位后计算而得的。

$$\sum_{实际} = \frac{精矿重量 \times 精矿品位}{原矿重量 \times 原矿品位} \times 100\%$$

（4）富集比。精矿品位与给矿品位的比值 $\left(\dfrac{\beta}{\alpha}\right)$。

（5）选矿比。原矿重量与精矿重量之比，或为选出一吨精矿所需原矿的吨数，即精矿产率的倒数。

2.2.4　非金属矿物选矿特点

非金属矿物的选矿与提纯目的有以下几点：

（1）将矿石中有用矿物和脉石矿物相分离，富集有用矿物；

（2）除去矿石中有害杂质；

（3）尽可能地回收伴生有用矿物，充分而经济合理地综合利用矿产资源。

非金属矿分选提纯特点：

（1）非金属矿选矿的目的通常是为了获得具有某些物理化学特性的产品，而不是为获得矿物中某一种或几种有用元素。

（2）非金属矿选矿过程应尽可能保持有用矿物的晶体结构，以免影响它们的工业用途和使用价值。

（3）非金属矿选矿指标的计算一般以有用矿物的含量为依据，多以氧化物的形式表示其矿石的品位及有用矿物的回收率，而不是矿物中某种元素的含量。

（4）非金属矿选矿提纯不仅仅富集有用矿物，除去有害杂质，同时也粉磨分级出不同规格的系列产品。

2.3　非金属矿物选矿提纯技术

2.3.1　重力分选

2.3.1.1　概述

重力选矿是主要的选矿方法之一。它是基于矿石中不同矿粒间存在着密度差（或粒度差），借助流体作用和一些机械力作用，提供适宜的松散分层和分离条件，从而得到不同密度（或粒度）产品的生产过程。

重力选矿过程都是在介质中进行的。重选中用的介质有：空气、水以及密度大于水的重介质，常用的介质是水。由于介质具有质量和黏性，对运动物体产生浮力和阻力。性质不同物体的运动状态将出现差别，因此可使它们分开。且在一定范围内，介质的密度越大，这种差别越大，这种差别越显著，分选效果会越好。

实践表明，重选过程不仅必须在介质中进行而且还必须在运动介质中进行。因为只有运动的介质，才能使紧密的床层得到松散，分层才能得以进行。同时借助运动的介质流，将已经分选好的产物及时地搬运排出，使选矿过程连续有效地进行。

重力选矿中介质的运动形式有等速的上升流动、沿倾斜面的稳定流动、垂直的或沿斜面的非稳定流动以及回转运动等。

2.3.1.2 基本原理

重选的实质概括起来就是松散-分层-分离过程。置于分选设备内的散体矿石层（称作床层），在流体浮力、动力或其他机械力的推动下松散，目的是使不同密度（或粒度）颗粒发生分层转移，就重选来说就是要达到按密度分层。故流体的松散作用必须服从粒群分层这一要求。流体的松散方式不同，分层结果亦受影响。重选理论所研究的问题，简单说来就是探讨松散与分层的关系。分层后的矿石在机械作用下分别排出，即实现了分选。故可认为松散是条件，分层是目的，而分离则是结果。重选工艺方法的实现受这样一些基本原理支配：

（1）颗粒及颗粒群的沉降理论。

（2）颗粒群按密度分层的理论。

（3）颗粒群在斜面流中的分选理论。

（4）颗粒群在回转流中的分选理论。

有关回转流中的分选，尽管介质的运动方式不同。但除了重力与离心力的差别外，基本的作用规律仍是相同的。有关粒群按密度分层理论，最早是从跳汰过程入手研究的。曾提出了不少的跳汰分层学说，后来又出现一些专门的在垂直流：中分层的理论。斜面流选矿最早是在厚水层中处理较粗粒矿石，分选的根据是颗粒沿槽运动的速度差。20 世纪 40 年代以后斜面流选矿向流膜选矿方向发展，主要用来分选细粒和微细粒级矿石。流态有层流和紊流之分。一贯认为紊流脉动速度是松散床层基本作用力的观点，在层流条件下即难以作出解释。1954 年 R. A. 拜格诺（Bagnold）提出的层间剪切斥力学说，补充了这一理论上的空白。但同分层理论一样，斜面流选矿要依靠现有理论做出可靠的计算仍是困难的。

2.3.1.3 重力分选设备

A 跳汰机

跳汰机是实现跳汰选矿的工艺设备，跳汰机按推动水流运动形式可分为：（1）活塞跳汰机；（2）隔膜跳汰机；（3）水力鼓动跳汰机；（4）动筛跳汰机；（5）无活塞跳汰机。活塞跳汰机，活塞漏水，传动效率低；动筛跳汰机，机械传动部分复杂；水力鼓动跳汰机，耗水量过多。这三种机型已经很少应用。无活塞跳汰机主要用于大型选煤，现在选矿（非金属矿和金属矿）中应用较多的是隔膜跳汰机。这里主要介绍隔膜跳汰机，如图 2-1 所示。

工作原理及过程：传统的跳汰机多为圆周偏心驱动，其跳汰脉动曲线为正弦波形，锥斗的上升和下降速度相等，上升水流和下降水流强度基本相同。新型锯齿波形跳汰机从传动结构上有所改进，使得脉动特性曲线为锯齿波形（即差动形跳汰曲线），可使锥斗快速上升，慢速下降，即压程大，吸程则是匀速下降，这种曲线更符合跳汰床层分层规律，有助于床层松散及矿粒按密度分层，可使细粒级中的重矿物颗粒充分沉降，又由于减少对床层的强力吸收，因此可大幅度减少筛下补给水。这种差动曲线的跳汰机可分选粒级较宽的原料，选别能力强，节约水、电。

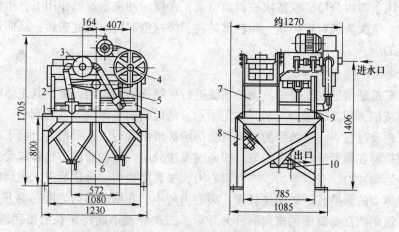

图 2-1　双斗旁动隔膜跳汰机结构示意图
1—橡胶隔膜；2—摇臂；3—分水器；4—传动装置；5—连杆；6—储矿斗；
7—跳汰机；8—机架；9—隔膜室；10—排矿活栓

B　摇床

摇床属于斜面流膜选矿设备。所有摇床均由床面、机架和传动机构三大部分组成，典型结构如图 2-2 所示。床面呈梯形、菱形或矩形，在横向有 1°～5° 的倾斜，在倾斜的上方配置给矿槽和给水槽，床面上沿纵向布置床条，其高度自传端向对侧降低，整个床面一端安装传动装置，传动装置可使床面前进，接近末端时具有急回运动特性，即差动运动。矿物颗粒在摇床面上受到如下几个力的作用：（1）矿粒的介质中的重力；（2）横向水流和矿浆流的流体动力作用；（3）床面差动往复运动的动力；（4）床面摩擦力，位于床条沟内的矿料群在这些力的作用下进行着松散分层和搬运分带。

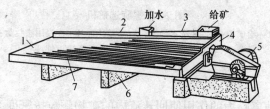

图 2-2　摇床的典型结构
1—精矿端；2—冲水槽；3—给矿槽；4—给矿端；
5—传动装置；6—机架；7—床面

工作原理及过程：首先矿物颗粒群在脉动水作用下松散，重矿物颗粒局部压强较大，排挤轻矿物颗粒而进入下层。粒度较小的颗粒，穿过粗颗粒间隙进入同一密度的下部，即析离分层。分层结果：细粒重矿物在最底层，上部是粗粒矿物并有部分细粒轻矿物混杂，最上部是粗粒轻矿物。矿物粒群进行松散分层的同时，还要受到横向水流的冲洗作用和床面纵向差动摇床的推动作用。在纵向上颗粒的运动是由床面运动变向加速度不同而引起的。由传动端开始，床面前进速度逐渐增大，在摩擦力的带动下，颗粒随床面的运动速度也增大，经过运动中点后床面运动速度迅速减小，负向加速度急剧增大，当床面的摩擦力不足以克服颗粒的前进惯性时，颗粒便相对于床面向前滑动。随粒群纵向移动，床条高度降低，位于床条沟内分层矿粒依次被剥离出来，在横向冲洗水流的作用下，粗粒轻矿物横向速度较大，依次为细粒轻矿物、粗粒重矿物、细粒重矿物。如此搬运，从而达到轻、重矿物分选目的。

C 螺旋选矿机

螺旋选矿机是借助在斜槽中流动的水流进行矿物选别的提纯设备，其主体结构为一个3~5圈的螺旋槽，用支架垂直安装，如图所示，槽的断面呈抛物线或椭圆形。

工作原理及过程：一定浓度的矿浆自上部给矿槽给入后，在沿槽自上而下的流动过程中，矿物颗粒群在弱紊流作用下松散，按密度发生分层。运动着的矿物颗粒受到几个力的作用：流体运动冲力、自身重力、惯性离心力，槽底摩擦力，分层后进入底层的重矿物颗粒受槽底摩擦力的影响，运动速度较慢，离心力较小，在槽的横向坡度影响下，趋向槽的边缘。轻、重矿物在螺旋槽的横向展开分开带，二次环流不断将矿粒沿槽底输送到外缘，促进分带的发展，最后矿粒运动趋于平衡，分带完成，如图2-3所示，靠内缘运动的重矿物通过排料管排出，轻矿物由槽的末端排出，达到轻、重矿物的分离。

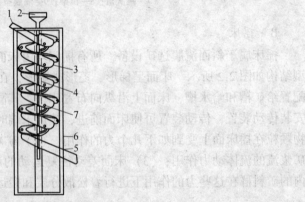

图 2-3 螺旋选矿机

1—给矿槽；2—冲洗水导槽；3—螺旋槽；4—连接用法兰盘；
5—尾矿槽；6—机架；7—重矿物排出管

D 离心选矿机

离心选矿机是借助离心力的作用使回转流内的矿物颗粒按密度大小分离选矿的提纯设备。离心选矿机有卧式和立式之分，选矿用离心机多为卧式。我国卧式离心机最初是由云锡公司在20世纪60年代研制成功的，经过几十年的研究和改进，其性能有很大提高。如图2-4所示为卧式离心选矿机结构示意图，主要部件为一个圆锥形转鼓4，由内向外直径增大，坡度（半锥角）为3~5，转鼓通过锥形底盘5固定在中心轴上，并由电动机12带动旋转。

工作原理及过程：上给矿嘴3和下给矿嘴13伸入到转鼓内，矿浆由给矿嘴喷出顺切线方向附着在转鼓壁上，随着转鼓旋转的同时，沿鼓壁的斜面流动，形成在空间的螺旋形运动轨迹。此时的矿浆流为一弱紊流流膜，当离心力大小适当的时候可形成足够的流变层厚度和合适的速度梯度，矿物颗粒在流变层内发生有效分层，矿粒群借助切变运动产生的层间斥力松散，轻、重矿物依自身的局部压强不同相对移动，重矿物转入底层，轻矿物进入上层。进入底层的重矿物即附着在鼓壁上较少移动，轻矿物则在脉动速度作用下悬浮，其矿浆流通过转鼓与底盘间的缝隙随较高的轴向流速排出。当重矿物沉到一定厚度时，停止给矿，由冲矿嘴2给入水，冲洗沉积的重矿物，实现了重矿物、轻矿物的分离。离心选矿机属于间断性作业设备，但给矿、冲洗水和重矿物、轻矿物排出过程是自动进行的。离心选矿机按转鼓数分为单转鼓和双转鼓两种，按转鼓锥度分为单锥度、双锥度和三锥度三种。

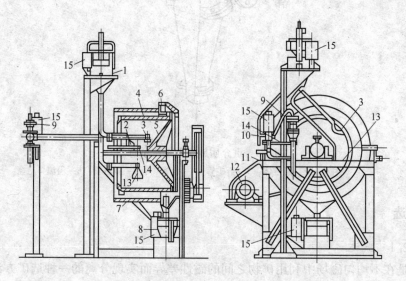

图 2-4　卧式离心选矿机结构示意图

1—给矿斗；2—冲矿嘴；3—上给矿嘴；4—转鼓；5—底盘；6—给矿槽；7—防护罩；8—分矿器；
9—皮膜阀；10—三通阀；11—机架；12—电动机；13—下给矿嘴；14—洗涤水嘴；15—电磁铁

E　重介质选矿

矿物粒群在相对密度大于1的介质中按其密度值不同而分离的选矿方法为重介质选矿，其配套的设备为重介质选矿机，介质多采用重液或重悬浮液，其介质密度应介于矿石中轻矿物与重矿物两者的密度之间，即 $\delta_2 > \rho > \delta_1$。这样轻矿物颗粒即不再沉降，重矿物颗粒则可下沉，从而实现按密度分离，其分选过程完全属于静力作用过程。

重介质选矿设备有动态和静态两类。动态有重介质旋流器、重介质涡流旋流器和重介质振动溜槽等；静态有鼓形重介质分选机和圆锥形重介质分选机等。重介质选矿设备用于重选，主要是重介质旋流器、鼓形或圆锥形重介质选矿机等。

工作原理及过程：重介质旋流器结构和普通水力旋流器基本相同，只是以重介质代替水介质，其结构如图2-5所示，主要由一个空心圆柱体1和圆锥体2连接而成，圆柱体中心插入一个溢流管5，沿切线方向接有给矿管3，圆锥体下部有沉砂口4。矿石连同重悬浮液以一定压力给入旋流器，在回转运动中矿物颗粒以自身密度不同分布在重悬浮液相应的密度层内。在重介质旋流器内存在一个轴向零速包络面，包络面内悬浮液密度小，在向上流动中随之将轻矿物带出，在向下作用回转过程中由沉砂口排出。整个包络面自上而下密度增大，故位于上部包络面外的矿粒在向下运动中受悬浮液密度逐渐增大的影响不断得到分选，即密度低者又被推入包络面内，从上部排出。

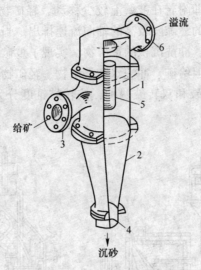

图 2-5　重介质旋流器结构示意图

1—圆柱体；2—圆锥体；3—给矿管；4—沉砂口；5—溢流管；6—溢流口

2.3.2　磁选

2.3.2.1　概述

磁选是在不均匀磁场中利用矿物之间的磁性差异而实现分离的一种选矿方法。磁选既简单又方便，不会产生额外污染。磁选法广泛地应用于黑色金属矿石的分选、有色和稀有金属矿石的精选、重介质选矿中磁性介质的回收和净化、非金属矿中含铁杂质的脱除、来矿中铁物的排除以及垃圾与污水处理等方面。

非金属原料中一般都含有有害的铁杂质，磁选就成为非金属选矿中重要的作业之一。例如，当高岭土中含铁高时，高岭土的白度、耐火度和绝缘性都降低，严重影响制品质量。一般地，铁杂质除去 1%~2%，白度可提高 2~4 个单位。现有的最有效的高岭土除铁方法是高梯度磁选。

蓝晶石、红电气石、长石、石英及霞石、闪长岩的分选，很早就使用了干式磁选。

2.3.2.2　基本原理

磁选是在磁选机中进行的，如图 2-6 所示。当矿物颗粒的混合物料（矿浆）给进到磁选机的选别空间后，磁性矿物颗粒被磁化，受到磁力（厂机）的作用，克服了与磁力方向相反的所有机械力（包括重力、离心力、摩擦力、水流动力等）的合力（ΣA），吸到磁选机的圆筒上，并随之被转筒带至排矿端，排出成为磁性产品。非磁性矿物颗粒由于不受磁力作用，在机械力合力的作用下，由磁选机底箱排矿管排出，为非磁性产品。

2.3.2.3　磁选设备

A　永磁辊带式强磁选机

永磁辊带式强磁选机 1981 年首先由南非 E. L. Bateman 公司研制成功，目前，国内外主要生产商有：美国 INPROSYS 公司、ERIEZ 公司，英国 BOXMAG-RAPID 公司，南非 BATEMAN 采选设备公司，北京矿冶研究总院、长沙矿冶研究院、马鞍山矿山研究院等。

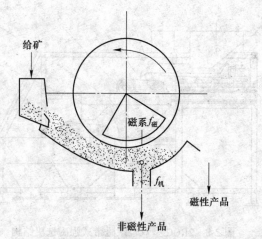

图 2-6 矿粒在磁选机中分离图

图 2-7 是美国 INPROSYS 公司研制的 High-Force 永磁单辊式强磁选机结构示意图。主要由给料器、磁辊、超薄型皮带、后支撑托辊及机架、电机组成。

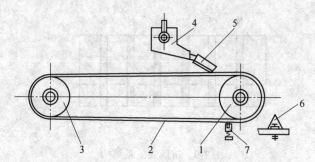

图 2-7 High-Force 永磁单辊式强磁选机结构
1—永磁辊；2—超薄型皮带；3—从动辊；4—给料器；5—漏斗；6—分矿板；7—清扫器

长沙矿冶研究院研制的 CRIMM 型、北京矿冶研究总院研制的 RGC 型和马鞍山矿山研究院研制的 YCG 型永磁辊带式强磁选机，结构上基本相同，有单辊、双辊和三辊，其中双辊式永磁辊带式强磁选机使用较多。2RGC 型双辊永磁带式强磁选机结构，如图 2-8 所示。该机由永磁磁辊（上辊、下辊）、超薄皮带，张紧轮（尾矿）、分矿板、给矿箱、精矿箱、尾矿箱、传动装置、机架等组成。该种磁选机的永磁辊都是由软铁和钕铁硼磁钢交替挤压组成，挤压式磁系结构如图 2-9 所示。极性沿轴向交替，磁系磁极（软铁盘）表面产生磁感应强度（1.2~1.7T），在距离极表面 5mm 处的磁感应强度将降至 0.5~0.6T。

为了充分利用该机辊表面附近产生的高强度和高梯度的磁场特性，采用高强度超薄输送带（厚度一般为 0.2~1.0mm）输送矿物到距离辊表面很近的范围内分选，由于辊的轴向存在磁场低谷，为了达到更有效的分选，永磁辊式磁选机通常做成双辊或三辊上下串联的有效配置，每个辊的转速可以无极调整，通过使用不同厚度的磁环和软铁盘组成获得所需要的磁场强度（或采用不同直径的辊）。常用的磁辊规格有辊径为 75mm、100mm、120mm、150mm、200mm、250mm、300mm、350mm 等不同辊径，辊长有 500mm、1000mm、1500mm 等。

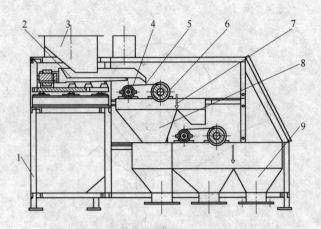

图 2-8 2RGC 型双辊永磁带式强磁选机结构

1—机架；2—振动给料器；3—给矿箱；4—从动辊；5—超薄皮带；
6—磁辊；7—分矿板；8—上槽体；9—下槽体

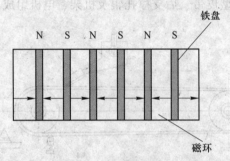

图 2-9 挤压式磁系结构

B 电磁盘式强磁选机

电磁盘式强磁选机主要结构有单盘（ϕ900mm）、双盘（ϕ576mm）和三盘（ϕ600mm）等，这三种磁选机的结构和分选原理基本相同。设备主要由给料斗，给料圆筒（弱磁场筒式磁选机）、分选圆盘、振动槽、激磁电源、接矿斗等组成。电磁双盘强磁选机（ϕ576mm）应用较多，结构如图 2-10 所示。双盘磁选机振动槽下方的"山"字形磁系与振动槽上方的带有尖边的旋转圆盘构成闭合磁路，旋转圆盘上下可以调整，既调整工作间隙，同时也调整磁场强度，旋转圆盘尖边上的磁感应强度为 1.4~1.8T。

C 湿式电磁感应辊式强磁选机

湿式电磁感应辊式强磁选机适合中粗粒级的弱磁性矿物分选，如锰矿、赤铁矿、褐铁矿、镜铁矿等以及非金属矿物提纯。湿式电磁感应辊式强磁选机有单辊和双辊型，由于单辊磁选机的"口"字形闭合磁路较长，又存在一个非工作间隙，设备存在磁阻大，磁能利用率低、单位机重处理能力小等不足，因此通常工业设备选用 FC38/105 型都是大型湿式电磁感应双辊强磁选机，主要结构和分选原理基本相同。

设备主要由给矿箱、电磁铁芯、磁极头、分选辊、精矿和尾矿箱、传动装置、电源柜等构成，CS-1 型湿式电磁感应辊强磁选机结构，如图 2-11 所示。两个电磁铁芯和四个磁极头与两个感应辊构成了"口"字形磁路，两个感应辊水平布置，4 个磁极头和两个感应

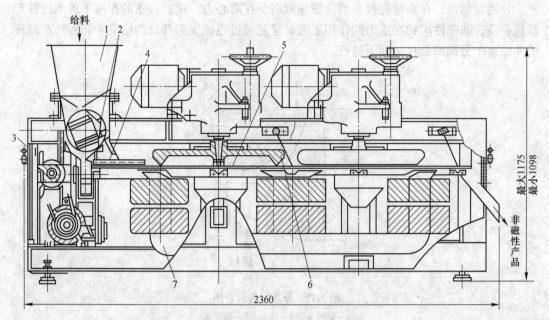

图 2-10　电磁双盘强磁选机结构

1—给料斗；2—给料圆筒（弱磁场磁选机）；3—强磁性产品接料斗；4—筛子；
5—振动槽；6—旋转圆盘；7—"山"字形磁系

辊之间构成四道空气隙即是 4 个分选带，每个感应辊上有两个分选带，每个分选带辊表面加工成一定数量锯齿，与锯齿相对应的磁极头表面部位加工成沟槽形，磁极头端部沟槽为通透沟槽，当激磁线圈通电时，在感应辊顶部感应出高场强。

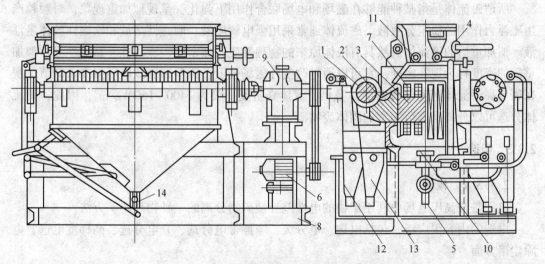

图 2-11　CS-1 型湿式电磁感应辊强磁选机结构

1—感应辊；2—磁极头；3—铁芯；4—给矿箱；5—水管；6—电机；7—激磁线圈；8—机架；
9—减速机；10—风机；11—给矿辊；12—精矿箱；13—尾矿箱；14—阀门

　　分选过程如图 2-12 所示，原矿进入给矿箱，由给料辊将其从箱侧壁桃形孔引出，沿溜板和波形板给入感应辊和磁极头之间的分选间隙，磁性矿物受到磁力作用被吸附到辊齿上，并随辊运动，在离开磁极头后，磁场减弱，在离心力、重力、水的作用下落入磁性产品接矿斗，非磁性矿物在重力的作用下随矿浆流通过磁极头部开口沟槽落入非磁性产品接矿斗，整个分选都是在液面下进行。

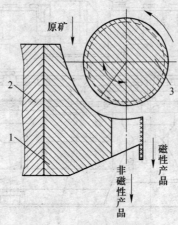

图 2-12 分选过程示意图
1—磁极头；2—铁芯；3—感应辊

D 磁流体分选

磁流体分选是利用磁流体作为分选介质，在磁场或磁场和电场的联合作用下产生"加重"作用，按固体废物各组分的磁性和密度的差异或磁性、导电性和密度的差异，使不同组分分离。当固体废物中各组分间的磁性差异小而密度或导电性差异较大时，采用磁流体可以有效地进行分离。

所谓磁流体是指某种能够在磁场和电场联合作用下强化，呈现似加重现象，对颗粒产生磁浮力作用的稳定分散液。磁流体通常采用强电解质液、顺磁性溶液和铁磁性胶体悬浮液。似加重后的磁流体仍然具有液体原来的物理性质，如密度、流动性、黏滞性等。似加重后的密度称为视在密度，它可以通过改变外磁场强度、磁场梯度或电场强度来调节。视在密度高于流体密度（真密度）数倍，流体真密度一般为 $1400 \sim 1600 kg/m^3$，因此，磁流体分选可以分离密度范围宽的固体废物。

2.3.3 电选

2.3.3.1 概述

电选是在高压电场中利用矿物的电性差异使矿物分离的一种物理选矿方法。

电选的内容很广泛，包括电选、电分级、摩擦带电分选、介电分选、高梯度电选、电除尘诸方面。

摩擦电选是利用两种矿物互相接触、碰撞和摩擦，或使之与某种材料做成的给矿槽摩擦，产生不同大小而符号相反的电荷，然后给入到高压电场中，由于矿粒带电符号不同，产生的运动轨迹也明显不同，从而使两种矿物分开。

介电分选是在液体介质或空气介质中进行，通常大多数在液体中进行。两种介电常数不同的矿粒或物料，在非均匀电场中，如果某种矿粒的介电常数大于液体的介电常数，则该种矿粒被吸引，反之，介电常数小于液体者则被排斥，从而使之分开。

高梯度电选是在介电分选原理的基础上发展起来的一种新方法，它主要是针对微细粒矿物的分选。在介电液体中放入介电体纤维或小球，此种介电体受到电场极化后，在其表面产生极不均匀的电场，从而增加了非均匀电场的作用力。当其中一种矿粒的介电常数大于液体介电常数时，粒子被吸向电场强度及梯度最大区域，反之则被排斥而进入低的电场区域，两种矿粒的运动轨迹也不同，故能使之分开。高梯度电选，很类似于高梯度强磁选，放入分选罐内的纤维或球介质，与高梯度磁选的钢毛或其他介质相似，也是一种捕收介质。

非金属矿物的分选-此类矿物包括石墨、石棉、金刚石、磷灰石、煤、钾盐、石英及长石的分选或精选，国外应用电选分离矿物较多。

2.3.3.2 基本原理

A 电选的基本条件及分离过程

被分选的物料颗粒进入电选机的电场之后，受到电力和机械力的作用。在较常用的圆筒形电晕电选机中，颗粒的受力情况如图 2-13 所示。

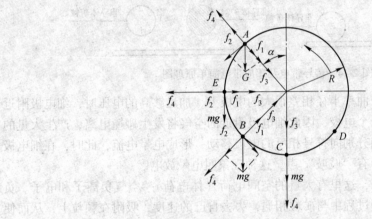

图 2-13 颗粒在电晕电选机中的受力情况

在这种情况下，作用在颗粒上的电力包括库仑力 f_1、非均匀电场力 f_2 和镜面力 f_3（力的计算可参考相关文献）；作用在颗粒上的机械力包括重力和离心惯性力 f_4。

对物料进行电选的条件是：导体颗粒必须在如图 2-13 所示的 AB 范围内落下，其力学关系式：

$$f_4 + f_2 > f_1 + f_3 + mg\cos\alpha$$

中等导电性颗粒必须在如图 2-13 所示的 BC 范围内落下，其力学关系式：

$$f_4 + f_2 > f_1 + f_3 - mg\cos\alpha$$

非导体颗粒必须在如图 2-13 所示的 CD 范围内强制落下，其力学关系式：

$$f_3 > f_4 + mg\cos\alpha$$

B 矿物带电的方法

在矿物电选中使矿粒带电的主要方法有直接传导带电、感应带电、电晕带电和摩擦带电等。

（1）直接传导带电。如图 2-14 所示，当矿粒直接与电极接触时，考虑的电位低，电极的电位高。对导体矿粒来说，电极可将电荷传至矿粒表面，使矿粒带上与电极符号相同的电荷而被排斥；非导体矿粒虽然同样置于负电极上，但由于界面电阻大，电极的电荷不能传至矿粒，相反，在此强电场的作用下，仅仅是受到电场的极化作用，被电场吸住。最初的电选机就是按照这种原理设计出来的。但在实际中，很少遇到一种矿物是良导体，另一种是非导体的矿石。所遇到的大多数是半导体的混合物或半导体和非导体的混合物，它们的导电性相差很小。对于选别导电性差的矿石，选用这种使矿粒带电的方法选别，效果不好。

（2）感应带电。它与传导带电的不同点是矿粒不与带电极直接接触，而是在电场中受到带电极的感应，从而使矿粒带电，如图 2-14 所示。导电性好的矿粒在靠近电极的一端产生和电极极性相反的电荷，另一端产生相同的电荷。矿粒上的这种电荷是可以转移的，如移走的电荷和电极极性相同，则剩下的电荷则与电极极性相反，从而使矿粒被电极吸引。但是，导电性差的矿粒虽然处在同样的条件下，却只能被电极极化，其电荷不能被移走，因而不能被电极所吸引，两者的运动轨迹也不同。

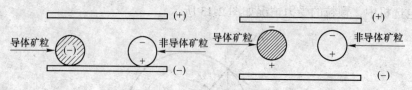

图 2-14 传导带电及感应带电简单原理图

（3）电晕带电。在两个曲率半径相差很大的电极上，加足够高的电压时，细电极附近的电场强度将大大超过另一个电极，因此细电极附近的空气将发生碰撞电离，产生大量的电子和气体正负离子，它们分别向符号相反的电极移动，形成电晕电流，此时，在细电极附近有紫色微光出现，并伴有"吱吱"声，这种现象叫电晕放电。

矿物颗粒给到电晕外区，这里有大量的空间电荷（体电荷）—空气负离子和电子。负离子和电子在向正极移动的过程中与矿粒相遇，失去自己的速度，吸附在颗粒上，从而使不同电性的矿粒都带上了相同符号的电荷——负电荷。但是，电性不同的颗粒得到的负电荷数目是不同的，导体颗粒得到的多，非导体颗粒得到的少。电性相同、速度不同的颗粒得到的电荷数目也不同，粒度大的得到的多，粒度小的得到的少。

矿物颗粒带电后，导电性好的矿粒将负电荷迅速地传递给正极，不受电力作用，而导电性差的颗粒传递电荷速度很慢，受到正极的吸引作用，因此，可以利用在电场中表现出来的这种快慢差异把不同导电性的矿物分开。

（4）摩擦带电。矿粒之间的摩擦和矿粒与运输给料设备的表面发生摩擦也可以使矿粒带电。如果不同矿物在摩擦时，能够获得不同正负电荷，则进入电场中也可以把矿物分开。现代电选机有单独采用上述一种带电方法来分选的，也有同时采用两种或两种以上方法分选的。目前，应用最广的是传导带电与电晕带电相结合的方法来选分，其效果较好。

2.3.3.3 电选设备

A　φ120mm×1500mm 双辊筒电选机

设备构造如图 2-15 所示。它由主机、加热器和高压直流电源三部分组成。

主机部分：由上下两个转辊（直径 120mm，长 1500mm）、电晕电极、静电极、毛刷

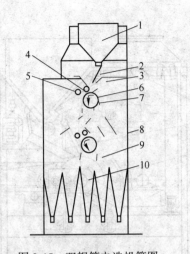

图 2-15 双辊筒电选机简图

1—给矿器；2—溜矿板；3—给矿漏斗；4—电晕电极；5—静电极；6—辊筒；7—毛刷；
8—机架；9—分矿板；10—产品漏斗

和分矿板几部分组成。

辊筒表面镀以耐磨硬铬，由单独的电机经过皮带轮传动，但辊筒的转速要通过更换皮带轮才能调节。

电晕电极是采用普通的镍铬电阻丝，直径 0.5mm，静电极（又名偏电极）采用直径为 40mm 的铝管制成，两者皆平行于辊筒面，然后用耐高压瓷瓶支撑于机架，而支架必须使两者相对于辊筒的位置可调。高压直流电源的负电荷则由非常可靠的电缆引入，上下两辊电极的固定方法相同。

毛刷采用固定压板刷，电选时，由于非导体矿的剩余电荷所产生的镜面吸力紧吸于辊子表面，必须用刷子强制刷下至尾矿斗中。

物料经过分选后，所得精、中、尾矿（或称导体、半导体、非导体）的质量、数量除通过电压、转速等调节外，还可以通过调节分矿板的位置来调节。每个辊筒可分出三种或两种产品，对全机来说，可以分出五种产品。

B DXJφ320mm×900mm 高压电选机

电选机简图和电极结构与辊筒相对位置，如图 2-16 所示。

给矿装置由给矿斗、闸门、给矿辊、电磁振动给矿器等组成。

物料经闸门由给矿转辊排至振动给矿板，给矿辊的作用是保证物料均匀地给到振动板。当选别细粒级物料时才开动振动板，在给矿板上安装有电加热装置，使物料能在此过程中得到充分加热，这样既能省电，又保证了分选效果，且给矿板的角度也可以调节。

毛刷的作用是从辊面上强制刷下吸住的非导体材料，考虑到辊筒的加热，只有在正式分选时才能将毛刷贴在辊面，不给料时则应离开辊面。毛刷的排列也与其他电选机不同，采用螺线形，有利于刷矿，其转速为辊筒的 1.25 倍。

分矿板的位置可以调节，以适应产出精、中、尾矿的要求。分出的三种产品落到下部矿斗中，然后用振动器分别排出，振动器频率为 733/次；振幅 2mm。

给矿辊、辊筒及毛刷和排矿振动器分别用电动机传动，以适应不同的要求。

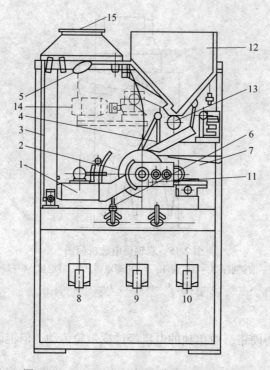

图 2-16 φ3200mm×900mm 高压电选机简图

1—电极传动平衡装置；2—转辊（正极，接地）；3—机壳；4—给矿板；5—照明装置；
6—分矿板；7—毛刷传动装置；8—导体排出口；9—中矿排出口；10—非导体排出口；
11—入选角和极距调节装置；12—给矿斗；13—给矿辊；14—给矿辊传动部分；15—排风罩

物料经给矿板加温后给到转辊，由转辊带入高压电场，由于采用了多根电晕极，加之辊筒直径较大，从而电场作用区域比较大，从电晕极放出的电子也较多，导体和非导体矿粒都有更多的机会吸附电子。导体矿粒尽管吸附了电荷，但很快传走，加之强的静电场的感应，在离心力、重力分力和电力的作用下，从辊筒前方落下为精矿；而非导体矿粒获得电荷后，由于其导电性差，未能迅速传走所获的电荷，故剩余的电荷较多，因而在辊面产生较大的镜面吸力，被吸在辊面上，随辊筒转到后方，然后用毛刷刷落到尾矿斗中，再由振动排矿器排出；处于导体和非导体之间的矿粒，则落入导体与非导体之间的位置成为中矿；这样就可得到精、中、尾矿三种不同的产品。

C YD 型鼓筒式电选机

YD-3A、YD-4 型电选机是目前国内最大的电选设备，YD-3A 型三鼓筒按垂直线上下排列，YD-4 型为两鼓筒平行排列。两类型的鼓直径为 300mm，筒长 2m。

YD-4 型鼓筒式电选机的结构如图 2-17 所示。

这类电选机与其他鼓筒式电选机的不同之处主要是电极结构，电晕电极不采用普通的镍铬电阻丝，而是采用厚度仅为 0.1mm 的薄钢片，也称刀片电极，安装 7 片刀片电极。

刀片电极比电阻丝电极的寿命长，生产的精矿品位也高一些，但回收率较低。

D 美国卡普科高压电选机

美国卡普科公司是专门生产各种高压电选机的著名公司，已形成大型多鼓筒、中型单

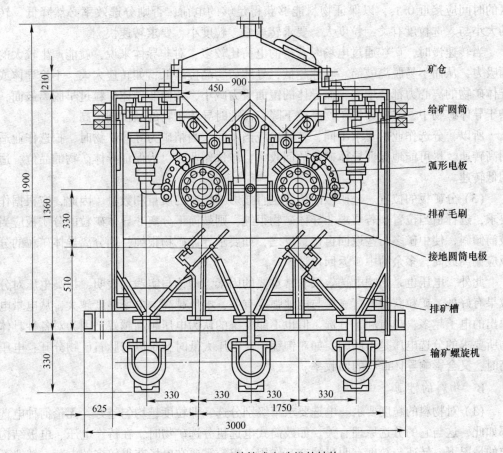

图 2-17 YD-4 鼓筒式电选机的结构

鼓筒及实验室研究型等系列产品，主要用于铁矿、海滨砂矿等的精选。

目前世界各国广泛采用的鼓筒式电选机多数是该公司制造。卡普科公司产品质量高，电极结构也比较特殊，静电电极与电晕电极结合在一起，可从电极向鼓筒表面产生束状电晕放电，高压电源可用正电或负电，电压最高达 40kV。

2.3.3.4 影响电选的因素

影响电选的因素很多，可概括为两大类：一是电选机本身的各种因素；二是物料的各种性质。

A 电选机的结构参数

(1) 电极结构及其相对于鼓筒的位置。电极结构指的是电晕电极根数、位置和偏极的大小等。一般来说，单根电晕电极和一根静电电极选矿时导体矿物的回收率比较高，但是精矿品位低，分选效率低。电晕电极根数多，只对提高精矿品位有利，而对导体的回收率不利，电晕电极与鼓筒的相对位置以 45°为宜。

极距对电选也是重要的影响因素，小极距所需电压低，但因为容易引起火花放电，影响分选效果，在生产中难以实现。一般采用 60~80mm 的极距，在较高的电压下，既不易引起火花放电，又能保证分选效果。

(2) 鼓筒转速。鼓筒转速大小直接影响入选物料在电场区的停留时间。物料经过电场区的时间应接近 0.1s，以保证物料能够获得足够的电荷，否则分选效率必然降低。转速的大小与入选粒度有关，粒度大，要求转速慢，粒度小，要求转速快。

当转速慢时，矿粒通过电场时获得的电荷比较多，对非导体来说，就能产生较大的镜面吸力，从而不易脱离鼓筒。转速越低，导体矿物品位越低；如转速太大，不论导体或非导体矿物的离心力都会增大，而导体的镜面吸力减小，致使非导体矿粒过早脱离鼓面，混杂于导体矿物中，造成导体矿物品位下降，而此时导体矿物的品位则很高。

所以，分选作业的要求不同，转速也应当不同。当精矿为导体矿物时，扫选作业适宜用高转速，尽可能地保证导体矿物的回收率，精选作业时，为保证导体矿物的品位，适宜用低转速。

（3）分矿板的位置。分矿板的位置也直接影响精矿的质量和数量。因此，应根据作业要求，选择适当位置。若要求非导体矿物很纯，则鼓筒下分离非导体矿粒的分矿板应当向鼓筒倾斜，使中矿多一些返回再选；反之，如要求导体矿物很纯，则分离导体矿粒的分矿板应偏离鼓筒，多余的中矿返回再选。

此外，电压也是影响电选效果非常重要的因素。理论与实践均表明，提高电压对分选效果有好处。矿粒获得电荷直接与电池强度有关，电压越高，电场强度越大，从电晕电极逸出的电子越多，越有利于分选。但也不能笼统的认为电压越高越好，因为对各种具体矿物所要求的分选电压是不同的。如对钽铌矿，电压太低时，难以与脉石矿物分开；电压过高时，又会影响导体矿物的回收率。

B 物料的性质

（1）对物料的粒度要求。电选要求窄级别分选，即粒度越均匀越好，无论何种电选机都如此，这与它的分选原理有关。如鼓筒式电选机分选矿物时，在待产电压、电极结构已定的情况下，转速与粒度有明显的交互作用。粗粒需要在电场获得较多的电荷，转速不能太快；细粒则相反，粒度小，质量轻，要求获得的电荷也少，故要求的转速高。粗细粒有不同的分选条件，若混在一起分选，势必影响分选效果。

但分级与生产实际有很多矛盾，粒级越窄，要求的筛分工序越多，生产成本自然会增加，特别是细粒筛分和分级不仅效率低，而且会带来诸如粉尘等一系列问题，所以在实际生产中，在物料粒度基本符合要求的条件下，就应尽可能地减少分级或者不分级。解决粒度均匀的方法之一是采用多鼓筒电选机，第一个鼓筒只作分级作用，下面的几个鼓筒才用作分选。

目前电选矿石的粒度范围为 0.1~2mm 比较好，而最适合的处理粒度则为 0.1~1mm，粒度越小，效果越差。

（2）物料的湿度。矿粒表面的水分不仅影响其电导率，还会使细粒矿物黏附团聚，恶化电选过程。故电选前需将物料加热，应根据矿石性质由实验来确定最适宜的加热温度，加热温度一般在 80~130℃。

（3）矿物表面处理。矿物的表面性质对矿物的电性有显著的影响。为此电选中常根据需要采用药剂处理矿物表面，以改变其电导率。对于矿物表面的机械污染则采用常规擦洗。

（4）给矿方式和给矿量。电选要求均匀给矿，并使每个矿粒都有机会接触辊筒的机会，否则会因为导体不能接触辊筒而不能将电荷放掉，致使其混入非导体产品中，影响分选效果。

给矿量大小直接影响电选效果，给矿量过大，辊筒表面分布的物料层厚，外层矿粒不易接触辊筒，而且矿粒相互干扰和夹杂，易使分选效果下降。给矿量小，设备生产能力下降，适宜的给矿量应由实验来确定。

2.3.4 浮选

2.3.4.1 概述

浮选是在气、液、固三相体系中完成的复杂的物理化学过程，其实质是疏水的有用矿物黏附在气泡表面上浮，亲水的脉石留在矿浆中，从而实现彼此的分离。浮选过程是在浮选设备中完成的，它是一个连续过程，具体可以分为以下4个阶段：

(1) 原料准备。浮选前原料准备包括磨细、调浆、加药、搅拌等。磨细后原料粒度要达到一定要求，一般需磨细到小于0.2mm，目的主要是使绝大部分有用矿物单体解离，另一目的是使气泡能负载矿粒上浮。调浆指的是把原料调配成适宜浓度的矿浆，以后加入各种浮选药剂，以加强有用矿物与脉石表面可浮性的差别。搅拌的目的是使浮选药剂与矿粒表面充分作用。

(2) 搅拌充气。依靠浮选设备的机械搅拌作用吸入空气，也可以设置专门的压气装置将空气压入。其目的是使矿粒呈悬浮状态，同时产生大量尺寸适宜且较稳定状态的气泡，造成矿粒与气泡接触碰撞的机会。

(3) 气泡的矿化。经与浮选药剂作用后，表面疏水性矿粒能附着在气泡上，逐渐升浮至矿浆面而形成矿化泡沫，表面亲水性矿粒不能附着在气泡上而存留在矿浆中。这是浮选分离矿物最基本的行为。

(4) 矿化泡沫的流出。为保持连续生产，需及时排出矿化泡沫，由刮板刮出或自动溢出，此产品称为"泡沫精矿"。从尾部排出的产品，称为"尾矿"。

2.3.4.2 矿物的表面性质对可浮性影响原理

矿物的表面物理化学性质，不仅决定了矿物的天然可浮性，也影响其在药剂作用下的浮游行为。矿物表面物理化学性质的差异，是矿物分选的依据，而决定矿物性质的主要因素则是矿物本身的化学组成和物理结构。

A 矿物的润湿性与可浮性

润湿是自然界中常见的现象，是由于液-固界面排挤在固体表面所产生的一种界面作用。液体在固体表面展开和不展开的现象称为润湿和不润湿现象。易被润湿的表面称为亲水表面，其矿物称为亲水矿物；反之称为疏水表面，其矿物称为疏水矿物。

润湿性是表征矿物表面重要的物理化学特征之一，是矿物可浮性的直观标志，取决于矿物表面不饱和键力与偶极水分子相互作用的强弱。

矿物表面润湿性及其调节是实现各种矿物浮选可分离的关键，所以了解和掌握矿物表面润湿性的差异、变化规律以及调节方法对浮选原理及实践均有重要意义。

润湿性的度量用接触角测量法和润湿测定法，常用接触角 θ。

接触角：过三相润湿周边上任一点作气液界面的切线，切线与固液界面之间所形成的包括液相的夹角 θ，如图2-18所示。

当 $\theta > 90°$ 时，矿物表面不易被水润湿，具有疏水表面，其矿物具有疏水性，可浮性好。

当 $\theta < 90°$ 时，矿物表面易被水润湿，具有亲水表面，其矿物具有亲水性，可浮性差。

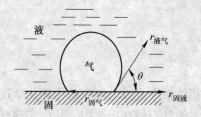

图 2-18　矿物表面的润湿接触角

B　矿物的表面键能与可浮性

矿物都是有一定化学组成的单质或化合物，具有一定的结构。矿物内部的结构有的是规则的，有的是不规则的。决定这些结构的是离子、原子、分子等质点以及这些质点在矿物内部的排列。通常将质点呈有规则排列的矿物称为晶体矿物，质点呈不规则排列的矿物称为非晶体矿物。晶格中的质点都以一定的作用力互相联系着，这些作用力又称为键（化学键）。由于组成矿物的质点不同，键就不同，因而矿物具有不同的结构。矿物晶格中存在着离子键、共价键、分子键和金属键。在个别情况下还存在着氢键，根据键的不同，可以将矿物晶体结构分为离子晶体、原子晶体、分子晶体和金属晶体。

矿物破碎时，断裂的是键。由于矿物内部离子、原子或分子仍相互结合，键能保持平衡；而矿物表面层的离子、原子或分子朝向内部的一端，与内部有平衡饱和键能，但朝向外面空间的一端，键能却没有得到饱和（或补偿）。即不论晶体的断裂面沿什么方向发生，在断裂面上的质点均具有不饱和键。根据断裂位置不同，键力的不饱和程度不同，也就是说，矿物表面的不饱和键有强弱之分。矿物表面的这种键能不饱和性，决定了矿物表面的极性和天然可浮性。

矿物表面的键能按强弱分两类：

（1）较强的离子键或原子键。具有这类键能的矿物表面，其表面键能的不饱和程度高，为强不饱和键。矿物表面有较强的极性和化学活性，对极性水分子具有较大的吸引力或偶极作用，因此，矿物表面易被水润湿，亲水性强，天然可浮性差，如硫化矿、氧化矿、硅酸盐等。

（2）较弱的分子键。这类矿物表面的键能不饱和程度较低，为弱不饱和键。矿物表面极性和化学活性较弱，对水分子的吸引力和偶极作用较小，因此，矿物表面不易被水润湿，疏水性较好，天然可浮性好，如石墨、辉铝矿、硫黄等。

通常将具有离子键或极性共价键、金属键的矿物称为极性矿物，其表面为极性表面；具有较弱分子键的矿物称为非极性矿物，其表面为非极性表面。浮选中常见的矿物介于上述两类极端情况间的过渡状态。

C　矿物表面的不均匀性和可浮性

浮选研究发现，同一矿物可浮性差别很大。这是因为实际矿物很少为理想的典型晶格结构，它们存在着很多物理、化学不均匀性，造成了矿物表面的不均匀性，从而使其可浮性相差较大。

矿物在生成及地质矿床变化过程中，表面凹凸不平、存在空隙和裂缝，晶体内部产生的各种缺陷、空位、夹杂、镶嵌等现象，统称为物理不均匀性。矿物的各种物理不均匀性，均影响矿物的可浮性。

矿物的化学不均匀性指的是实际矿物中各种元素的键合，不像矿物的分子式那样单纯，常夹杂许多非化学分子式的非计量组成物。

D　矿物的氧化

矿物表面受到空气中氧、二氧化碳、水及水中氧的作用，发生表面的氧化。研究表明，硫化矿的可浮性受氧化程度的影响，在一定限度内，硫化矿的可浮性随氧化而变好，但过分的氧化则起抑制作用。

硫化矿的氧化作用对可浮性的影响，一直是浮选研究的重要问题。因矿样来源及制备纯矿物的条件不同，研究方法及研究评估不同，所测得的硫化矿氧化顺序也不同。

按电极电位定出的氧化速率顺序是：白铁矿 > 黄铁矿 > 铜蓝 > 黄铜矿 > 毒砂 > 斑铜矿 > 辉铜矿 > 磁黄铁矿 > 方铅矿 > 镍黄铁矿 > 砷钴矿 > 辉钼矿 > 闪锌矿。

在水气介质中定出的氧化速率顺序是：方铅矿 > 黄铜矿 > 黄铁矿 > 磁黄铁矿 > 辉铜矿 > 闪锌矿。

在碱性介质中定出的氧化速率顺序是：铜蓝 > 黄铜矿 > 黄铁矿 > 斑铜矿 > 闪锌矿 > 辉铜矿。

根据纯矿物的耗氧速率定出的氧化速率顺序是：磁黄铁矿 > 黄铁矿 > 黄铜矿 > 闪锌矿 > 方铅矿。

这些情况表明了氧化作用的多样性，生产实践中对浮选体系中氧化还原的控制有很大的实际意义。实践表明，充气搅拌的强弱与时间长短，可改变矿物氧化条件。如短期适量充气，对一般硫化矿浮选有利，但长期过分充气，磁黄铁矿、黄铁矿可浮性都会下降。

通过调节矿物的氧化还原过程，可调节其可浮性。目前采用的措施有：

（1）调节搅拌调浆及浮选时间。

（2）调节搅拌槽及浮选机的充气量。

（3）调节搅拌强度。

（4）调节矿浆的 pH 值。

（5）加入氧化剂（如高锰酸钾、二氧化锰、过氧化氢等）或还原剂（如 SO_2）。

另外，也有研究试用氧气、富氧空气、氮气、二氧化碳等代替空气作为浮选的气相；改变矿浆的氧化还原电位等方法。

E　矿物的溶解

矿物在与水相互作用时，部分矿物以离子形式转入液相中，这就是矿物的溶解。物质能溶于水中的最大量为该物质的溶解度，以"摩尔/升"表示。由于溶解度受温度影响较大，所以常注明温度条件。

由于矿物的溶解，使矿浆中溶入各种粒子，这些"难免离子"是影响浮选的重要因素之一。如选矿一般用水中常含有 Na^+、K^+、Mg^{2+}、Ca^{2+}、Cl^-、CO_3^{2-}、HCO_3^-、SO_4^{2-} 等，

而矿坑水中含有 NO_3^-、NO_2^-、NH_4^+、$H_2PO_4^-$、HPO_4^{2-} 等，如果用湖水，则会有各种有机物、腐殖质等。

矿物溶解及难免离子的调节，目前采用的主要措施有：

（1）控制水的质量，如进行水的软化。

（2）控制磨矿时间及细度。

（3）控制充气，改变氧化条件。

（4）调节矿浆 pH 值，使某些离子形成不溶性物质沉淀。

F　矿物表面的电性与可浮性

矿物在溶液中，由于离子的优先吸附、优先解离和晶格取代等作用，可以使表面带电。矿物的表面电性对某些矿物的可浮性会产生影响。通过调节矿物表面的电性，还可调节矿物的抑制、活化、分散和聚集等状态。

影响较大的是那些与捕收剂以静电物理吸附作用的氧化矿物和硅酸盐矿物，如针铁矿、刚玉、石英等。这些矿物的表面电性的符号与矿浆的 pH 值有关。使矿物表面电位为零时的矿浆 pH 值称为这种矿物的零电点。如针铁矿的零电点为 pH=6.7，刚玉的零电点为 pH=9.1，石英的零电点为 pH=3.7 等。

当矿浆的 pH 值小于零电点时，矿物表面呈正电，可用阴离子捕收剂进行捕收。当矿浆的 pH 值大于零电点时，矿物表面呈负电，可用阳离子捕收剂捕收。

G　矿物表面吸附与可浮性

矿物表面的吸附是指在浮选矿浆中，浮选药剂在矿物表面键能的吸引下而聚集在固-液界面上，使药剂在固-液界面上的浓度大于液体内部的浓度。

按吸附的本质可分为物理吸附和化学吸附两大类。

物理吸附：凡是由分子键能引起的吸附都称为物理吸附，其特征是热效应小、吸附不稳定、既容易吸附也易于解吸、无选择性。如分子吸附、双电层外层吸附及半胶束吸附等。

化学吸附：凡是由化学键能引起的吸附都称为化学吸附。其特征是热效应大、吸附牢固、不易解吸、具有选择性。如交换吸附、定位吸附等。

矿物表面的吸附性是由矿物表面及浮选药剂的性质所决定的。根据矿物表面性质的差异，可以利用各种浮选药剂在矿物表面的吸附达到调节矿物可浮性的目的。

2.3.4.3　浮选药剂

浮选药剂按其作用可分为捕收剂、起泡剂和调整剂三大类，详细分类见表 2-1。

表 2-1　浮选药剂分类

类　别	系　列	品　种	典型代表
捕收剂	阴离子型	硫代化合物	黄药、黑药等
		羟基酸及皂	油酸、硫酸酯等
	阳离子型	胺类	混合胺等
	非离子型	硫代化合物	乙黄腈酯、Z-200
	非极性捕收剂	烃油类	煤油、焦油

类 别	系 列	品 种	典型代表
起泡剂	表面活性物	醇类	松油醇、樟脑油
		醚类	丁醚油
		醚醇类	醚醇油
		脂类	脂油
	非表面活性物	酮醇类	酮醇油
调整剂	调整剂	电解质	酸、碱、无机盐
	活化剂	无机盐	金属阳离子
	抑制剂	气体	氧气
		无机化合物	硫化钠、硫酸锌
		有机化合物	淀粉、单宁
	絮凝剂	天然絮凝剂	石膏粉、腐殖酸
		合成絮凝剂	聚丙烯酰胺

A 捕收剂

捕收剂的作用是使矿物表面疏水，提高矿物的可浮性。

依据捕收剂极性基的成分和构造，一般把捕收剂分为离子型、非离子型及油类捕收剂等三类。

（1）离子型捕收剂。该类捕收剂大多是异极性物质。其特点是在水中易分解，以离子的形式与矿物表面发生作用，并固着于矿物表面，非极性基起疏水的作用。如果起捕收作用的是阳离子，就叫做阳离子捕收剂；如果起捕收作用的是阴离子，就叫阴离子捕收剂；此外，在水溶液中解离既有阳离子，也有阴离子的两性（对极性）捕收剂。

（2）非离子型极性捕收剂。该类捕收剂在水中不能解离称为离子，但因整个分子具有不对称的结构而显示出极性，故通常称为非离子型极性捕收剂。

（3）油类捕收剂（非极性捕收剂）。该类捕收剂的整个分子是非极性的，其构造是均匀的。它们在水中不溶解，不解离，与矿物表面作用是属于不溶物质在矿物表面附着的一种类型。

（4）硫化矿浮选常用的几种捕收剂有黄药、Mac-12、硫氨酯、黑药类等。

B 起泡剂

起泡剂的作用是使空气在矿浆中分散成微小的气泡并形成稳定的气泡。泡沫浮选对气泡的数量、大小及强度有一定要求。根据矿粒与气泡附着的需要，一般气泡的尺寸以0.2~1mm为好，并要求气泡还应有适当的强度（即稳定性）。为此，一方面向矿浆中充入大量的空气，另一方面加入适当的起泡剂。

a 起泡剂的作用机理

向水中充气，生成的气泡大，且一旦浮出水面就破裂。气泡大是因为水中的小气泡因碰撞而互相兼并，使气泡逐渐变大。当气泡升到气水界面时，两个气相界面间的水层，一方面受到上部水的表面张力及下部气泡浮力的挤压，另一方面由于水本身的重力作用，使水向下流动，这种界面间的水层先变薄，而后气泡顶部的水层破裂，而导致气泡的破灭。

这种仅由气体在液体中形成的泡沫称为两相泡沫（见图 2-19），两相泡沫不稳定，不适合浮选的需要。为防止气泡过早地兼并，且有一定的强度，就必须加入适量的起泡剂。起泡剂是异极性的表面活性物质，它能大量吸附在气-液界面，并降低其表面张力。起泡剂分子的一端是非极性的烃基，另一端是亲水性的极性基，在气水界面上的定向排列如图 2-20 所示。

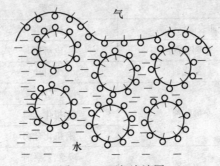

图 2-19　两相泡沫图

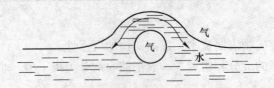

图 2-20　起泡剂分子在气水界面上的吸附

b　起泡剂的选择

实验结果表明：起泡剂的表面活性随其分子烃基含碳数目的增多而加大。但随烃链的增长，其溶解性却降低，而溶解度过低的起泡剂在浮选中是不便使用的。

对于某一种起泡剂而言，适当的浓度是取得适宜泡沫的重要条件。加入的起泡剂溶度小，表面活性大，但因气泡表面分配到的起泡剂分子太小，极性基的水化作用弱，气泡的稳定性差；加入的起泡剂浓度大时，表面活性小，其气泡失去弹性而不稳定。

此外，矿浆 pH 值对气泡剂的起泡能力有较大影响。起泡剂是以分子状态吸附在起泡表面，其解离应越少越好。为此，酸性起泡剂应在酸性介质中使用（如酚类），碱性起泡剂应在碱性介质中使用（如醇类）。

c　常用的起泡剂

（1）2 号油（松醇油）。2 号浮选油的组成和松油相似，其主要成分也是萜烯醇。其含量比松油稳定，是由松节油经水合反应而制得的。

2 号浮选油为淡黄色油状液体，颜色比松油淡，密度 0.8~0.9g/mL，起泡性较强。与松油相比，起泡能力较松油稍弱，泡沫稍脆，同样无捕收性能。

（2）醚醇（3 号油）。醚醇是一类选择性较好的起泡剂。它是由石油裂化产品合成的，有代表性的是丙二醇烷基醚，它是淡黄色油状液体，无毒，有芳香气味，易溶于水，且不受矿浆 pH 值的影响。

（3）MIBC。MIBC 国外名称甲基异丁基甲醇。纯品为无色液体，折光指数为 1.409，密度为 0.813g/cm^3，沸点为 131.5℃，每 100mL 水可以溶解 1.8g，与酒精及乙醚可以任意混合。

(4) BK-201 号和 BK-204 号。BK-201 号起泡剂的主要成分类似丁基醚醇，气味偏臭，经处理后好转。密度 0.84g/mL，性粘。BK-204 号起泡剂是在 BK-201 号起泡剂基础上改进的，起泡速度快，性能强，克服了 BK-201 号起泡剂的延时性。BK-204 号起泡剂为油状液体，浅黄色，微溶于水，可溶于乙醇等有机溶剂，密度为 0.82~0.85g/mL。性能稳定、起泡性能强、泡沫碎性好，来源广泛，价格合理，毒性较小。

C 调整剂

a 石灰 (CaO)

石灰又称白灰，是由石灰石焙烧而成，有效成分为 CaO，有强烈的吸水性，与水作用生成消石灰 $Ca(OH)_2$。在浮选矿浆中的反应如下：

$$CaO + H_2O \Longrightarrow Ca(OH)_2$$

$$Ca(OH)_2 \Longrightarrow CaOH^+ + OH^-$$

$$CaOH^+ \Longrightarrow Ca^{2+} + OH^-$$

它是一种最廉价的 pH 值调整剂，广泛应用于硫化矿浮选。除了调节矿浆的 pH 值以外还作为黄铁矿与磁铁矿的抑制剂。

石灰常用于提高矿浆 pH 值，可以使矿浆 pH 值提高到 11~12 以上，抑制硫化铁矿物。主要是黄铁矿在含有大量 OH^- 的矿浆溶液中，表面易与 OH^- 生成亲水性的 $Fe(OH)_2$ 抑制性薄膜。由于 $Fe(OH)_2$ 的溶解度即比 $Fe(ROCSS)_2$（黄原酸铁）小，所以，在有足够 OH^- 存在的矿浆溶液中，黄铁矿受到抑制。但若为抑制黄铁矿需要石灰时，应注意石灰用量。因为石灰对其他硫化矿物也同样有一定的抑制作用。Ca^{2+} 可以在黄铁矿表面生成 $CaSO_4$ 难溶化合物，也可以起到抑制作用。

实际生产中，石灰常采用磨机磨制配成石灰乳水溶液再加入浮选矿浆中。

b 硫化钠 ($Na_2S \cdot 9H_2O$)

硫化钠是强碱弱酸生成的盐。常用作氧化矿物的硫化剂（活化剂）、大多数硫化矿物的抑制剂、硫化矿物混合精矿的脱药剂、矿浆 pH 值的调整剂，除辉钼矿外，其他硫化矿物都受其抑制。

硫化钠在水溶液中易于水解生成 Na^+、OH^-、HS^-、S^{2-} 及 H_2S 分子等，其反应式为：

$$Na_2S + 2H_2O \Longrightarrow 2Na^+ + 2OH^- + H_2S$$

$$H_2S \Longrightarrow H^+ + HS^-$$

$$HS^- \Longrightarrow H^+ + S^{2-}$$

硫化钠的抑制作用中，有效离子是 HS^-。而 S^{2-} 可起活化作用，又可起抑制作用（脱药）。

(1) 硫化钠的活化作用。硫化钠溶液中的 S^{2-} 与氧化矿物表面作用生成硫化物，再与黄药发生化学吸附，形成疏水薄膜。

$$CuCO_3 \cdot Cu(OH)_2 \cdot CuCO_3 \cdot Cu(OH)_2 + 2Na_2S \Longrightarrow CuCO_3 \cdot Cu(OH)_2 \cdot 2CuS + 2NaOH + Na_2CO_3$$

(2) 硫化钠的抑制作用。HS^-、S^{2-} 吸附在硫化矿物的表面，阻碍了捕收剂的离子吸附，从而增强了矿物表面的亲水性。当硫化矿物表面已生成黄原酸盐时，HS^-、S^{2-} 可以交换出黄原酸离子，使硫化矿物失去可浮性。

$$[MeS]MeX_2 + S^{2-} \longrightarrow [MeS]MeS + 2X^-$$

由于硫化钠的这些性质，在使用中要注意用量，保持适宜矿浆 pH 值，注意硫化作用的时间和搅拌的强度。

（3）水玻璃（Na_2SiO_3）。水玻璃的化学组成通常以 $mNa_2O \cdot nSiO_2$ 表示，是各种硅酸盐（如偏硅酸钠 Na_2SiO_3、二硅酸钠 $Na_2Si_2O_5$、原硅酸钠 Na_4SiO_3、经水合作用的 SiO_2 胶粒等）的混合物，成分常不固定。式中，n/m 为硅酸盐的"模数"（或称硅钠比），浮选用的水玻璃模数是 2.0~3.0，纯的水玻璃为白色晶体。工业用的水玻璃为暗灰色的结块，加水呈糊状。

水玻璃是石英、硅酸盐、铝硅酸盐类矿物的抑制剂。

水玻璃是弱酸强碱盐，在矿浆中可以生成胶粒，也可解离和水解生成 Na^+、OH^-、$HSiO_3^-$、SiO_3^{2-} 等离子及 H_2SiO_3 分子，其反应式为：

$$Na_2SiO_3 + 2H_2O \Longleftrightarrow 2Na^+ + 2OH^- + H_2SiO_3$$

$$H_2SiO_3 \Longleftrightarrow H^+ + HSiO_3^-$$

$$HSiO_3^- \Longleftrightarrow H^+ + SiO_3^{2-}$$

水玻璃的抑制是由水化性强的 $HSiO_3^-$、SiO_3^{2-} 及硅酸胶粒吸附在矿物表面，从而生成亲水性薄膜，因此减弱了捕收剂（黄药等）在矿物表面的吸附。水玻璃的离子对硅酸盐及铝硅酸盐矿物有较大亲合力，故对它们的抑制作用较强。

又由于硅酸胶束（胶粒）的核心是 SiO_2，表面呈负电性，胶粒间因带有相同的电荷而互相排斥。如果矿粒表面吸附 $HSiO_3^-$ 及硅酸胶粒后，就会因荷负电、水化等因素呈分散悬浮而不团聚下沉，这就是水玻璃的分散矿泥作用。

由于水玻璃用途不同，其用量也变化很大。用作抑制剂时，其用量为 0.2~2kg/t；用作矿泥分散剂时，用量为 1kg/t 左右。一般配成 5%~10% 的溶液使用。

（4）腐殖酸钠。腐殖酸钠是一种高分子量的聚电解质化合物。作为浮选抑制剂的腐殖酸钠是褐煤用氢氧化钠处理后得到的腐殖酸钠溶液，一般用于抑制铁矿物。

2.3.4.4　浮选设备

A　XJ 型机械搅拌式浮选机

该机是 20 世纪 50 年代从苏联引进的，型号较老，虽经改变，但基本结构没有改变，且早已定形，形成系列，由于历史原因，这种浮选机在我国应用最广泛，近年来虽说已被一些新型浮选机取代，但仍在广泛应用。

XJ 型浮选机的基本结构如图 2-21 所示，它由两个浮选槽构成一个机组，第一槽（带有进矿浆）为吸入槽，第二槽为直流槽，此二槽之间有中间室。叶轮安装在主轴下端，主轴上端由皮带轮，用电动机带动旋转。空气由进气管吸入。每组浮选槽的矿浆水平面由闸门调节。叶轮上方装有盖板和空气筒（又称竖管）。空气筒上有孔，用来安装进浆管、中矿返回管或用作矿浆循环，孔的大小可通过拉杆调节。

叶轮一般是用生铁铸成的圆盘，圆盘上有 6 个辐射状叶片，在叶轮上方 5~6mm 处装有盖板。其结构如图 2-22 所示。

叶轮盖板的作用是：（1）当矿浆被叶轮甩出时，在盖板下形成负压吸气；（2）调节进入叶轮的矿浆量；（3）可避免矿砂在停机时压住叶轮而难以启动；（4）起到一些稳流

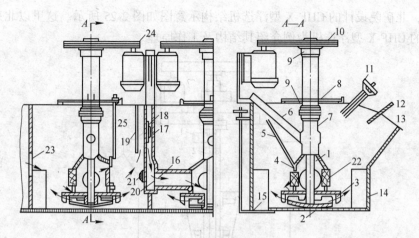

图 2-21 XJ 浮选机结构

1—主轴；2—叶轮；3—盖板；4—连接管；5—砂孔闸门丝杆；6—进气管；7—排气管；8—座板；
9—轴承；10—带轮；11—溢流闸门手轮及丝杆；12—刮板；13—泡沫溢流唇；14—槽体；15—放砂闸门；
16—给矿管（吸浆管）；17—溢流堰；18—溢流闸门；19—闸门壳（中间室外壁）；20—砂孔；
21—砂孔闸门；22—中矿返回孔；23—直流槽前溢流堰；24—电动机及带轮；25—循环孔调节杆

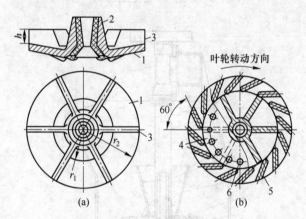

图 2-22 XJ 型浮选机

（a）叶轮；（b）盖板

1—叶轮锥形底盘；2—轮壳；3—辐射叶片；4—盖板；5—导向叶片（钉子叶片）；
6—循环孔；r_1—矿浆入口半径；r_2—矿浆出口半径；h—叶片外端高

作用。

浮选机在工作时，给矿管把矿浆给到盖板中心处，叶轮旋转所产生的离心力将矿浆甩出，同时在叶轮与盖板间形成负压，于是经由进气管自动地吸入了外界空气。叶轮的强烈搅拌作用使矿浆与空气得以充分混合，并将气流分割成许多细小的气泡。再者，在叶轮叶片的后方也会从矿浆中析出一些气泡。

B XJC 型、BS-X、CHF-X 型充气机械搅拌式浮选机

该类浮选机是沈矿、北京矿冶研究院和中国有色院分别于 20 世纪 70 年代后期研制成功的，他们的结构和工作原理基本相同，均类似于美国丹佛 D-R 型浮选机。沈矿研制的 XJC 型浮选机结构示意图如图2-23所示，中国有色院设计的 BS-X 型浮选机示意图如图

2-24 所示，北矿院设计的 CHF-X 型浮选机结构示意图如图 2-25 所示。这里以北京矿冶研究院设计的 CHF-X 型浮选机为例介绍其结构及工作原理。

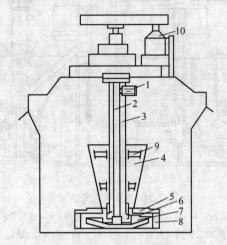

图 2-23　XJC 型浮选机结构

1—风管；2—主轴；3—套筒；4—循环筒；5—调整垫；6—导向器；

7—叶轮；8—盖板；9—连接筋板；10—电动机

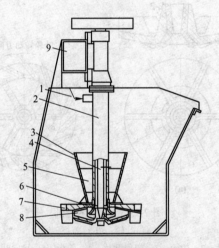

图 2-24　BS-X 型浮选机结构

1—风管；2—套筒；3—循环筒；4—主轴；5—筋板；6—导向器；

7—盖板；8—叶轮；9—梁兼风筒

北京矿冶研究院设计的 CHF-X 型浮选机由两槽组成一个机组，每槽容积 7m³，两槽体背靠背相连，组成 14m³ 双机构浮选机。该浮选机的主要部件如图 2-25 所示，整个竖轴部件安装在总风筒上。

叶轮为带有 8 个径向叶片的圆盘。盖板为 4 块组装成的圆盘，其周边均布有 24 块径向叶片。叶轮与盖板的轴向间隙为 15~20mm，径向间隙为 20~40mm。中心筒上部的充气管与总风筒相连，中心筒下部与循环筒相连。钟型物安装在中心筒下端。盖板与循环筒相连，循环筒与钟型物之间的环形空间供循环矿浆用，钟型物具有导流作用。

该浮选机的主要特点是利用矿浆的垂直大循环和由低压鼓风机压入空气来提高浮选效

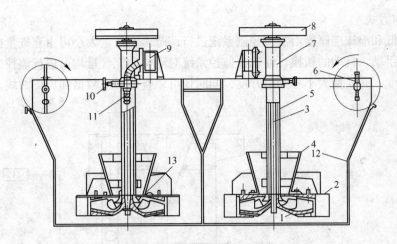

图 2-25 CHF-X 型浮选机结构

1—叶轮；2—盖板；3—主轴；4—循环筒；5—中心筒；6—刮泡装置；7—轴承座；
8—带轮；9—总风筒；10—调节阀；11—充气管；12—槽体；13—钟型物

率。矿浆运动状态如图 2-26 所示。矿浆通过锥形循环筒和叶轮形成的垂直循环所产生的上升流，把粗粒矿物和密度较大的矿物提升到浮选槽的中上部，可避免矿浆在槽内出现分层和沉砂现象。鼓风机所压入的低压空气经叶轮和盖板叶片而被均匀地弥散在整个浮选槽。矿化气泡随垂直循环流上升，进入浮选槽上部的平静分离区，于是同不可浮的脉石分离。矿化气泡上升到泡沫层的路程较短，也是该浮选机的一个特点。

该浮选机适用于大、中型浮选厂的粗选、扫选作业。

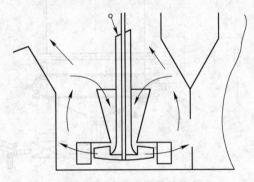

图 2-26 矿浆垂直循环状态

C 浮选柱

a 结构

浮选柱结构如图 2-27 所示。主要由柱体、给矿系统、喷枪、液面控制系统、泡沫喷淋水系统、排矿系统等构成。

b 工作原理

空气压缩机提供气源，经总风管到各个喷枪产生微泡，从柱体底部缓缓上升；矿浆距柱体顶部约 2m 处给入，缓慢向下流动，矿粒与气泡在柱体中逆流碰撞，被附着到气泡上的有用矿物上浮到泡沫区，经过二次富集后产品从泡沫槽流出。未矿化的矿物颗粒随矿流下降经尾矿管排出。

c 控制方式

液位高低和泡沫层厚度由液位控制系统进行调节，充气量大小可由充气量控制系统控制，可实现手动、自动的切换。浮选柱监控系统对液位和充气量均可进行监控，实时显示当前液位高度、充气量大小和阀门开度，同时还可以查询历史数据和历史曲线。

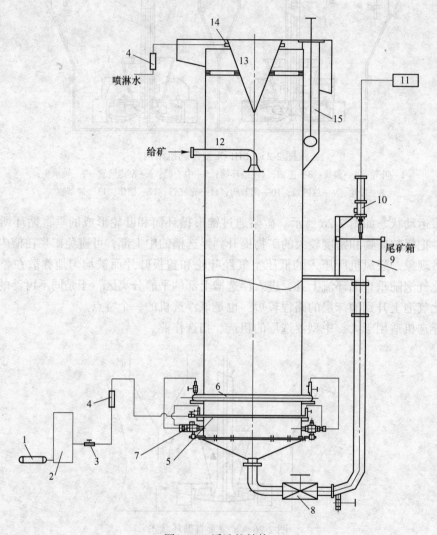

图 2-27 浮选柱结构

1—风机；2—风包；3—减压阀；4—转子流量计；5—总水管；6—总风管；7—喷枪；8—闸阀；
9—尾矿箱；10—气动调节阀；11—仪表箱；12—给矿管；13—推泡锥；14—喷水管；15—测量筒

D 旋流-静态微泡浮选柱

中国矿业大学成功研制了引入离心力场的旋流-静态微泡浮选柱，借助其高选择性和高回收率的优势，缩短浮选流程，简化工艺等优点，在煤炭选分选方面获得了成功应用，而且在磁铁矿反浮选、萤石浮选、铜精选、钨粗选及铅锌尾矿回收方面都取得了优于传统浮选机分选的良好效果。

旋流-静态微泡浮选柱的分离过程包括柱体分选、旋流分离和管流矿化三部分，整个分离过程在柱体内完成，如图 2-28 所示。

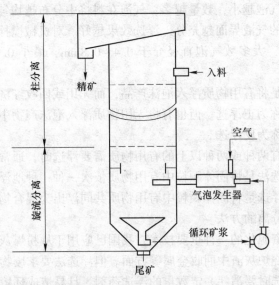

图 2-28 旋流-静态微泡柱分选结构原理图

旋流-静态微泡浮选柱将柱分离、旋流分离、高度紊流矿化有机地结合起来，实现了物料的梯级优化分选。柱分离段位于整个柱体上部，采用逆流碰撞矿化的浮选原理，在低紊流的静态分选环境中实现物料的分离，主要起到粗选和精选的作用。旋流分离段与柱分离段呈上、下结构连接，实现按密度的重力分离以及在旋流力场下的旋流浮选。旋流分离段的高效矿化模式使浮选粒度大大降低，浮选速度大大提高。旋流分离段以其强回收能力主要起到扫选柱分离中矿的作用。管流矿化段利用射流原理，通过引入气体并将其粉碎成泡，在管流中形成循环中矿的气固液三相体系并实现高度紊流矿化。管流矿化段沿切向与旋流分离段相连，形成中矿的循环分选。

旋流-静态微泡浮选柱提供了一种对微细颗粒分选效果好，提高浮选精矿品位和回收率的有效途径。旋流-静态微泡浮选柱在过程设计的理念和技术层面上实现了关键性的突破，并在大量实践的基础上不断优化设备系统，形成一套完善的技术体系，在微细粒级物料分选方面具有独特的优势，具有高富集比和高选择性。

E 浮选工艺过程

浮选工艺过程主要包括调浆、调药、调泡三个程序。调浆即浮选前料浆浓度的调节，它是浮选过程的一个重要作业。所谓料浆浓度就是指料浆中固体与液体（水）的质量之比，常用液固比或固体含量百分比来表示。一般浮选密度较大、粒度较粗的废物颗粒，往往用较浓的料浆；反之浮选密度较小的废物颗粒，可以用较稀的料浆。浮选的料浆浓度必须适合浮选工艺的要求。

调药为浮选过程药剂的调整，包括提高药效、合理添加、混合用药、料浆中药剂浓度调节与控制等。对一些水溶性小或不溶的药剂，提高药效可采用配成悬浮液或乳浊液、皂化、乳化等措施。药剂合理添加主要是为了保证料浆中药剂的最佳浓度，一般先加调整剂，再加捕收剂，最后加气泡剂。所加药剂的种类和数量，应根据欲选废物颗粒的性质通过实验确定。调泡为浮选气泡的调节。气泡主要是供疏水颗粒附着，并在料浆表面形成三相泡沫层，不与气泡附着的亲水颗粒则留在料浆中。因此，气泡的大小、数量和稳定性对浮选具有重要影响。气泡越小，数量越多，气泡在料将中分布越均匀，料浆的充气程度越好，为欲浮颗粒提供的气液界面越充分，浮选效果越好。对机械搅拌式浮选机，当料浆中有适量起泡剂存在时，大多数气泡直径介于 0.4~0.8mm，最小 0.05mm，最大 1.5mm，平均 0.9mm 左右。

一般浮选法大多是将有用物质浮入泡沫产品，而无用或回收经济价值不大的物质仍留在料浆内，这种方法称为正浮选。但也有将无用物质浮入泡沫产物中，将有用物质留在料浆中的，这种浮选法称为反浮选。

当固体颗粒中含有两种或两种以上的有用物质需要浮选时，通常可采用优先浮选或混合浮选方法。优先浮选法是将固体颗粒中有用物质依次一种一种地浮出，成为单一物质产品的浮选方法。混合浮选是将固体颗粒中有用物质共同浮出为混合物，然后再把混合物中有用物质一种一种地分离的方法。

浮选是固体颗粒资源化的一种重要技术，我国已应用于从粉煤灰中回收炭、从煤矸石中回收硫铁矿、从焚烧炉灰渣中回收金属等方面。但浮选法要求废物在浮选前需破碎和磨碎到一定的细度。浮选时要消耗一定数量的浮选药剂，且易造成环境污染或增加相配套的净化设施。另外还需要一些辅助工序，如浓缩、过滤、脱水、干燥等。因此，在生产实践中究竟采用哪一种分选方法，应根据固体颗粒的性质，经技术经济综合比较后确定。

F 影响浮选过程的因素

影响浮选工艺的因素有很多，归纳起来可分为两大类：其中一类是已知的，是一种自变的因素，称为不可调节的因素；另一类是为了控制分选条件而选择的，是一种应变的因素，叫做可调节的因素。

浮选不可调节的因素有原矿的矿物组成和含量、矿石的氧化和泥化程度、矿物的嵌布特性和生产用水的质量等。

浮选可调节的因素有磨矿细度、矿浆浓度、浮选时间、药剂制度、矿浆温度、浮选流程、浮选设备类型等。

a 矿石性质

矿石性质主要包括原矿品位和物质组成、矿石中有用矿物的嵌布特性及共生关系、矿石的氧化率等。

(1) 原矿品位。在所有类型的矿石中，各元素的含量都不是一成不变的，只有变化大小之分。

当矿石中有用矿物的含量-原矿品位变化不大时，对浮选过程有利，整个浮选工艺流程容易控制，过程相对的稳定；而当原矿品位变化范围大时，浮选工艺流程则不容易控制，选别指标难以稳定。

对选矿工艺而言，原矿品位的波动过高或过低都是不好的。原矿品位过高，浮选容易出现"跑槽"现象，造成金属流失；又由于浮选流程多是确定的，所以品位过高的矿石难以得到充足时间的浮选，选矿回收率波动很大。当原矿品位太低时，一段粗精矿品位往往偏低，给二段的浮选带来困难，会造成精矿品位达不到要求。

(2) 矿石中有用矿物的嵌布特性及共生关系。有用矿物的嵌布特性影响碎磨流程以及产品粒度的确定。

当有用矿物的粒度分布均匀，多集中在某一粒级范围内，则只需经一段磨矿后就可将有用矿物绝大部分单体解离出来；若有用矿物粒度分布很不均匀，则碎磨流程也就较为复杂，需要多段磨矿。

(3) 矿石的氧化率。氧化率高低是评价矿石性质的一个重要指标。

矿石的氧化率对选别有重大影响，主要有以下几点：矿石泥化程度增大；矿石的矿物成分复杂，影响有用矿物的可浮性；金属矿物表面的物理化学性质发生变化，降低有用矿物的可浮性；原有矿石的物理性质发生变化，可能改变选矿方法和流程；原有矿石的酸碱度发生变化，改变选矿药剂种类及用量。

b 磨矿细度

磨矿细度指的是磨矿产品中某一特定粒级含量的质量百分数。例如90%-0.074mm，即表示磨矿产品中-0.074mm粒级的质量占90%。

在浮选工艺中，因为浮选分离的前提是要使各种矿物从矿石中单体解离出来，所以磨矿细度对浮选分离指标有着决定性的意义。

适宜的磨矿细度是要根据矿石中有用矿物的嵌布粒度，通过试验决定的。

生产实践表明，不同粒级的矿粒，其浮选效果不同。过粗或过细的矿粒，即使已达到单体解离，其回收效果也是不好的。所以磨矿细度满足工艺要求，有用矿物基本上单体解离，才能为浮选创造良好条件。

在浮选工艺中，对粗、细粒也采取一些强化浮选的措施。

(1) 粗粒浮选。一般来说，在矿物单体解离的前提下，粗磨浮选可以节省磨矿费用，降低选矿成本。但是由于较粗的矿粒比较重，在浮选机中不易悬浮，与气泡碰撞的几率减少，附着气泡后易于脱落，因此比较难浮。为了改善粗粒浮选，可以采取调节药方、调节气泡和选择高效率的浮选机等措施。

1) 调节药方。调节药方的目的在于增强矿物与气泡的固着强度，加快浮升速度。根据理论计算，要浮粗粒，应有较大的接触角，因此可选用捕收力强的捕收剂。研究表明，合理增加捕收剂浓度，有利于浮团的形成和浮升。

2) 调节充气量。充气量对于粗粒浮选具有重要意义。增大充气量，形成较多的大气泡，有利于形成气泡和矿粒组成的浮团，将矿粒"拱抬"上浮。

关于粗粒浮选时浮选机的选用，可根据需要和浮选机的特点进行选择。一般多采用浅槽浮选机。对于粗粒浮选，单纯依靠增加搅拌强度来增加充气量，不但无益，反而有害。

(2) 细粒浮选。一般选矿中所谓的矿泥，常常是指-74μm的粒级，而浮选中的矿泥是指-18μm或-10μm的细粒级。矿泥的来源有：一是原生矿泥，主要是矿石中各种泥质矿物，如高岭土、绢云母、褐铁矿、绿泥石、碳质页岩等；二是次生矿泥，它们是在破碎、磨矿、运输、搅拌等过程中形成的。为了减少次生矿泥的生成，应选择合理的破碎和磨矿流程，正确使用破碎筛分、磨矿分级设备，并提高效率。

由于矿泥具有质量小、比表面积大等特点，所以对浮选产生了一系列不利的影响。主要有：易夹杂于泡沫中上浮，降低精矿质量；覆盖在粗粒矿物上，妨碍粗粒的浮选，回收率降低；吸收大量的浮选药剂，药耗增加；增加矿浆的黏性，浮选机充气条件变差；细粒溶解度较大，矿浆中的"难免粒子"增加。大量矿泥的存在，破坏浮选过程，影响浮选指标。

为了消除或减少矿泥对浮选的影响，可采取下列措施：添加矿泥分散剂；分段、分批加药；采用低浓度矿浆；脱泥。

目前为改善细泥浮选工艺所采取的措施还有：用在矿浆中析出的微泡浮选细泥；用易浮粗粒作为"载体"背负细泥；利用"选择絮凝"、"电解浮选"及其他方法等。

c　矿浆浓度

矿浆浓度往往要受到许多条件的制约。例如分级机溢流浓度，就要受到细度要求的制约：要求细时，溢流浓度就要低；要求粗时，溢流浓度就要高。大多数情况下，调浆和粗选作业的浓度几乎与分级溢流的浓度是一致的。

矿浆浓度对浮选各项因素的相互制约关系大致如下：

（1）浮选机的充气量随矿浆浓度变化而变化，过高或过低都会使充气变化。

（2）矿浆液相中的药剂浓度随矿浆浓度变化而变化。在用药量不变的条件下，矿浆浓度提高，液相中药剂浓度增加，可以节省药剂。

（3）影响浮选机的生产率。矿浆浓度增加，如浮选机的体积和生产率不变，则矿浆在浮选机中的停留时间相对延长，有利于提高回收率。如果浮选时间不变，矿浆浓度越高，浮选机的生产率就越高。

（4）粗粒与细粒浮选。矿浆浓度增加，细粒矿物的可浮性提高。如果细粒是有用矿物，有利于提高回收率及精矿品位。反之，如果细粒是脉石矿物，则应降低矿浆浓度，以免细泥混入泡沫，使精矿质量降低。

一般情况下，矿浆浓度较低，回收率下降，但精矿产品质量提高。矿浆浓度的适当提高，不但可以节省药剂和用水，而且回收率也相应提高。但矿浆浓度过高，由于浮选设备工作条件变坏，会使浮选指标下降。

生产实践中，确定矿浆浓度高低除上述影响因素外，还要考虑原矿性质对浮选浓度的要求。浮选密度大、粒度粗的矿物，矿浆浓度需提高；浮选密度小、粒度细的矿物，矿浆浓度需降低。

在浮选过程中，由于各作业泡沫精矿的不断刮出和补加水原因，按作业顺序，矿浆浓度逐渐降低，但在处理低品位矿泥时也有相反现象。所以，操作中应按要求严格控制各作业的加水量，尽量使各作业的浓度保持在适宜的范围内。矿浆浓度应相对稳定，不能波动过大，否则会导致生产指标的不稳定。

d　药剂制度

药剂制度包括药剂的种类、用量、配制、添加地点以及添加方式，简称为药方。

药剂制度对浮选指标有重大影响。它是通过矿石可选性和工业试验确定的。在生产中要对加药数量、加药地点与加药方式不断地修正与改进。药剂制度中首先是选择合适的药剂，然后再确定用量。

（1）药剂用量。在一定的范围内，增加捕收剂与起泡剂的用量，可以提高浮选速度和改善浮选指标，但是用量过大会造成浮选过程的恶化。同样，抑制剂与活化剂也应适量添加，使用中应特别强调"适量"和"选择性"两个方面。

对于不同的矿石，由于性质不同，药剂用量的波动范围是很大的。即使属于同一类型的矿石，也因矿床形成的具体条件有差别，药剂用量也不尽相同。分选具体矿物时，应根据试验结果选取较窄的用量范围。使用时，只要矿石的物质成分和其他工艺条件基本保持不变，就不应任意改变药剂的用量。

（2）药剂的配制。同一种药剂，配制的形式不同，用量和效果也都不同。对于在水中溶解度小或不溶的药剂尤其明显。如中性油类，不加调节措施，在水中呈较大的液滴，不但效果不好，且用量也高。所以为了提高药效，应根据药剂的性质，采用不同的配制方法。常用的配制方法有：配成水溶液；加溶剂配制；乳化法；皂化法；配制呈悬浮液或乳浊液；原液添加。应根据需要配制药剂，配制好的药剂不宜贮存过久，否则可能产生变质、失效。

（3）添加。浮选药剂的作用不是瞬时能完成的。在浮选前，应根据试验保证药剂与矿粒有足够的作用时间。因此，加药地点可根据药剂的用途及溶解度等因素，分别加入磨矿机、分级机溢流、泵池、搅拌桶或浮选设备中，也有根据实际需要加入浓密机的。

　　e　矿浆酸碱度

矿浆的酸碱度是指矿浆中的 OH^- 和 H^+ 的浓度。一般用 pH 值表示。用于调整矿浆酸碱度的药剂有石灰、碳酸钠及硫酸等。矿浆的 pH 值，既影响矿物的浮选性质，也影响各种浮选药剂的作用。因而，它对矿物的可浮性起着显著的作用。

　　f　浮选机的充气

充气就是把一定量的空气送入矿浆中，并使它弥散成大量微小的气泡，以便使疏水性矿粒附着在气泡表面上。

充气量的大小，主要决定于浮选机的类型及浮选工艺的要求。充气量通常用每平方米、每分钟充入的空气体积表示。不同类型的矿石可根据各自浮选工艺对充气量的要求，选用不同型号的浮选机。在各作业中也可按原料中有用矿物的含量和泡沫量的多少调节充气量。

空气在矿浆中的弥散程度与气泡的大小有关。就一定数量的空气而言，气泡愈小，分散愈好，气泡的总表面积愈大，对浮选有利。但气泡太小，上升速度太慢，对矿物的携带能力减弱，不利于有用矿物的上浮。

在一定限度内，矿浆浓度增大，充气量也随之增加，空气的弥散也较好。一般矿浆浓度在 20%~30% 范围内充气情况较好。

浮选机的搅拌作用是保证矿浆中矿粒的悬浮及均匀分散，促使空气弥散及均匀分布，促进空气在浮选机的高压区加强溶解，在低压区析出微泡。

加强对矿浆的搅拌可增加矿粒与气泡的碰撞机会，加速水化膜的破裂，并提高矿粒与气泡的附着和停留机会。

但是过强的充气和搅拌是不利的。它不仅破坏了泡沫层的稳定，造成气泡兼并，使大量的矿泥带入泡沫而引起精矿质量的下降；还会使浮选机的矿浆容积减少，电能消耗增加，加速运动部件的磨损。

　　g　浮选柱的充气

浮选柱充气量是最重要的调节参数之一，调节充气量后浮选柱的参数变化反应迅速。正常的浮选柱充气表面速率应该为 0.5cm/s 到 2.0cm/s 之间。最优充气量在试车期间必须确定下来。

（1）充气压力。对于喷射式气泡发生器（俗称喷枪），给气管路压力必须控制在400~700kPa 之间。

充气压力与充气速度有关。推荐的初始充气压力为 550kPa，在使用的过程中，需要尝试不同的充气压力以便确定各个操作情况下的最佳充气压力。外界所能提供的最大空气供给量决定了系统的最大充气压力。

由于系统要对充气的总压力进行监测，所以还要在气管的总管上面安装一个压力表。

（2）充气量大小。浮选柱的充气量表示单位时间内充入浮选柱溢流中有用矿物浮选柱的气体体积（单位为 m^3/min），被认为浮选柱控制中最灵活最敏感的参数。浮选的回收率取决于充气的速度，不推荐气泡表面速率小于 0.5cm/s 时的充气量，但是在有适当的措施的时候可以采用。

为了尽量减少流程中所需要的充气量，约在 2.0~2.5cm/s 时具有最大的充气速度。充气速度取决于矿石性质、选别作业、药剂用量、给矿量和给矿浓度，可以通过采用小的变化量逐步改变充气的速度来确定其最小值。低于最小充气速率的话，泡沫稳定性将变差，如果高于最大充气速率，气泡之间将发生合并现象，从而使溢流中有用矿物的回收率降低。

充气量能否满足粒度或回收率的要求取决于矿物颗粒大小和需浮矿物的数量，充气量处于某个范围内才有效。充气量过大可能导致在浮选柱中产生大量紊流，不利于矿物选别，同时选别界面也会消失，大泡现象也可能出现；充气量过小会导致泡沫层坍塌，较差的空气分散度会使捕收区和泡沫区产生漩涡从而降低其在浮选柱内的有效停留时间。

h 浮选时间

浮选时间是指达到一定回收率和精矿品位分选矿物所必需的时间。

浮选时间的长短直接影响指标的好坏。浮选时间过长，虽有利于精矿回收率提高，但精矿品位下降；浮选时间过短，虽对提高产品质量有利，但会使尾矿品位增高，回收率下降。

浮选时间与矿石的可选性、磨矿细度、药剂条件等因素有关。它们一般的规律是在矿物的可浮性好、原矿品位较低、矿物单体解离度高、药剂作用快的条件下，浮选时间可短些，反之则应长些。浮选含泥量高的矿石，要比含泥量低的矿石需要更长的浮选时间。一般粗、扫选作业的浮选时间少则 4~15min，多则 40~50min。

矿石所需的浮选时间应根据试验结果恰当的选取，太短或太长都是不经济的。

i 水质

浮选在水介质中进行，而用于浮选的水质却因时因地而变化。水的纯净程度对浮选过程及其指标都有很大的影响。

浮选用水不应含有大量的悬浮微粒，也不应含有大量的能与矿物或浮选药剂反应的可溶性物质。因为水中含有的碳酸盐、硫酸盐、磷酸盐及钙、镁、钠的氯化物与磨矿后矿浆中存在的铁、铜、锌等离子，在浮选过程中对某些矿物会产生活化或抑制作用。如钙、镁离子对非硫化矿物的活化，铜离子对闪锌矿、黄铁矿的活化。

j 矿浆温度

矿浆温度在浮选过程中常常起着重要的作用。但目前大多数选矿厂都在常温下浮选，即矿浆温度不受控制，随气温而变。

矿浆加温来自两个方面的要求：一是药剂的性质，有些药剂要在一定温度下，才能发挥其有效作用。通常温度升高，抑制剂和活化剂的作用随之加强、加快。在捕收剂中又以油酸对温度的反应最大；二是有些特殊的工艺，要求提高矿浆的温度，以达到矿物彼此分离的目的。如在铁矿石的浮选中，常通过矿浆加温，促进药剂对赤铁矿的吸附，同时提高药剂的选择性，以保持在较高的铁回收率条件下，获得含铁量高含硅量低的精矿。矿浆加温常用蒸汽或热水。

硫化矿的加温浮选工艺，近年来发展较快。如铜钼混合精矿的浮选分离，在石灰造成的高碱度矿浆中，通过蒸汽加热铜钼混合精矿，使硫化铜、硫化铁等矿物表面的捕收剂膜解吸和破坏，并使辉钼矿以外的硫化矿物表面氧化，从而受到抑制。由于辉钼矿表面不易氧化，故混合精矿经加温处理后，添加煤油和起泡剂，便可浮出较纯净的辉钼矿。这就是所谓的石灰蒸汽加温分选法。硫化矿加温浮选还有自然氧化加热水浮选法、硫化钠加蒸汽加热法、不加药的加温分离浮选等方法。

2.3.5 其他分选方法

2.3.5.1 拣选

拣选是利用矿石的光学性质、导电性、磁性、放射性及不同射线（如 γ 射线、中子、β 射线、X 射线、紫外线、无线电波等）辐射下的反射和吸收特性等差异，通过对单层（行）排队的颗粒逐一检测所获得信号的放大处理和分析，采用手工、电磁挡板或高气压等执行机构将有用矿物（矿石）与脉石矿物（废石）分开的一种选矿方法。

拣选用于块状和粒状物料的分选。其分选粒度上限可达 250～300mm，下限可小至 0.5～1mm。常用于矿石的预富集，也可以用于矿石的粗选和精选。

目前应用拣选法处理的矿石和物料有黑色、有色金属矿（包括稀有金属矿、贵金属矿），非金属矿石、煤炭、建筑材料、种子、食品等。拣选的基础是根据不同条件岩石下性质差异，包括在可见光下的反射比和颜色的不同，如菱镁矿，石灰岩，普通金属和金矿，磷酸盐，滑石，煤矿；在紫外光下的性质差别，如白钨矿；在自然伽马辐射下的性质差别，如铀矿；磁性差异，如铁矿；导电性的不同，如硫化矿；X 射线冷光下的性质差异，如金刚石；在红外线、拉曼效应、微波衰减以及其他条件下检测性质的差异。

2.3.5.2 化选

化学选矿法（又称矿物原料化学处理，简称化选）是基于矿物和矿物组分的化学性质（如热稳定性、氧化还原性、溶解性、离子半径差异络合性、水化性和电荷性等）的差异，利用化学稳定方法改变矿物组成而使其有用组分富集的矿物加工过程。它是处理和综合利用某些"贫、杂、细"化难选矿物和选冶过程中，某些难处理中间产品的有效方法之一，也是使用未利用资源的资源化和解决"三废"（废水、废渣、废气）处理、变废为宝及保护环境的重要方法之一。在处理对象和目的方面，它比机械选矿宽，除原矿外，还可处理某些中间产品、机械选矿的尾矿以及可以从"三废"中回收有用组分。其方法原理和产品形态与机械选矿法不同，机械选矿法是仅利用矿物的物理性质或物理化学性质的差异而不改变矿物的组成的分选过程。前者是得到矿物精矿，后者是得到化学精矿。化学、物理化学和化工的基本原理解决矿物加工中的有关工艺问题，其处理对象、产品形态和具体工艺过程有很大差异，化学选矿处理的原料中有用组分含量低，各组分共生关系密切，组成复杂，有害杂质含量高，一般只得到化学精矿，而冶炼处理的原料为矿物精矿，组成简单，得到的产品可供用户直接使用。因此，化学选矿可看成是介于机械选矿和冶金处理的过渡性学科。

2.3.5.3　光电分选

利用物质表面光反射特性的不同而分离固体物料的方法称为光电分选，如图 2-29 所示是光电分选机分选原理示意图。光电分选系统由给料系统、光检系统和分离系统三部分组成。给料系统包括料斗、振动溜槽等。固体物料入选前，需要预先进行筛分分级，使之成为窄粒级固体物料，并清除入选物料中的粉尘，以保证信号清晰，提高分离精度。分选时，使预处理后的固体颗粒排队呈单行，逐一通过光检区，保证分离效果。

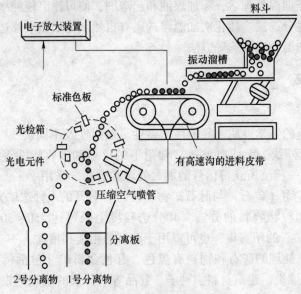

图 2-29　光电分选原理示意图

光检系统包括光源、透镜、光敏元件及电子系统等，这是光电分选机的心脏。因此，要求光检系统工作准确可靠，工作中要维护保养好，经常清洗，减少粉尘污染。固体颗粒通过光检系统后，进入分离系统。其检测所收到的光电信号经过电子电路放大，与规定值进行比较处理，然后驱动执行机构，一般为高频气阀（频率为 300Hz），将其中一种物质从物料流中吹动使其偏离出来，从而使入选物料中不同物质得以分离。

光电分选过程为：入选物料经预先分级后进入料斗。由振动溜槽均匀地逐个落入高速沟槽进料皮带上，在皮带上拉开一定距离并排队前进，从皮带首端抛入光检箱受检。当颗粒通过光检测区时，受光源照射，背景板显示颗粒的颜色或色调，当预选颗粒的颜色与背景颜色不同时，反射光经光电倍增管转换为电信号（此信号随反射光的强度变化），电子电路分析该信号后，产生控制信号驱动高频气阀，喷射出压缩空气，将电子电路分析出的异色颗粒（即欲选颗粒）吹离原来下落轨道，加以收集。而颜色符合要求的颗粒仍按原来的轨道自由下落加以收集，从而实现分离。

2.3.5.4　微生物选矿

生物选矿就是利用某些微生物或其代谢产物与矿物相互作用，产生氧化、还原、溶解、吸附等反应从而脱除矿石中不需要的组分或回收其中的有价金属的技术。

微生物是指一切肉眼看不见或看不清的所有微小生物，在自然界分布极广，土壤、空气、水、物体表面及内部均有微生物的分布。微生物生命活动的基本特征就是吸附生长，而微生物的吸附生长必然会以本身或代谢产物性质影响和改变被吸附物体的表面性质，如表面元素的氧化还原性，溶解沉降性、电性及湿润性等。微生物在物体表面吸附生长，并以本身特有的性质影响和改变被吸附物体表面性质的作用，类似于选矿药剂在矿物表面吸附调整和改变矿物表面性质的作用。另外，微生物分布的广泛性、微生物的可培养性和可驯化性等特点，使得人类获得所需品种、所需数量的微生物选矿药剂成为可能。

根据生物作用于目的矿物的过程与结果的不同，生物对矿物的氧化过程可分为两类：生物浸出和生物氧化。

生物浸出是指利用细菌对含有目的元素的矿物进行氧化，被氧化后的目的元素以离子状态进入溶液中，然后对浸出的溶液进一步进行处理，从中提取有用元素，浸渣被丢弃的过程。如细菌对铜、锌、镍、钴等硫化物矿物的氧化，即属于生物浸出。

生物氧化是指利用细菌对包裹目的矿物（或元素）的非目的矿物进行氧化，被氧化的非目的矿物以离子状态进入溶液中，溶液被丢弃处理，而目的矿物（或元素）或被解离，或呈裸露状态仍留存于氧化后的渣中，待进一步处理提取有用元素的过程。如细菌对含有金、银的黄铁矿、毒砂等矿物的氧化，即属于生物氧化。

2.4 非金属矿物深加工

2.4.1 非金属矿的超细粉碎

2.4.1.1 超细粉体概念

一般来讲，粒径为 $1 \sim 100 \mu m$ 之间的粉体为微米粉体，$0.1 \sim 1 \mu m$ 之间的为亚微米粉体，$1 \sim 100 nm$ 之间的为纳米粉体，而将粒径小于 $10 \mu m$ 的粉体称为超细粉体。

超细粉体又称纳米粉体，是指粉体的粒度处于纳米级（$1 \sim 100 nm$）的一类粉体。超细粉体通常可以采用球磨法、机械粉碎法、喷雾法、爆炸法、化学沉积法等方法制备。

超细粉体按其颗粒大小可以分为三个档次：

大超细颗粒：粒径在 $0.1 \sim 0.01 \mu m$ 之间；

中超细颗粒：粒径在 $0.01 \sim 0.002 \mu m$ 之间；

小超细颗粒：粒径在 $0.002 \mu m$ 以下。

2.4.1.2 超细粉体性质

超细粉体是介于大块物质和原子或分子之间的中间物质，是处于原子簇和宏观物体交接的区域。从微观和宏观的观点看。它既不是典型的微观系统，也不是典型的宏观系统，是介于二者之间的介观系统。它具有一系列新异的物理化学特征。这里涉及体相材料中所忽略的或根本不具有的基本物理化学问题。由于超细粉体保持了原有物质的化学性质，而在热力学上又是不稳定的，所以对它们的研究与开发，是了解微观世界如何过渡到宏观世界的关键。随着研究手段，特别是电子显微镜的迅速发展，使得可以清楚地看到超细颗粒的大小和形状，对超细粉体的研究更加深入了。

超细颗粒具有熔点低，化学活跃性高，磁性强，热传导性，对电磁波-场吸收等特性，使它具有广阔的应用前景。

超细颗粒的直径越小，其熔点的降低越显著。例如，块状银的熔点是900℃，而银的超细颗粒的熔点可降至100℃以下，能溶于热水；块状金的熔点为1064℃，而粒径为

0.002μm 的超细金粉其熔点仅为 327℃。超细粉体的熔点低使得在较低的温度下可以对金属，合金或化合物的粉末进行烧结，制造各种机械部件。这样不仅能节省能耗，降低制造工艺的难度，更重要的是可以得到性能优异的部件。如高熔点材料 WC、SiC、BN、Si_3N_4 等作为结构材料，其制造工艺需要高温烧结，当使用超细颗粒时，就可以在很低的温度下进行，并且不需要添加剂就可以获得高密度烧结体。这对高性能无机结构材料的广泛应用提供了更具现实意义的制造工艺。

超细颗粒具有很高的化学活性。这是由于它的直径越小，其总表面积就越大，表面能相应增加，使其化学活性增大。据此特性可作为高效催化剂，用于火箭固体燃料的助燃添加剂。研究表明，以超细颗粒 Ni 和 Cu-Zn 合金为主要成分制成的催化剂，在有机物加氢方面的效率是传统催化剂效率的 10 倍；在固体火箭燃料中，加入不到 1% 重量的超细铝粉和镍粉，每克燃料的燃烧热量可增加一倍左右。

超细颗粒有其特有的光学性质。超细颗粒金属完全失去了金属光泽，颗粒的粒度越小，越细，呈现的黑色越深。这是由于超细颗粒金属对光波的完全吸收而造成的。这一特性除了在太阳能利用中作为光吸收材料外，还可以利用其对红外线的吸收，用作热线型检测器的涂料等等。若将超细颗粒状的三氧化二铁与硬脂酸锌分散剂一起添加到聚苯乙烯树脂中制成薄膜，对可见光具有很好的透光性，而对紫外线又具有良好的吸收性，将其添加到塑料中，可制成防紫外光的透明塑料容器，其透明度比褐色玻璃优越得多；将其添加到食品包装袋中，能保护食品不受紫外光作用，使其有效延长保鲜期。

超细颗粒的另一特征是具有很强的磁性，使他们在磁性材料中的应用得到了迅速的发展。含有 γ-Fe_2O_3 或 CrO_2 的磁粉以及用作超细颗粒的金属研制出的超高密度的磁性录音带和录像带，其密度是以往的 10 倍，并具有较好的稳定性。他们的应用范围尚在不断地扩大，在新型液态胶状磁流体材料、机械密封、扬声器等方面都得到了应用。

超细颗粒在催化、低温烧结、复合材料、磁性信息材料、新功能材料、隧道功能、医药及生物工程方面都得到了应用，并取得了非常令人满意的结果。可以预料，超细颗粒材料将成为 21 世纪的重要新型功能材料。

对超细粉体的研究，已有四五十年的历史，它与塑料、橡胶工业发展密切相关。最初的研究仅限于白炭黑和碳酸钙作为塑料、橡胶的填充材料，随着研究的不断深入，不再是单纯的填充料。20 世纪 80 年代对纳米材料的研究得到了迅速的发展，人们不断发现超细粉体材料的一些新的特性，为超细粉体的研究和应用开辟了一个新的前景广阔的领域。

2.4.1.3 超细粉碎设备

A 机械冲击式超细磨

高速机械冲击式超细磨是利用围绕水平或垂直轴高速旋转的回转体（棒、锤、板等）对物料以猛烈的冲击，使其与固定体碰撞或颗粒之间冲击碰撞，从而使物料粉碎的一种超细粉碎设备。目前，高速机械冲击式粉碎机主要类型包括高速冲击式锤式粉碎机、高速冲击板式粉碎机、高速鼠笼式（棒销）粉碎机等，根据其转子的布置方式和锤子排数可分为垂直立式与水平卧式及单排、双排和多排等。主要的机型包括超细粉磨机、ACM 型机械冲击式粉碎机、ZPS 型立式冲击粉碎机、WDJ 型卧式冲击粉碎机、锤式粉碎机、喷射粉磨机等。

高速机械冲击式粉碎机与其他类型粉碎机相比，具有单位功率粉碎比大，易于调节粉碎粒度，应用范围广，机械安装占地面积小，且可连续闭路粉碎等优点。因而广泛应用于化工、建材、矿业、农药、食品、医药和非金属等工业粉碎中等硬度物料。但是由于机件的高速运转及与矿粒的碰撞、冲击，不可避免的会产生磨损问题，因而不适用处理硬度太高的物料。

B 气流磨

气流磨又称为气流粉碎机、喷射磨或能流磨，是一种利用高速气流（300~500m/s）或过热蒸汽（300~400℃）的能量对固体物料进行超细粉碎的机械设备。其粉碎原理是颗粒在高速气流或过热蒸汽流的裹挟下与器壁冲击碰撞或颗粒之间的冲击碰撞被粉碎。

气流磨是最主要的超细碎设备之一，依靠内分级功能和借助外置分级装置，可加工 $d_{97}=3~5\mu m$ 的粉体产品，产量从每小时几十千克到几吨。气流粉碎产品具有粒度分布较窄、颗粒形状规则等特点，但单机生产能力较低，单位产品能耗较高，适用于生产纯度要求较高、粒形比较规则、附加值较高的无机非金属粉体。

目前气流磨机主要有圆盘（扁平）式、循环管式、对喷式、流化床对喷式、旋冲或气旋式、靶式等几种机型和数十余种规格，应用最为广泛的是流化床对喷式气流粉碎机。

C 振动磨

振动磨是利用研磨介质在高频振动的筒体内对物料进行冲击、摩擦、剪切等作用，使物料粉碎的细磨或超细磨设备。振动磨按其振动特点分为惯性式和偏旋式；按筒体数目可分为单筒式和多筒式；按操作方式可分为间歇式和连续式。振动磨既可用于干式粉碎，也可以用于湿式粉碎。

振动磨主要由磨机筒体、激振器、支撑弹簧、驱动电机、主轴、轴承、研磨介质等组成，结构如图 2-30 所示。其工作原理为：物料和研磨介质装入弹簧支撑的磨筒内，磨机主轴旋转时，由偏心轴激振器驱动磨体做圆周运动，通过研磨介质的高频振动对物料进行冲击、摩擦、剪切等而将其粉碎。

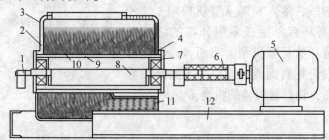

图 2-30 M200-1.5 惯性式振动磨的结构示意图

1—附加偏重；2—筒体；3—耐磨橡胶衬；4—锥形环；5—电机；6—弹性联轴器；7—滚动轴承；
8—偏心轴激振器；9—振动器内管；10—振动器外管；11—弹簧；12—支架

振动磨工作时研磨介质的运动有以下几种情况（如图 2-31 所示）：（1）研磨介质的运动方向与主轴旋转方向相反；（2）研磨介质除公转外，还有自转运动。当振动频率不太大时，每一个研磨介质仅靠某一个中间位置做有限的运动。随着振动频率的提高，研磨介质的起落冲击呈抛射状，并且在机壁上回转滑动和围绕磨筒中心运动。这样磨筒中的研磨介质就会获得三种运动：（1）强烈抛射，对粗粒物料起冲击粉碎作用；（2）高速同向自转，对物料起研磨作用；（3）慢速公转，起均化物料作用。这些作用使研磨介质之间以及研磨介质与筒体内壁之间产生强烈的冲击、摩擦和剪切作用，从而在短时间内将物料研磨成细粉。

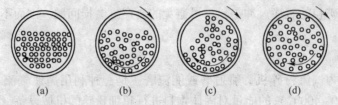

图 2-31　研磨介质运动路径

(a) 静止时；(b) 介质运动时；(c) 干燥物料投入时；(d) 连续运转时

D　辊磨机

如图 2-32 所示，为离心环辊磨的结构与工作原理及 HLM 型和 CYM 型环辊磨的外形。该机主要由机体、主轴、甩料盘、磨环、磨环支架、磨圈、分流环、分级轮等构成。

工作原理如下：固定在磨环支架上的磨环与销轴之间有较大的间隙，当磨环支架随主轴转动时，磨环作公转，受离心力的作用甩向磨圈并压紧磨圈，同时以销轴为中心作自转。物料由螺旋加料器从磨环支架上方加入，被高速旋转的磨环支架甩入支架与磨圈的缝隙中，受到转动磨环的冲击、挤压、研磨而被粉碎。粉碎后的物料落到甩料盘上，甩料盘与主轴同转，将物料甩向磨圈与机体支架的缝隙中，受到系统中风机抽风产生的负压作用而沿着缝隙上升进入机体上部，沿分流环进入分级室进行分级，合格的细粉通过分级轮进入收集系统，粗粉被甩向分级环内壁，落入粉碎室重新粉碎。这种辊磨机的特点是磨环有单层或多层分布的结构形式，每一层中的磨环数量随机型大小而异。磨圈与磨环接触的工作面有垂直面或曲面，由于磨环数量多，又呈多层分布，物料被粉碎的机会多。

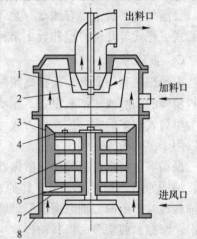

图 2-32　离心环辊磨的结构与工作原理

1—分级机；2—分流环；3—磨圈；4—销轴；
5—磨环；6—磨环支架；7—甩料盘；8—机座

E　搅拌磨

搅拌磨是指由静置的内填研磨介质的筒体和一个旋转搅拌器构造的一类超细研磨设备。

搅拌研磨机的筒体一般做成带冷却夹套，研磨物料时，冷却夹套内可以通入冷却水或其他冷却介质，以控制研磨时的温度升高。研磨筒内壁可根据不同研磨要求镶衬不同的材料或安装固定短轴（棒）和做成不同的形状，以增强研磨作用。

搅拌器是搅拌研磨机最重要的部件，有轴棒式、圆盘式、穿孔圆盘式、圆柱式、圆环式、螺旋式等类型。

连续研磨时或研磨后，研磨介质和研磨产品（料浆）要用分离装置分离。这种介质分离装置种类很多，目前常用的是圆筒筛，筛孔尺寸一般为 $50\sim1500\mu m$。

搅拌研磨机主要通过搅拌器搅动研磨介质产生不规则运动，对物料施加撞击或冲击、剪切、摩擦等作用使物料粉碎。

超细磨时，搅拌研磨机一般使用粒径小于 10mm 的球形介质。其中，转速小于 350r/min 的搅拌盘或棒边缘线速度小于 300m/min 的低速搅拌磨一般采用 3~10mm 的研磨介质；线速度高于 650m/min 的高速搅拌磨一般采用 0.5~3mm 的介质。研磨介质的直径对研磨效率和产品粒径有直接影响。此外，研磨介质的密度（材质）及硬度也是影响搅拌研磨机研磨效果的重要因素之一。常用的研磨介质有氧化铝、氧化锆、硅酸锆、陶瓷等陶瓷球或珠以及刚玉、碳化硅、玻璃、钢球（珠）等。

搅拌磨根据作业方式分为间歇式、循环式、连续式三种，按工艺可分为干式搅拌研磨机和湿式搅拌研磨机，按搅拌器的不同还可以分为棒式搅拌磨、圆盘式搅拌磨、螺旋或塔式搅拌磨、环隙式搅拌磨，按筒体配置方式分为立式搅拌磨和卧式搅拌磨。

F 胶体磨

胶体磨是利用一对固定磨体（定子）和高速旋转磨体（转子）的相对运动产生强烈的剪切、摩擦、冲击等作用力，使被处理的物料通过二磨体之间的间隙，在上述诸力及高频振动的作用下被粉碎和分散。

国产胶体磨主要有 JM、JTM 及 DJM 三种型号，直立式、傍立式和卧式三种机型。

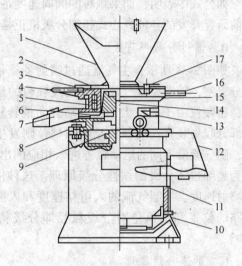

如图 2-33 所示，为 JM 系列胶体磨的结构图。其结构主要由进料斗、盖盘、调节套、转齿、定齿、甩轮、出料斗、磨座、甩油盘、电机座、电机罩、接线盒罩、方向牌、刻度板、手柄等构成。图中所示为传统立式胶体磨，由特制长轴电机直接带动转齿，与由底座调节盘支承的定齿相对运动而工作。磨齿一般为高硬度、高耐磨性耐酸碱性材料，根据不同需要选择相应的磨头。

图 2-33 JM 系列胶体磨的结构和外形

1—进料斗；2—盖盘；3—调节套；4—转齿；5—定齿；6—甩轮；7—出料斗；8—磨座；9—甩油盘；10—电机座；11—电机罩；12—接线盒罩；13—方向牌；14—指针；15—刻度板；16—手柄；17—管接头

2.4.2 粉体的超细分级

2.4.2.1 粉体超细分级原理

A 离心分级原理

离心分级原理是颗粒在离心场中，可获得比重力加速度大很多的离心加速度，所以颗粒在离心场中的沉降速度会远大于重力沉降速度，即较小的颗粒在离心场中可以获得较大的沉降速度。

设颗粒在离心场中的圆周运动速度为 u_t，角速度为 ω，回转半径为 r，颗粒密度为 ρ_p，介质密度为 ρ，流体的径向运动速度为 u_r，则在 Stokes 沉降状态下，颗粒所受离心力 F_c 和介质阻力 F_d 分别为

$$F_c = \frac{\pi D_p^3 (\rho_p - \rho) u_t^2}{6r}$$

$$F_d = K_\rho D_\rho^2 u_r^2$$

式中，D_p 为颗粒粒径；K 为阻力系数。

F_c 和 F_d 的方向相反，即指向回转中心，当 $F_c > F_d$ 时，颗粒的所受的合力方向向外，因而发生离心沉降；$F_c < F_d$ 时，颗粒向内运动；$F_c = F_d$ 时，

$$\frac{\pi D_p^3(\rho_p - \rho)u_t^2}{6r} = K_\rho D_p^2 u_r^2$$

所以，临界分级粒径为

$$D_p = \frac{6K_\rho}{\rho_p - \rho} \times \frac{u_r^2}{u_t^2}r$$

如公式中表明，如果颗粒的圆周速度足够大的时候，即可以获得足够小的分级粒径。目前研究开发的各种离心式超细分级机正是基于以上原理。

B 惯性分级原理

如图 2-34 所示，主气流通过喷射器携带颗粒高速喷射至分级室，辅助控制气流使气流及颗粒的运动方向发生偏转，粗颗粒由于惯性大，故运动方向偏转较小，而进入粗粒部分收集装置；细颗粒及微细颗粒则发生不同程度的偏转，随气流沿不同的运动轨迹进入相应的出口被分别收集，即为超细粉体分级的惯性分级原理。这种情形时，主气流的喷射速度、控制气流的入射初速度和入射角度及各出口支路的位置和引风量对分级粒径即分级精度都具有重要影响。

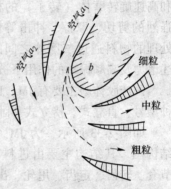

图 2-34 惯性分级原理示意图

C 迅速分级原理

微细颗粒的巨大表面能使之具有强烈的聚附性。在分级力场中，这些颗粒可能由于流场不均匀及碰撞等原因聚集成表观尺寸较大的团聚颗粒，并且它们在分级室中滞留的时间越长，这种团聚现象发生的概率也越大。迅速分级原理就是克服这种现象而提出的。迅速分级就是采取适当的分级室，应用恰当的流场，使微细颗粒尤其是临界分级粒径附近的颗粒一经分散就立即离开分级区，以避免由于分级区内的浓度不断增大而聚集。迅速分级是迄今为止任何类型的超细分级机所极力追求的。

D 减压分级原理

减压分级原理是基于这样的事实：颗粒粒径接近于或小于气体分子的平均自由行程 λ_m 时，由于颗粒周围产生分子滑动而导致颗粒所受的阻力减小。于是，在重力场中，颗粒的沉降速度应进行如下修正：

$$u = \frac{C_c g(\rho_p - \rho)D_p^2}{18\mu}$$

式中，μ 为气体的黏度；C_c 为 Cunningham 修正系数，其计算式

$$C_c = 1 + \left[2.46 + 0.82\exp(-0.44D_p/\lambda_m)\right]\frac{\lambda_m}{D_p}$$

$$0.05 < \frac{\lambda_m}{D_p} < 67$$

当气体为空气时，有

$$\lambda_m = 6.60/p$$

式中，p 为空气压力，kPa。

以沉降速度为参数，考虑 Cunningham 修正压力与粒径的关系，以颗粒密度为 2100kg/m³，粒径为 5μm 的颗粒为例。常压下的沉降速度可由横坐标 $D_p = 5$μm 处作垂直线由纵轴 101kPa 处作水平线相交而得，该交点沉降速度为 1.59×10^3m/s。在 2.67kPa 下的颗粒粒度可由 2.67kPa 处作水平线与上述曲线相交，由交点即可得到与常压时 5μm 颗粒具有相同沉降速度时的颗粒粒径为 2.5μm。即常压下具有分级点 5μm 的分级机，在 2.67kPa 下操作，分级点可以下降至 2.5μm。粒径越小，在常压附近颗粒沉降速度所受的影响显著。一般地，减压可使分级粒径减小至 1/10 以下，因此，减压分级对于细颗粒和超细颗粒的分级十分有利。

2.4.2.2 粉体的干式超细分级

A 干式超细分级技术关键

干式分级多为气力分级。空气动力学理论的发展为多种气力分级机的研制和开发提供了坚实的理论基础。目前，分级粒径为 1μm 左右的超细分级机已不罕见。

气力超细分级机的关键技术之一是分级室流场设计。理想的分级力场应该具有分级力强、有较明显的分级面和流场稳定、分级迅速等性质。如果分级区出现紊流或涡流，必将产生颗粒的不规则运动，形成颗粒的相互干扰，严重影响分级精度和分级效率。因此，避免分级区涡流的存在，流体运动轨迹的平滑性，以及分级面法线方向两相流厚度尽可能小等，是设计中应十分重视的问题。

关键技术之二是分级前的预分散。分级区的作用是将已分散的颗粒按设定粒径分离开来，它不可能同时具有分散的功能。换言之，评价分级区性能的重要指标是其将不同颗粒进行分级的能力，而不是能否将颗粒分散成单颗粒的能力。但分散又无可争议的影响分级效率。所以，应该将分散和分级与其后的颗粒捕集看成是一个相互紧密联系的系统组成部分。各种超细分级机的设计研究过程中都对预分散给予高度重视。预分散方法对应用较多的有机械分散方法和化学分散方法。

a 机械分散方法

机械分散方法按分散原理又可以分为离心分散和射流分散，前者是进入分级区前先落至离心撒料盘，旋转撒料盘的离心作用将粉体均匀的撒向四周，形成一层料幕再进行分级，如图 2-35 所示。为了强化对团聚体的打散效果，可将撒料盘设计成阶梯形。射流分散是利用喷射器产生的高速喷射气流进行分散，高速射流使粉体颗粒在喷射区发生强烈的碰撞和剪切，从而将颗粒团聚破坏，如图 2-36 所示。对于超细颗粒，后者的预分散效果比前者好得多。

b 化学分散方法

化学分散方法是基于微细颗粒之所以易于团聚，其根本原因在于它们的巨大表面能，因此，加入适当的表面活性剂，通过有效地减小其表面能，可以较容易地将它们分散开

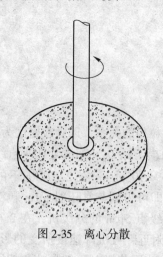

图 2-35 离心分散

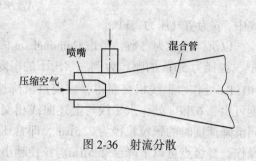

图 2-36 射流分散

来。但这种方法存在两方面的问题：一是尽管表面活性剂的加入量通常很小，但是有时会引起粉体有关性能的变化，所以应选择确认对粉体性能无不良影响的分散剂；二是分散剂一般以液体形式加入，为达到均匀分散的效果，需要加入机械搅拌装置，因而增加了整个系统的复杂程度。

目前，超细分级设备和工艺的研究开发主流是干式分级，随着许多高技术的应用，干式超细分级的研究和开发应用可望步入一个新阶段。

B 干式超细分级设备

干法超微细分级机大多是伴随高速机械冲击式超细磨和气流磨，尤其是对喷式流化床气流磨的引进和开发而发展起来的。因此占市场主导地位的几种机型是 MS/MSS 和 ATP 型及其仿制型和改制型以及 LHB 型干法精细分级机。这些干法超微细分级机基本上都与相应的机械冲击式超细粉磨机或气流磨配套使用，其分级粒径可以在较大范围内进行调节，其中 MS 及其类似的分级机的分级产品细度可达 $d_{97} = 10\mu m$ 左右，MSS 和 ATP 型及其类似的分级机的分级产品细度可达 $d_{97} = 5\sim6\mu m$。依分级机规格或尺寸的不同，单机处理的能力从几十千克/h 到约 10t/h 不等。LHB 型干法超微细分级机分级产品细度可达 $d_{97} = 5\sim7\mu m$，每小时处理能力可达 10t 以上，分级效率及单位产品能耗与进口设备相当。

湿式分级机主要有两种类型：一是基于重力沉降原理的水力分级机；二是基于离心力沉降原理的旋流式分级机。这类分级机包括沉降离心机如卧式螺旋离心分离机、小直径水力旋流器、LS 离旋器、GSDF 型超细水力旋分机等机型，这是目前湿式精细分级主要采用的设备。其中，沉降离心机的溢流产品细度可到达 $d_{97} = 2\mu m$，GSDF 型超细水力悬分机的溢流产品细度可达 $d_{60} = 2\mu m$，小直径水流旋流器组的溢流产品可达到 $d_{85} = 2\mu m$，LS 离旋器可达到 $d_{60} = 2\mu m$，这些分级机可单独设置，也可与湿式超细粉碎设备配套使用。如表2-2 列出了各种主要超细分级机的性能及应用。

2.4.2.3 粉体的湿式超细分级

A 湿式超细分级基础与原理

湿式分级与干式分级的原理基本相同。就分级过程而言，与干式分级相比较，以液体分散介质的湿式分级，由于流量、流速、压力等参数相对容易控制，且分散过程在悬浮液体中进行，均匀分散效果好，所以可达到微米甚至亚微米级的分级粒径，分级精度和分级

表 2-2 主要超细分级机性能及应用

设备名称	分级方式	产品细度 $d_{97}/\mu m$	处理量/kg·h⁻¹	应用范围
MS 型微细分级机及类似设备	干式	8~150	50~12000	矿物、金属、化工原料、颜料、填料、感光材料、粉剂农药等
MSS 型超细分级机及类似设备	干式	4~30	30~8000	矿物、金属粉、化工原料、颜料、填料、感光材料等
ATP 型超细分级机及类似设备	干式	4~180	50~35000	矿物、金属粉、化工原料、颜料、填料、感光材料、磨料、稀土金属等
LHB 型微细分级机	干式	5~45	500~5000	矿物、金属粉、化工原料、颜料、填料、感光材料、磨料、稀土金属等
射流式分级机	干式	3~150	100~2000	矿物、金属、化工原料、颜料、填料、感光材料、磨料、稀土金属等
卧式螺旋离心分级机	湿式	1~10	1~20 (m³/h)	矿物、金属粉、化工原料、颜料、填料等
GSDF 超细旋分机	湿式	3~10	1~25 (m³/h)	矿物、金属粉、化工原料、颜料、填料等
小直径水力旋流器（组）	湿式	3~45	1~50 (m³/h)	矿物、金属粉、化工原料、颜料、填料等

效率较高，尤其适合于与湿法粉磨（碎）设备的配套联合使用。湿式分级的难题在于分级后的产品依然是悬浮液存在的形式，而多数情形下粉体应用时是干燥状态，这就需要将液体和固体颗粒再次进行分离。分离的方法有压滤和喷雾干燥等方法，无论何种方法，干燥后的粉体都存在不同程度的结块和板结现象，这种分级颗粒的二次团聚现象往往会给超细粉体的性能带来不利的影响。分级后粉体的后处理过程比较复杂，在一定程度上制约了湿式分级的工业化生产。

湿式分级由于液体介质具有分散作用，一般分级效率较高，但由于分级后的粉体中含有水分，在后续的干法应用之前，需要进行固液分离与干燥处理，可能会导致粉体颗粒的再次团聚。

在非金属矿物经过湿法超细磨矿或黏土类矿物的湿法提纯工艺中，为了提高磨矿效率以及控制最终产品细度以满足用户的要求，通常要设置湿法分级设备。常用的超细湿法分级设备有卧式螺旋离心分级机、水力旋流器、离旋器、超细水力旋分机、碟式离心分级机等。

B 湿式超细分级设备

a 卧式螺旋离心机

如图 2-37 所示，LW（WL）型螺旋卸料沉降离心机的结构与工作原理示意图。该系列卧式螺旋离心机主要由柱锥形转鼓、螺旋推料器、行星差速器、外壳和机座等零件组成。锥形转鼓通过主轴承水平安装在机座上，并通过连接盘与差速器外壳连接。螺旋推料器通过轴承同心安装在转鼓粒，并通过外在键与差速器输出轴内在键相连。

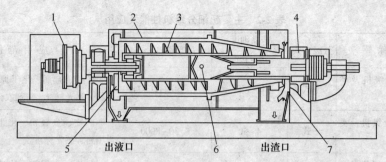

图 2-37 LW（WL）型螺旋卸料沉降离心机的结构与工作原理示意图

1—差速器；2—转鼓；3—螺旋推料器；4—机座；5—溢流机；6—进料仓；7—排渣孔

如图 2-38 所示，为引进法国坚纳公司（GUI-NARD）技术生产的 D 型卧式螺旋卸料沉降离心机的结构与工作原理示意图。该型离心机主要由进料口、转鼓、螺旋推料器、挡料板、差速器、扭矩调节器、减振垫、机座、布料器、积液槽等部件构成，是一种结构紧凑、连续运转、运行平衡、分离因素较高、分级粒度较细的离心机。该型卧式螺旋卸料沉降离心机的另一个特点是电气部分用微机控制，可直接、自动在屏幕上显示转鼓转速、差速转速等主要技术参数，且能一机多用（并流型和逆流型复合在一起）。

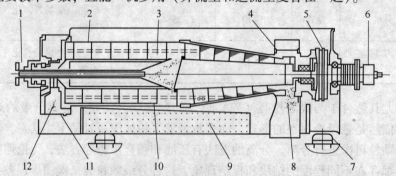

图 2-38 D 型卧式螺旋卸料沉降离心机的结构与工作原理示意图

1，5—差速器；2—转鼓；3—螺旋推料器；4—挡料板；6—扭矩调节器；7—减振垫；8—沉渣；
9—机座；10—布料器；11—积液槽；12—分离液出口

b 精细水力旋流器

精细水力旋流器是指工作腔体内部最大直径不大于 50mm 的旋流器。这种小直径水力旋流器通常带有长的圆筒部分和小锥角的锥形部分，内衬耐磨陶瓷、模铸塑料、人造橡胶及聚氨酯材料等多种材质。陶瓷及聚氨酯材料是近十多年来制造精细水力旋流器的主要材料。

如图 2-39 所示，为 GSDF 牌 10mm 精细水力旋流器组的外形图。它由 3 个同心圆环和一个空心柱状体构成了 3 个环形空间。溢流、进料、底流分别在外、中、内的环形空间里，外圆底孔与外形相通形成溢流；内圆腔体与空心柱状体相通形成底流。工作时用泵将料浆泵入进料腔中的旋流器，在离心力作用下，粗粒由底流口排出，较细的颗粒由溢流口溢出。通过调整进浆压力、溢流压力和底流压力可获得不同细度的产品。

这种精细水力旋流器组是由许多个 φ10mm 小直径旋流器组成。例如 GSDF10-99 精细水力旋流器组是由 99 个直径为 10mm 的小旋流器组成。主要用于 5μm 以下原浆的超细分级、精选提纯及浓缩。产品细度可达 0.5μm。

2.4.3 粉体的表面改性

2.4.3.1 粉体表面改性的目的及分类

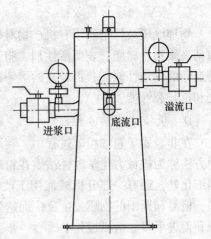

图 2-39 GSDF 牌 10mm 精细水力
旋流器组的外形图

粉体表面改性是指用物理、化学、机械等方法
对粉体材料表面或界面进行处理，有目的地改变粉
体材料表面的物理化学性质，如表面能、表面润湿
性、电性、吸附和反应特性、表面结构和官能团等
等，以满足现代新材料、新工艺和新技术发展的
需要。

表面改性的主要目的有：改善粉体颗粒的分散
性、稳定性和相容性；提高粉体颗粒的化学稳定性，
如耐药性、耐光性、耐候性等；改变粉体的物理性
质，如光学效应、机械强度等；保护环境、安全生
产等。

对于超细粉体的表面改性，可根据改性途径和赋予的改性产物功能分为 3 个方面：

(1) 有机改性剂在颗粒表面的覆盖，以提高无机粉体在有机基体中的分散性和界面
结合强度。

(2) 通过化学沉积、机械力化学作用等将固体小颗粒（子颗粒）或均质薄膜在较大
颗粒表面（母颗粒）均匀包覆形成复合颗粒，赋予复合颗粒新的功能。

(3) 以高能电晕放电、紫外线辐照或等离子体作用等方法于粉体颗粒表面形成不饱
和程度较大的活化区，提高颗粒表面活性，增加与其他物质的界面结合强度。

目前，前两种改性方法研究与应用较多，第一种方法因为主要采用有机改性剂而被称
为表面有机改性；第二种方法则因颗粒主要为无机物而被称为无机包覆改性或表面包覆
改性。

2.4.3.2 粉体表面改性方法

A 化学沉淀表面改性法

该法就是利用化学反应在无机粉体表面将反应生成物沉淀上去，以形成一包膜改性
层，达到改变物体表面性能的目的。最典型的实例就是云母钛珠光颜料的制备，其在云母
微晶基片上利用化学反应均匀包覆上 TiO_2 等物质，产生珠光的效应。

B 表面化学改性法

表面化学改性通过表面改性剂与颗粒表面进行表面化学反应或化学吸附的方式完成，
主要用于橡胶与塑料中使用的以补强作用为目的的矿物填料的改性，是目前生产中应用最
为广泛的改性方法。

表面化学改性常用的改性剂有偶联剂、高级脂肪酸及其盐、不饱和有机酸和有机硅
等。其中，偶联剂包括硅烷偶联剂、钛酸酯偶联剂、锆类偶联剂等种类。表面改性剂的选
用范围较大，具体选用时要考虑矿物粉体的表面性质、改性后产品的质量与用途、表面改
性工艺等因素。

C 表面物理涂覆改性法

物理涂覆改性是利用有机矿物对矿物粉体颗粒表面进行涂覆来实现改性，所用有机物包括高聚物、树脂、表面活性剂、脂肪酸皂等。例如，用酚醛树脂涂覆石英砂可提高精细铸造砂的黏结性能，获得较高的熔铸铸造速度，使其在模具和模芯生产中保持较高的抗卷壳和抗开裂性能。

D 机械力化学改性法

在非金属矿超细粉碎过程中，利用粉碎机械效应，对粉体表面同时进行表面化学改性的方法称为机械力化学改性法。在粉碎过程中设备施加于矿物的机械能，除用于矿物的粉碎细化外，还有一部分机械能用于改变粉体颗粒的晶格和表面结构，使颗粒表面活性增强，极易和周围的物质发生反应而达到表面改性目的。它实质上是表面化学改性的一种实现和促进手段。由机械化学改性一步完成，简化了加工过程，降低了生产成本，提高了加工效率，使该技术在非金属矿的深加工中广泛受到应用和重视。

E 接枝改性法

接枝改性是高能处理改性的一种，在复合材料、材料表面科学等领域中有许多研究实践。接枝改性是在一定外部刺激下将单体烯烃或聚烯烃引入到粉体表面，或使引入的单体烯烃激发，于颗粒表面形成烯烃聚合物。接枝改性过程中，所用的外部激发方法有紫外线、电晕放电、等离子体照射、γ 射线辐照及机械力化学效应等。例如，碳酸钙和云母分别经辐照和等离子体处理，可实现乙烯单体在颗粒表面的接枝改性。研磨过程中产生的机械力化学效应导致矿物粉体表面与聚合物之间产生的良好结合力的新表面和瞬时活性中心，有利于接枝反应的进行。例如，Hasegawa 等发现，石英粉在湿式振动磨超细粉碎过程中借助于引发剂，石英粉体表面出现了甲基丙烯酸甲酯的聚合反应，实现了石英表面的聚合物接枝改性。

2.4.3.3 粉体表面改性剂

A 偶联剂

偶联剂是具有两性结构的物质。按其化学结构可分为硅烷类、钛酸酯类、锆铝酸盐及络合物等几种。其分子中的一部分基团可与粉体表面的各种官能团反应，形成强有力的化学键；另一部分基团可与有机高聚物发生某些化学反应或物理缠结，从而将两种性质差异很大的材料牢固地结合起来，使无机填料和有机高聚物分子之间产生具有特殊功能的"分子桥"。

偶联剂适用于各种不同的有机高聚物和无机填料的复合材料体系。用偶联剂进行表面处理后的无机填料，抑制了填料体系"相"的分离，增大填充量，并可较好地保持分散均匀，从而改善了制品的综合性能，特别是抗张强度、冲击强度、柔韧性和挠曲强度等。

B 表面活性剂

表面活性剂可分为阴离子、阳离子和非离子型等。高级脂肪酸及其盐、醇类、胺类及酰类等表面活性剂也是主要的表面改性（处理）剂之一。其分子的一端为长链烷基，结构与聚合物分子结构相近，特别是与聚烯烃分子结构近似，因而和聚烯烃等有机物有一定的相容性。分子的另一端为羧基、醚基、氨基等极性基团，可与无机填料粒子表面发生物理化学吸附或化学反应，覆盖于填料粒子表面。因此，用高级脂肪酸及其盐等表面活性剂处理无机填料类似于偶联剂的作用，可提高无机填料与聚合物分子的亲和性，改善制品的综合性能。

C 有机聚合物

有机聚合物与有机高聚物的基质具有相同或相似的分子结构。如聚丙烯和聚乙烯蜡，用做无机填料的表面改性剂，在聚烯烃类复合材料中得到广泛应用。

D 不饱和有机酸

带有双键的不饱和有机酸对含有碱金属离子的无机矿物填料进行表面处理，效果较好。不饱和有机酸由于价格便宜，来源广泛，处理效果好，是一种新型的表面处理剂。

E 超分散剂

超分散剂是一种新型的聚合物分散助剂，主要用于提高颜料、填料在非水介质，如油墨、涂料、陶瓷原料及塑料等中的分散度。超分散剂的相对分子质量一般在 1000～2000 之间，其分子结构一般含有性能不同的两个部分，其中一部分为锚固基团，可通过离子对、氢键、范德华引力等作用以单点或多点的形式紧密地结合在颗粒表面上；另一部分具有一定长度的聚合物链。当吸附或覆盖了超分散剂的颗粒相互靠近时，由于溶剂化链的空间障碍而使颗粒相互弹开，从而实现颗粒在非水介质中的分散和稳定。

F 金属化合物及其盐

氧化钛、氧化铬、氧化铁、氧化锆等金属氧化物及其盐（如硫酸氧钛、四氯化钛）可用于云母的表面改性以及制备珠光云母。Al_2O_3、SiO_2 等可用于颜料（如 TiO_2）等的表面处理以提高颜料的保光和耐候性，改善着色力和遮盖力等性能。

G 有机硅

高分子有机硅又称硅油或硅表面活性剂，是以硅氧键链（Si—O—Si）为骨架，硅原子上接有有机基团的一类聚合物。其无机骨架有很高的结构稳定性和使有机侧基呈低表面取向的柔曲性。覆盖于骨架外的有机基团则决定了其分子的表面活性和其他功能。绝大多数有机硅都有低表面能的侧基，特别是烷烃基中表面能最低的甲基。有机硅除了用作无机填料或颜料（如高岭土、碳酸钙、滑石、水合氧化铝等）的表面改性剂外，还因其化学稳定性、透过性、不与药物发生反应和良好的生物相容性而成为最早用于药物包膜的高分子材料。

H 丙烯酸树脂

丙烯酸树脂是由丙烯酸酯类和甲基丙烯酸酯类及其他烯属单体共聚制成的树脂，它具有无生理毒性，物理化学性质稳定；能形成坚韧连续的薄膜，且包膜后的剂型对光、热、湿度稳定；易于服用，无味、无臭、无色，与主药无相互作用；渗透性和溶解性好，且包膜过程不易黏结等特性。因此，常用作药品的包膜材料。

I 高级脂肪酸及其盐

早期无机类超细粉体（如氧化铁红、铁黑、铁黄）的表面改性通常采用高级脂肪酸及其盐。最常见的是硬脂酸及硬脂酸盐，硬脂酸锌是最典型的一种表面改性剂。因为这类物质的分子结构中，一端为长链烷基（C16～C18），另一端是羧基及其金属盐，它们可与无机超细粉体的表面官能团发生化学反应。其作用机理与偶联剂十分相似。可改善无机超细粉体聚合物分子的亲和性、加工性及最终产品的力学性。

另外，高级脂肪酸的胺类、酯类也可作为无机超细粉体的表面改性剂。

2.4.3.4 表面改性设备

表面改性设备分为干法表面改性设备和湿法表面改性设备，目前，干法表面改性设备主要有高速加热式混合机、SLG 型连续式粉体表面改性机、高速气流冲击式粉体表面改性机和流化床式粉体表面改性机；湿法表面改性设备主要采用可控温搅拌反应釜或反应罐。

A 高速加热式混合机

高速加热式混合机是无机粉体，如无机填料或颜料表面化学包裹改性常用的设备之一，是塑料制品加工行业广泛使用的混料设备。其结构如图 2-40 所示，它主要由回转盖、混合室、折流板、搅拌装置、排料装置、机座等组成。

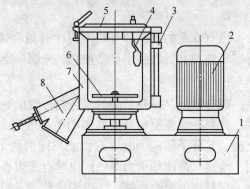

图 2-40　高速加热式混合机结构

1—机座；2—电机；3—气缸；4—折流板；5—锅盖；
6—搅拌叶轮；7—夹套；8—卸料装置

混合室呈圆筒形，由内层、加热冷却夹套、绝热层和外套组成。内层具有很高的耐磨性和光洁度，上部与回转盖相接，下部有排料口。为了排出混合室内的水分和挥发物，有的还装有抽真空装置。叶轮是高速加热式混合机的搅拌装置，与驱动轴相连，可在混合室内高速旋转。

高速加热式混合机的工作原理为：当混合机工作时，高速旋转的叶轮借助表面与物料的摩擦力和侧面对物料的推力使物料沿叶轮切向运动。同时，由于离心力的作用，物料被抛向混合室的内壁，并沿壁面上升到一定高度后因重力作用向下又回到叶轮中心，接着又被抛起。这种上升运动与切向运动的结合，使物料实际上处于连续的螺旋状上、下运动状态。由于转轮速度很高，物料运动速度也很快，快速运动着的颗粒之间相互碰撞、摩擦，使得团块破碎，物料温度相应升高，同时迅速地进行交叉混合。这些作用促进了物料的分散和对液体添加剂（如表面改性剂）的均匀吸附。混合室内的折流板进一步搅乱物料的流态，使物料形成无规则运动，并在折流板附近形成很强的涡流。对于高位安装的叶轮，物料在叶轮上下形成了连续交叉流动，使混合更快、更均匀。混合结束后，夹套内通冷却介质，冷却后物料在叶轮作用下由排料口排出。

B SLG 型连续式粉体表面改性机

SLG 型粉体表面改性机是一种连续干式粉体表面改性机，其结构主要由温度计、出料口、进风口、风管、进料口、计量泵和喂料机组成。主机由 3 个呈品字形排列的改性圆筒组成（见图 2-41），所以又称为三筒式连续粉体表面改性机。

工作时，待改性的物料经喂料机给入，经与计量和连续给入的表面改性剂接触作用后，依次通过 3 个圆筒形的表面改性腔，然后从出料口排出。改性腔中，特殊设计的高速旋转的转子和定子与粉体物料的冲击、剪切和摩擦作用产生粉体表面改性所需的温度。此温度可以通过转子转速、物料通过的速度或给料速度以及风门的大小来调节，最高可达到150°。同时转子的高速旋转强制粉体物料松散并形成涡流两相流，使表面改性剂能迅速、均匀地与粉体颗粒表面作用，包裹于颗粒表面。因此，该机的结构和工作原理基本上能满足对

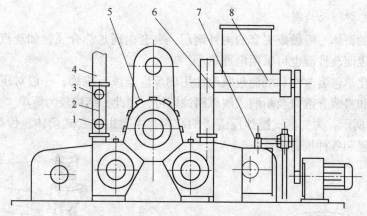

图 2-41 SLG 型粉体表面改性机的结构

1—温度计；2—出料口；3—进风口；4—风管；5—主机；6—进料口；7—计量泵；8—喂料机

粉体及表面改性剂的良好的分散性、粉体与表面改性剂的接触或作用机会均等的技术要求。

C 高速气流冲击式粉体表面改性机

日本制造的 HYB 型高速冲击式粉体表面改性机，其主机结构和工作原理如图 2-42 所示，主要由高速旋转的转子、定子、循环回路、翼片、夹套、给料和排料装置等部分组成。投入机内的物料在转子、定子等部件的作用下被迅速分散，同时不断受到以冲击力为主的包括颗粒相互间的压缩、摩擦和剪切力等诸多力的作用，在较短时间内即可完成表面包覆、成膜或球形化处理。

整套系统由混合机、计量给料装置、HYB 主机、产品收集装置、控制装置等组成。该系统不仅可以用于粉体的表面化学包覆、胶囊化、机械化学改性和粒子球形化处理，还可用于"微米/微米"和"纳米/微米"粉体的复合。用这个系统进行粉体表面改性处理特点：物料可以是无机物、有机物、金属等，适用范围较广，而且是短时间干式处理。

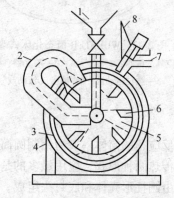

图 2-42 HYB 主机的结构和工作原理

1—投料口；2—循环回路；3—定子；4—夹套；5—转子；6—翼片；7—排料口；8—排料阀

HYB 系统有 NHS-0 至 NHS-5 型 6 种规格，其中 NHS-0 是专门为研究开发部门设计的结构紧凑的台式机型，适合少量样品进行表面改性处理试验（一次投料 50g）；NHS-1 型适用于少量样品生产的标准实验室型。其他机型处理量是以此机型为基准，按 2 倍递增直到 NHS-5，共有五级。NHS-1 型以上的机种，计量供料与间歇处理联动，可连续、自动运行。NHS-2 和 NHS-5 型与粉体物料接触部位均采用不锈钢材质。0 型和 1 型机可按需要在转子、定子和循环管内表面涂覆耐磨的氧化铝陶瓷内衬。

D 流化床式粉体表面改性机

图 2-43 为用于表面涂覆改性的 WURSTER 流态化床式改性机。这种流态化床的底部有两相喷嘴，以使表面改性剂溶液雾化后涂覆于颗粒表面。WURSTER 流态化床可用于各种无机粉体颗粒的有机包裹或涂覆改性。

E 夹套式搅拌反应釜

这种设备的筒体一般做成夹套的内外两层，夹套内通加热介质，如蒸汽、导热油等。一些较简单的表面改性罐也可采用电加热。

粉体表面化学包裹改性和沉淀包膜改性用的反应釜或反应罐，一般对压力没有要求，只要满足温度和料浆分散以及耐酸或耐碱腐蚀即可，因此，结构较为简单。

如图2-44所示，为夹套式搅拌反应釜的结构，主要由夹套式筒体、传热装置、传动装置、轴封装置和各种接管组成。

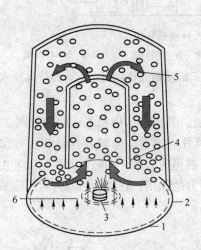

图2-43 WURSTER流态化床式改性机
1—空气分配盘；2—空气流；3—喷涂器；4—涂覆区；
5—颗粒运动区；6—喷嘴（液动或气动）

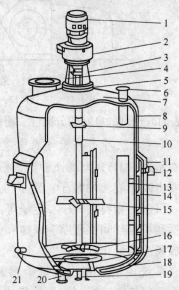

图2-44 夹套式搅拌反应釜的结构
1—电机；2—减速机；3—机架；4—人孔；5—密封装置；6—进料口；7—上封头；8—筒体；9—联轴器；10—搅拌轴；11—夹套；12—载热介质出口；13—挡板；14—螺旋导流板；15—轴向流搅拌器；16—径向流搅拌器；17—气体分布器；18—下封头；19—出料口；20—载热介质进口；21—气体进口

反应釜的筒体一般为钢制圆筒。常用的传热装置有夹套结构的壁外传热和釜内装设换热管传热两种形式，应用最多的是夹套传热。夹套是搅拌反应釜或反应罐最常用的传热结构，由圆柱形壳体和底封头组成。

搅拌装置是反应釜的关键部件。筒体内的物料借助搅拌器搅拌，达到充分混合和反应。搅拌装置通常包括搅拌器、搅拌轴、支撑结构以及挡板、导流筒等部件。我国对搅拌装置的主要零部件已实行标准化生产，搅拌器主要有推进式、桨式、涡轮式、框式及螺旋式等类型，具体选用时要考虑流动状态、搅拌目的、搅拌容量、转速范围及浆料最高黏度等因素。

2.5 非金属矿物材料的检测与表征

2.5.1 主要非金属矿物的测定方法

2.5.1.1 硅石中二氧化硅的测定

A 仪器及试剂

分光光度计、无水碳酸钠、焦硫酸钾、无水乙醇、盐酸、氢氟酸、硝酸、硫酸、钼酸铵溶液（50g/L）（贮存于塑料瓶中）、氢氧化钠溶液（100g/L）（贮存于塑料瓶中）、聚环氧乙烷溶液（1g/L）（称取0.1g聚环氧乙烷溶于100mL水中，搅拌，放置过夜，过滤后使用）、抗坏血酸溶液（50g/L）（用时现配）。硝酸银溶液（10g/L）（贮存于棕色瓶中）、酚酞指示剂（1g/L）（称取0.1g酚酞，溶于100mL乙醇中）。

二氧化硅标准储备溶液 $\rho(SiO_2)$ = 200μg/mL：称取0.20000g预先经1000℃灼烧1h的高纯二氧化硅，置于铂坩埚中，加1g过氧化钠混匀，上面再覆盖一层过氧化钠，在520℃±10℃的高温炉中熔融10min。取出冷却，用滤纸擦净坩埚外壁，置于塑料烧杯中用热水浸取，取出坩埚和盖，冷却至室温，移入1000mL容量瓶中，迅速用水稀释至刻度，摇匀。立即转入干燥的塑料瓶中保存。

二氧化硅标准溶液 $\rho(SiO_2)$ = 20μg/mL：移取10mL二氧化硅标准储备溶液（200μg/mL），置于100mL容量瓶中，用水稀释至刻度，摇匀。立即转入干燥的塑料瓶中保存。用时现配。

B 校准曲线绘制

移取0、1.00mL、2.00mL、3.00mL、4.00mL、5.00mL二氧化硅标准溶液（20μg/mL），置于盛有10mL 1mol/L HCl的100mL容量瓶中，加水至40mL左右，加10mL无水乙醇，摇匀。加5mL钼酸铵溶液，摇匀，放置20min。加10mL（1+1）硫酸，摇匀，放置10min。加5mL抗坏血酸溶液，摇匀，用水稀释至刻度，再摇匀。1h后在分光光度计上，用2cm比色皿，以试剂空白作参比，于波长660nm处测量吸光度。绘制校准曲线。

C 分析步骤

称取0.5000g试样，置于预先盛有4g碳酸钠的铂坩埚中，搅拌均匀，再覆盖1g无水碳酸钠。盖上坩埚盖，放入高温炉中，在1000℃熔融40min，取出冷却。用滤纸擦净坩埚外壁，放入250mL烧杯中，盖上表面皿，慢慢加入50mL（1+1）盐酸，待剧烈反应停止后，加热使熔块脱落，洗出坩埚和坩埚盖。如有结块，用玻璃棒压碎。盖上表面皿，置于沸水浴上蒸发至约10mL，取下，冷却。加10mL盐酸，加5mL聚环氧乙烷溶液，搅匀。放置5分钟，加水约30mL，搅拌使可溶性盐类溶解，用中速定量滤纸过滤，滤液收集于250mL容量瓶中。将沉淀全部转入滤纸上，用（1+5）盐酸洗涤烧杯与滤纸各数次，并用橡皮擦头和一小片滤纸擦净玻璃棒和烧杯，再用水洗沉淀和滤纸至无氯离子（用硝酸银溶液检查）。

将滤纸连同沉淀放入铂坩埚中，低温灰化后，再放入高温炉中，在1000℃下灼烧1h，取出稍冷后，放入干燥器中冷却20min，称量。再在1000℃下反复灼烧30min直至恒重。沿坩埚壁加3~5滴水润湿沉淀，加10滴（1+1）硫酸、5mL氢氟酸，加热蒸发至白烟冒尽，将坩埚连同残渣置于1000℃高温炉中灼烧30min，取出稍冷后，放入干燥器中，冷却20min，称重。再在1000℃温度下反复灼烧30min直至恒重。两次质量之差为沉淀中二氧化硅量。

残渣用1~2g焦硫酸钾在600~700℃熔融5min，加几毫升水及几滴（1+1）盐酸，加热溶解，并入收集滤液的250mL容量瓶中，冷却至室温，用水稀释至刻度，摇匀。移取10mL滤液，置于50mL聚乙烯杯或30~50mL铂坩埚中，加10mL氢氧化钠溶液，搅匀。在电热板上加热微沸数分钟，取下冷却，加1滴酚酞指示剂，先用（1+1）盐酸中和大量的碱，再用1mol/L盐酸中和至红色褪去，并过来6mL，移入100mL容量瓶中。加10mL

无水乙醇，摇匀。以下步骤同校准曲线。

按下式计算二氧化硅的含量：

$$w(SiO_2) = \frac{(m_1 - m_2) - (m_3 - m_4)}{m} \times 100\% + \frac{(m_5 - m_6) + \dfrac{V}{1000000}}{m + V_1} \times 100\%$$

式中　$w(SiO_2)$——二氧化硅的质量分数，%；

　　　　　V——试样溶液总体积，mL；

　　　　　V_1——分取试样溶液体积，mL；

　　　　　m_1——处理前沉淀与坩埚质量，g；

　　　　　m_2——处理后残渣与坩埚质量，g；

　　　　　m_3——处理前空坩埚质量，g；

　　　　　m_4——处理后空坩埚质量，g；

　　　　　m_5——从校准曲线上查得试样溶液中二氧化硅质量，μg；

　　　　　m_6——从校准曲线上查得试样空白溶液中二氧化硅质量，μg；

　　　　　m——称取试样质量，g。

2.5.1.2　磷灰石中磷的测定

A　试剂配制

硝酸钾溶液（20g/L）：将 20g 硝酸钾溶于 1000mL 煮沸过经冷却的水中，摇匀。

钼酸铵溶液：将 A 液（70g 钼酸铵溶于 53mL 氨水和 267mL 水中制成）慢慢地倾入 B 液（267mL 硝酸与 400mL 水混匀而成）中，冷却，静置过夜，过滤。

硝酸标准滴定溶液：量取 7mL 硝酸（优级纯）于 1000mL 容量瓶中，用煮沸并冷却的水定容。

氢氧化钠标准溶液：称取 4g 氢氧化钠（优级纯）溶于煮沸并冷却的水中，以水定容 1000mL，贮存于塑料瓶中。

标定：称取 0.1000~0.2000g 于 120℃烘 2h 的优级纯邻苯二甲酸氢钾于 250mL 锥形瓶中，加入 50mL 煮沸并冷却的水，溶解后，加入 2~3 滴 10g/L 酚酞指示剂，用氢氧化钠标准溶液滴定至粉红色，即为终点。

$$c(NaOH) = \frac{m \times 1000}{V_1 \times 204.2}$$

$$F_P = \frac{c(NaOH) \times 1.347}{1000}$$

式中　m——邻苯二甲酸氢钾的质量，g；

$c(NaOH)$——氢氧化钠标准溶液的浓度，mol/L；

　　　　V_1——标定时消耗氢氧化钠标准溶液的体积，mL；

　　　　F_P——滴定系数，与 1mL 氢氧化钠标准溶液相当的磷的质量，g/mL；

　　204.2——邻苯二甲酸氢钾的摩尔质量，g/moL；

　　1.347——磷的摩尔质量，g/moL。

B　分析步骤

称取 0.2000~0.5000g 试样于 150mL 烧杯中，以少量水润湿，加入 15~20mL 盐酸，盖上表面皿，于电热板上加热至试样完全分解。蒸发至近干，加入 5~10mL 硝酸，蒸发至 3~4mL，然后用少量水稀释，用中速滤纸过滤于 500mL 锥形瓶中。用热水洗涤烧杯 3~4 次，洗涤沉淀 8~10 次，这时应保持滤液体积在 100mL 左右。

滤液用氨水中和至有氢氧化物沉淀出现，再用硝酸中和至氢氧化物沉淀刚好消失，再加入 5mL 硝酸，一边摇动锥形瓶一边缓缓加入 60~100mL 钼酸铵溶液，振荡 2~3min，沉淀放置 4h 以上。用密滤纸加入纸浆过滤，先用硝酸（1+49）洗液洗涤锥形瓶和沉淀 2~3 次，再用 20g/L 硝酸钾洗液将锥形瓶和沉淀均洗至中性。将沉淀和滤纸一起移入原锥形瓶中，使滤纸碎成浆状，滴加氢氧化钠标准溶液使黄色沉淀溶解，加入 5 滴 10g/L 酚酞溶液，再加入 5~10mL 过量氢氧化钠标准溶液，稍停片刻用硝酸标准溶液回滴至溶液无色为终点。与试样分析同时进行空白试验。

分析结果计算：

$$w(P) = \frac{(V_2 - V_3 K) \times F_P}{m_0} \times 100\%$$

$$w(P_2O_5) = 2.291 \times w(P)$$

式中 V_2——加入氢氧化钠标准溶液的体积，mL；

V_3——滴定过量氢氧化钠标准溶液消耗硝酸标准溶液的体积，mL；

m_0——称取试样量，g；

K——硝酸标准滴定溶液换算成氢氧化钠标准溶液体积的系数。

K 值的确定：移取 25mL 硝酸标准滴定溶液，加入 50mL 煮沸并冷却的水，加 2~3 滴 10g/L 酚酞指示剂，用氢氧化钠标准溶液滴定至粉红色，即为终点。

$$K = \frac{滴定消耗氢氧化钠标准溶液体积}{吸取硝酸标准溶液体积}$$

2.5.1.3 三氧化二铝的测定

A 试剂配制

混合熔剂：碳酸钠-碳酸钾-硼酸按 1.5∶1.5∶0.7 比例混匀。

EDTA 溶液：称取 20g EDTA 移入 1000mL 容量瓶中，用水定容。

乙酸-乙酸钠缓冲液：将 260g 乙酸钠溶于 500mL 水，加 10mL 冰醋酸，加水稀释至 1000mL。

二甲酚橙指示剂溶液：将 0.5g 二甲酚橙溶于 20mL 水中，加 80mL 乙醇，混匀。

锌标准滴定溶液：称取 1.2821g 金属锌于 150mL 烧杯中，加入 15mL 盐酸（1+1），加热溶解并蒸发至 2~3mL，移入 1000mL 容量瓶中，用氨水中和至甲基橙指示剂变黄，然后再以盐酸（1+1）滴至指示剂变红，并过量 5 滴，以水定容。此标准溶液对氧化铝的滴定度为 0.001000g/mL。

B 分析步骤

称取 0.2~0.5g 试样于银坩埚中。加入 0.5~1g 过氧化钠，于 750℃ 马弗炉中熔融 10~15min，稍冷，置于 250mL 烧杯中，加 50mL 热水浸取，待浸取完全（若难浸取可与电炉上加热煮沸），稍冷，移入 250mL 的容量瓶中，冷却，用水定容。用定量中速滤纸干过滤。移取 50mL 的试液于 300mL 的锥形瓶中，滴入 1~2 滴的酚酞，用盐酸（1+1）调至红色。加入 8mL 2%的 EDTA、20mL 的乙酸乙酸钠缓冲溶液。在电炉上加热煮沸 1~2min。取下冷却至室温。滴入 5 滴二甲酚橙指示剂，用氯化锌标液滴至红色稳定。不计读数。加入 5g 左右氟化钠，摇匀、煮沸。取下冷却后用氯化锌标液滴至红色稳定为终点。

计算：

$$w(Al_2O_3) = TV/m \times 100\%$$

式中　$w(Al_2O_3)$——三氧化二铝的质量分数，%；

　　　　T——EDTA 标准滴定溶液对三氧化二铝的滴定度，mg/mL；

　　　　V——滴定时消耗 EDTA 标准滴定溶液的体积，mL；

　　　　m——试料的质量，g。

2.5.1.4 萤石中氟化钙的测定

A　试剂配制

盐酸-硼酸-硫酸混合酸：称取 12.5g 硼酸，置于 250mL 烧杯中，加 100mL 水，徐徐加入 25mL 硫酸，加热使硼酸溶解。稍冷，移入预先盛有 250mL 盐酸，600mL 水的试剂瓶中，冷至室温，用水定容 1000mL。

氢氧化钾溶液（200g/L）。

三乙醇胺（1+2）。

混合指示剂：称取 0.20g 钙黄绿素、0.12g 百里香酚酞和 20g 无水硫酸钾于研钵中研匀，移至适当容器内，于 105±5℃干燥 1h 后，盛于磨口瓶中，备用。

钙标准溶液：称取 1.0000g 碳酸钙（基准试剂，预先在 105±1℃干燥 2h 并置于干燥器中冷至室温），置于 250mL 烧杯中，盖上表面皿，徐徐加入 25mL 盐酸（1+3），溶解完全后，微热驱尽二氧化碳，冷却，移入 500mL 容量瓶中，用水定容。此溶液相当于含氟化钙 0.1560mg/mL。

EDTA 标准溶液：称取 5.8g EDTA，置于 400mL 烧杯中，加适量水，用 200g/L 氢氧化钾调节溶液的 pH 为 5~5.5，加热促使溶解完全。冷至室温后移入 1000mL 容量瓶中，以水定容。放置 3 天后标定。

标定：移取 25.00mL 钙标准溶液，置于 300mL 烧杯中，用水稀释至 100mL，加 5mL 三乙醇胺（1+2），4mL 200g/L 氢氧化钾溶液，约 0.05g 钙黄绿素-百里酚酞指示剂，用 EDTA 标准溶液滴定至溶液绿色荧光消失即为终点。

按下式计算 EDTA 标准滴定溶液对氟化钙的滴定系数：

$$F_{CaF_2} = \frac{0.0015601 \times 25}{V_1 - V_0}$$

式中　F_{CaF_2}——滴定系数，与 1.00mL EDTA 标准溶液滴定溶液相当的氟化钙的质量，g/mL；

　　　　V_1——滴定钙标准溶液所消耗的 EDTA 标准滴定溶液体积，mL；

　　　　V_0——空白试验所消耗的 EDTA 标准滴定溶液的体积，mL。

B　分析步骤

称取 0.5g 试样于 250mL 烧杯中（做试剂空白），加几滴无水乙醇湿润，加 50mL 混合酸，盖上表面皿，加热微沸 30min（每隔 5min 摇动一次），取下，用水冲洗表面皿及烧杯壁，并稀释至 100mL，继续加热至微沸后，取下，冷却，定容 250mL 容量瓶。干过滤，吸取 25mL 于 250mL 烧杯中，加水稀释至 100mL，加 5mL 三乙醇胺（1+2），20mL 20%氢氧化钾，约 0.05g 钙黄绿素-百里酚酞指示剂，用 EDTA 标准溶液滴定溶液绿色荧光消失即为终点。

（1）分析结果计算：

$$w(CaF_2) = \frac{F_{CaF_2}(V - V_0)}{M} \times 100\% - w(CaCO_3) \times 0.7808$$

式中 $w(CaCO_3)$——试样中 $CaCO_3$ 的质量分数，%；

V——滴定分取的试样溶液所消耗 EDTA 的体积，mL；

V_0——滴定分取随同试样的空白溶液所消耗的 EDTA 标准滴定溶液体积，mL；

M——分取滴定的试液中所含试样量，g；

0.7808——$CaCO_3$ 换算成氟化钙的系数。

（2）注意事项：

$CaCO_3$ 含量的测定：称取 0.5000g 试样于 100mL 烧杯中，加几滴无水乙醇，加入 10mL 5g/L 碳酸钙的乙酸溶液（1+9），盖上表面皿，摇动烧杯勿结底，加热微沸 3min，保温 2min，趁热用密滤纸过滤于 250mL 烧杯中，用温热的 0.1g/L 氟化钾溶液洗杯壁及沉淀 4 次，继续洗涤至滤液及洗液总体积 50mL，加水至 100mL，加入 5mL 三乙醇胺溶液（1+2）、20mL 200g/L 氢氧化钾溶液，加适量（约 0.05g）混合指示剂，用 EDTA 标准滴定溶液滴定至绿色荧光突然消失为终点。

（3）按下式计算碳酸钙的质量分数：

$$w(CaCO_3) = \frac{F_{CaCO_3} \times (V_2 - V_1)}{m} \times 100\%$$

式中 F_{CaCO_3}——EDTA 标准滴定溶液对碳酸钙的滴定系数（$F_{CaCO_3} = F_{CaF_2} \times 1.2807$），g/mL；

V_2——滴定试液所消耗的 EDTA 标准滴定溶液体积，mL；

V_1——滴定空白溶液所消耗的 EDTA 标准滴定溶液体积，mL；

m——试样质量，g。

2.5.1.5 云母中氧化锂的测定

A 仪器及试剂

原子吸收光谱仪：配空气-乙炔火焰燃烧器及锂空心阴极灯。

锂标准溶液（500μg/mL）：称取 2.3044g 光谱纯硫酸锂（$Li_2SO_4 \cdot H_2O$），溶于水后，移入 500mL 容量瓶中，以水定容。

B 分析步骤

称取 0.0100~0.5000g 试样置于铂坩埚中，用水润湿，加入 10 滴硫酸（1+1）及 10mL 氢氟酸，在低温电热板上加热，干涸后移到电炉上冒白烟，取下冷却，加入 0.5mL 硫酸（1+1），15mL 水，加热溶解残渣，移入 25mL 容量瓶中，用水定容。过滤后与标准系列同时测定。在原子吸收光谱仪上，于波长 670.8nm 处，用空气-乙炔火焰测量吸光度。减去试样空白吸光度，从工作曲线上查出相应的锂的质量浓度。

C 工作曲线的绘制

分别移取含 0μg、125μg、250μg、500μg、1000μg、2500μg 锂的标准溶液于一组 25mL 容量瓶中，加 5mL 硫酸（1+1），用水定容，以下按分析步骤操作进行。测量标准系列的吸光度，减去零浓度溶液的吸光度，以锂的质量浓度为横坐标，吸光度为纵坐标，绘制工作曲线。

2.5.1.6 长石中氧化钾氧化钠的测定

A 氧化钾的测定

a 仪器及试剂

原子吸收光谱仪：配备空气-乙炔火焰燃烧器及钾空心阴极灯。

氧化钾标准贮备溶液：称取 1.5830g 氯化钾（高纯或光谱纯，经 105℃烘干）于 200mL 烧杯中，加入约 50mL 水，加热溶解，冷却后移入 1000mL 容量瓶中，用水定容。此溶液含氧化钾 1mg/mL，保存在聚乙烯瓶中。

氧化钾标准溶液：准确吸取 25mL 氧化钾标准贮备溶液于 500mL 容量瓶中，用水定容。此溶液含氧化钾 50μg/mL，保存在聚乙烯瓶中。

b 分析步骤

称取 0.1000g 试样于铂皿（或聚四氟乙烯烧杯）中，加 10mL 盐酸（或硝酸），10mL 氢氟酸和 3mL 高氯酸（或硫酸），加热溶解，并蒸至白烟冒尽。取下冷却，用少许水吹洗铂皿，加入 2mL 盐酸，在低温溶解盐类，冷却，移入 100mL 容量瓶中，用水定容。与试样分析同时进行空白试验。

于原子吸收光谱仪波长 766.5nm 处使用空气-乙炔氧化性贫焰蓝色火焰，以水调零，测量溶液的吸光度。减去试样空白吸光度，从工作曲线上查出相应的氧化钠的质量浓度。

c 工作曲线的绘制

准确取 0mL、1.00mL、2.00mL、3.00mL、4.00mL、5.00mL 氧化钾标准溶液于一组 100mL 容量瓶中。分别加入 2mL 盐酸，用水定容。在与试样溶液测定相同条件下测量标准溶液的吸光度，以氧化钾的质量浓度为横坐标，吸光度为纵坐标，绘制工作曲线。

B 氧化钠的测定

a 仪器及试剂

原子吸收光谱仪：配备空气-乙炔火焰燃烧器及钾空心阴极灯。

氧化钠标准贮备溶液：称取 1.8859g 氯化钠（高纯或光谱纯，经 105℃烘干）于 200mL 烧杯中，加入约 50mL 水，加热溶解，冷却后移入 1000mL 容量瓶中，用水定容。此溶液含氧化钠 1mg/mL，保存在聚乙烯瓶中。

氧化钠标准溶液：准确吸取 25mL 氧化钠标准贮备溶液于 500mL 容量瓶中，用水定容。此溶液含氧化钠 50μg/mL，保存在聚乙烯瓶中。

b 分析步骤

称取 0.1000g 试样于铂皿（或聚四氟乙烯烧杯）中，加 10mL 盐酸（或硝酸），10mL 氢氟酸和 3mL 高氯酸（或硫酸），加热溶解，并蒸至白烟冒尽。取下冷却，用少许水吹洗铂皿，加入 2mL 盐酸，在低温溶解盐类，冷却，移入 100mL 容量瓶中，用水定容。与试样分析同时进行空白试验。

于原子吸收光谱仪波长 589.0nm 处使用空气-乙炔氧化性贫焰蓝色火焰，以水调零，测量溶液的吸光度。减去试样空白吸光度，从工作曲线上查出相应的氧化钠的质量浓度。

c 工作曲线的绘制

准确取 0mL、0.5mL、1.00mL、1.5mL、2.00mL、2.50mL 氧化钠标准溶液于一组 100mL 容量瓶中。分别加入 2mL 盐酸，用水定容。在与试样溶液测定相同条件下测量标准溶液的吸光度，以氧化钠的质量浓度为横坐标，吸光度为纵坐标，绘制工作曲线。

2.5.2 颗粒形貌检测方法

2.5.2.1 扫描电子显微镜

扫描电子显微镜（简称扫描电镜，SEM）是继透射电镜之后发展起来的一种电镜。与透射电镜的成像方式不同，扫描电镜是用聚焦电子束在试样表面逐点扫描成像。试样为块状或粉末颗粒，成像信号可以是二次电子、背散射电子或吸收电子。其中二次电子是最主要的成像信号。它主要原理为：由电子枪发射出来的能量为 5~35keV 的电子，以其交叉斑作为光源，经二次聚光镜及物镜的缩小形成具有一定能量、一定束流强度和束斑直径的微细电子束，在扫描线圈驱动下，于试样表面按一定时间、空间顺序作栅网式扫描。聚焦电子束与试样相互作用，产生二次电子发射（以及其他物理信号），二次电子发射量随试样表面形貌而变化。二次电子信号被探测器收集转换成电信号，经视频放大后输入到显像管栅极，调制与入射电子束同步的显像管亮度，得到反映试样表面形貌的二次电子像。

2.5.2.2 透射电子显微镜

透射电子显微镜（简称投射电镜，TEM）是一种高分辨率、高放大倍数的显微镜，是观察和分析材料的形貌、组织和结构的有效工具。它用聚焦电子束作为照明源，使用对电子束透明的薄膜试样（几十到几百纳米）以透射电子为成像信号。其工作原理如下：电子枪发射出来的电子束经 1~2 级聚光镜会聚后均匀照射到试样上的某一待观察微小区域上，入射电子与试样物质相互作用，由于试样很薄，绝大部分电子穿透试样，其强度分布与所观察的样区形貌、组织、结构一一对应。投射出试样的电子经物镜、中间镜、投影镜的三级磁透镜放大透射在观察图形的荧光屏上，荧光屏把电子强度分布转变为人眼可见的光强分布，于是在荧光屏上显现出与试样形貌、组织、结构相应的图像。

2.5.2.3 高分辨率电子显微镜

电镜的高分辨率来自电子波极短的波长。电镜分辨率 r_{min} 与电子波长 λ 的关系是：

$$r_{min} \propto \lambda^{3/4}$$

因此，波长越短，分辨率越高。现代高分辨率电镜的分辨率可达 0.1~0.2mm。其晶格像可用于直接观察晶体和晶界结构，结构像可显示晶体结构中原子或原子团的分布，这对于晶粒小、晶界薄的纳米材料的研究特别重要。高分辨率电子显微镜结构分析的特点如下：

（1）分析范围极小，可达 10nm×10nm，绝对灵敏度可达 10^{-16}g。

（2）电子显微镜分析可同时给出正空间和倒易空间的结构信息，并能进行化学成分分析。

2.5.3　晶态物相检测方法

2.5.3.1　X 射线衍射法

X 射线衍射法是利用 X 射线在晶体中的衍射现象来测定晶态或物相的。其基本原理是 Bragg 公式。

$$n\lambda = 2d\sin\theta$$

式中，θ、d、λ 分别为布拉格角、晶面间距、X 射线波长。满足 Bragg 公式时，可得到衍射。根据试样的衍射线的位置、数目及相对强度等确定试样中包含哪些结晶物质以及它们的相对含量。具体的 X 射线衍射方法有劳厄法、转晶法、粉末法、衍射仪法等，其中常用于超细粉体的方法为粉末法和衍射仪法。

2.5.3.2　电子衍射法

电子衍射法与 X 射线法原理相同，遵循劳厄方程或布拉格方程所规定的衍射条件和几何关系，只不过其发射源是以聚焦电子束代替了 X 射线。电子波的波长短，使单晶的电子衍射谱和晶体倒易点阵的二维截面完全相似，从而使晶体几何关系的研究变得比较简单，另外，聚焦电子束直径大约为 0.1μm 或更小，因而对这样大小的粉体颗粒上所进行的电子衍射往往是单晶衍射图案，与单晶的劳厄 X 射线衍射图案相似。由于纳米粉体一般在 0.1μm 范围内有很多颗粒，所以得到的多为断续或连续圆环，即多晶电子衍射谱。

电子衍射法包括以下几种：选区电子衍射、微束电子衍射、高分辨电子衍射、高分散性电子衍射、会聚束电子衍射等。

电子衍射物相分析的特点是：

（1）分析灵敏度高，小到几十甚至几纳米的微晶也能给出清晰的电子图像。适用于试样总量很少、待定物在试样中含量很低（如晶界的微量沉淀）和待定物颗粒非常小的情况下的物相分析。

（2）可得到有关晶体取向关系的信息。

（3）电子衍射物相分析可与形貌观察结合进行，得到有关物相的大小、形态和分布等资料。

3 非金属矿资源开发项目驱动下的实践教学体系

本章以非金属矿资源开发为例，围绕"非金属矿石→非金属矿物组成→非金属矿物加工原理和方法→实践与应用"这条主线，结合矿物加工工程专业中"矿石学"、"工艺矿物学"、"粉体工程"、"矿物加工学"、"研究方法实验"等核心课程，详细介绍了实验教学、专业实践等方面的实践教学体系主要内容。

3.1 实践教学体系构建内容

为了紧密结合江西省丰富的矿业资源，体现地方资源教学特色，以现代矿山资源开发过程中需要强实践、厚基础、知识面宽的具有分析问题、解决问题和创新能力的卓越工程师人才培养为目的，按照矿山资源开发需要的知识能力及素质要求，围绕非金属矿资源开发过程中"非金属矿石→非金属矿物组成→非金属矿物加工原理和方法→实践与应用"这条主线设计项目驱动，在专业核心课程"矿石学"、"粉体工程"、"物理选矿"、"浮游选矿"、"研究方法实验"和"认识实习"、"生产实习"、"毕业实习"、"毕业论文"、"毕业设计"等教学活动中构建了以非金属矿资源开发项目驱动为载体、以学生实践能力培养为全过程、以提高学生创新能力为目标的实践教学人才培养体系，见表 3-1。

表 3-1　非金属矿资源开发项目驱动下的实践教学内容构建

课程实验、实践环节	"非金属矿资源开发"项目驱动为核心的实验、实践教学内容
矿石学	认识并掌握非金属矿石及其伴生矿石的组成、构造
粉体工程	非金属矿石的选择性碎磨及其粒度组成特性
认识实习	非金属矿石选矿工艺流程及其特点
物理选矿	非金属矿石的重选富集特征、非金属矿的磁选富集、除杂特征
浮游选矿	非金属矿物及其伴生矿物的浮选富集特征
研究方法实验	非金属矿石的选别方法及其工艺流程研究
生产实习	非金属矿石选矿工艺组织生产
毕业实习	非金属矿资源中有用矿物在流程中的走向
毕业论文	非金属矿资源选矿流程开发
矿物加工工厂设计/毕业设计	非金属矿选矿厂设计

3.2　课程实验教学大纲

3.2.1　"矿石学"课程实验教学大纲

在"矿石学"课程教学过程中，掌握非金属矿物的形态，非金属矿物的物理和化学性质，非金属矿石的成矿过程。

本课程实验教学基本要求应包括：

（1）掌握常见非金属矿石和非金属矿物的基本特性和鉴别特征。

（2）掌握非金属矿物及其伴生矿物的基本性质。

（3）掌握非金属矿物晶体的结构形态及矿床的形成过程。

本课程实验内容与学时分配，见表 3-2。

表 3-2　"矿石学"实验内容与学时分配表

实验项目名称	实验学时	备　注
对称要素分析及晶族晶系划分	2	必修
卤素化合物型非金属矿物的认识	1	必修
氧化物与氢氧化物型非金属矿物的认识	1	必修
硅酸盐型非金属矿物的认识	1	必修
碳酸盐型非金属矿物的认识	1	必修
硫酸盐型非金属矿物的认识	1	必修
其他含氧盐型非金属矿物的认识	1	必修

3.2.2　"粉体工程"课程实验教学大纲

在"粉体工程"课程教学过程中，熟悉非金属矿山常用的破碎机、磨矿机、筛分机和分级机等设备的类型，了解这些设备的操作技能；熟悉和掌握非金属矿山粉碎过程中的碎矿与筛分、磨矿与分级的基本理论，重点掌握选择性破碎、多层筛分、选择性磨矿与分级、磨矿介质选型等理论在非金属矿山中的应用。

本课程实验教学基本要求应包括：

（1）掌握筛分分析的测定方法，依据测定结果绘制出筛分曲线。

（2）掌握振动筛生产率的测定方法，熟悉振动筛的筛分效率计算。

（3）掌握非金属矿石破碎前后的产品粒度组成测定，依据测定结果求出粒度特性方程式。

（4）掌握非金属矿石可磨性的测定方法，验证磨矿动力学。

（5）掌握非金属矿石磨矿过程的影响因素试验方法。

本课程实验内容与学时分配，见表 3-3。

表 3-3　"粉体工程"实验内容与学时分配表

实验项目名称	实验学时	备　注
筛分分析和绘制筛分分析曲线	2	必修
振动筛的筛分效率和生产率测定	2	必修
测定非金属矿石碎矿产品粒度组成及其粒度特性方程	2	必修
测定非金属矿石可磨性并验证磨矿动力学	2	必修
非金属矿石磨矿影响因素实验	2	选修

注：实验教学按研讨式教学方式进行。

3.2.3 "矿物加工学"课程实验教学大纲

在"矿物加工学"课程教学过程中，熟悉非金属矿山常用的重介质分选机、跳汰机、溜槽、摇床、弱磁选机、高梯度强磁选机、电选机和浮选机等设备的类型，了解这些设备的操作技能；熟悉和掌握非金属矿山在选矿过程中的重选、磁选、电选和浮选等分离方法的基本理论，重点掌握跳汰、摇床、水力分级、高梯度强磁选、电选和浮选等选矿方法在非金属矿山中的应用。

课程实验教学基本要求应包括：

（1）掌握非金属矿石干式磁选选矿、跳汰选矿、摇床选矿、螺旋溜槽选矿等非金属矿富集方法。

（2）掌握非金属矿中磁性矿物磁化系数及其磁性含量、磁场强度的测定方法。

（3）掌握非金属矿石电选分离原理和沉降分级原理与方法。

（4）掌握非金属矿物的润湿性、接触角、起泡性能的测定方法，分析非金属矿物润湿性与可浮性的关系。

（5）掌握非金属矿及其伴生矿的捕收剂、调整剂和浮选实验方法，分析药剂制度对非金属矿富集指标的影响。

本课程实验内容与学时分配，见表 3-4。

表 3-4　"矿物加工学"实验内容与学时分配表

实验项目名称	实验学时	备　注
非金属矿石沉降法水力分析	2	必修
非金属矿石跳汰选矿实验	2	必修
非金属矿石摇床选矿实验	2	必修
非金属矿石螺旋溜槽选矿实验	2	必修
非金属矿干式磁选实验	2	必修
非金属矿电选机演示实验	2	必修
非金属矿物润湿性-接触角/起泡剂性能测定	2	必修
非金属矿捕收剂实验	2	必修
非金属矿调整剂实验	2	必修
非金属矿深加工实验	2	必修

注：实验教学按小班研讨方式进行。

3.2.4 研讨式教学内容设计

在课程的研讨式教学内容上,同样围绕着"非金属矿石资源开发"这个项目驱动开展,既与课程内容相衔接,又是理论课程的深入发展,也要实验教学有所关联。小班研讨式教学要求按照专题开出:

(1) 筛分专题。研讨内容为我国选矿厂常见的筛分流程,包括破碎—筛分流程、磨矿—筛分流程、分选—筛分流程。

(2) 碎矿专题。研讨内容为我国选矿厂破碎流程研究进展,包括小型选厂的二段一闭路破碎流程、常规三段一闭路破碎流程、三段一闭路+高压辊破碎流程等,引导"多碎少磨"理念及其应用。

(3) 磨矿专题。研讨内容为我国选矿厂的磨矿流程与研究进展,包括棒磨流程、常规一段闭路磨矿流程、二段闭路磨矿流程、自磨流程、半自磨流程,阶段磨矿,讲解"SAB"流程的优势及其应用。

(4) 浮选专题。研讨内容为非金属矿山实用的浮选理论,浮选药剂的分类、特性及其研究进展,常见的非金属矿选矿工艺、流程结构、先进的浮选设备以及非金属矿选矿研究进展,引导"无毒环保"的理念。

(5) 重力选矿专题。研讨内容为我国选矿厂中非金属矿山的重选流程研究进展,包括跳汰工艺、摇床工艺、铺布溜槽工艺以及新型高效非金属矿细泥悬振选矿设备。

(6) 磁电选矿专题。研讨内容为我国非金属矿与铁磁性矿物的磁选除杂工艺流程,非金属矿与锡石、钽铌、含钛等矿物的电选分离工艺。

3.3 实习类实践教学大纲

3.3.1 "认识实习"实践教学大纲

"认识实习"实践教学基本要求应包括:

(1) 讲授"选矿概论",增强学生对非金属矿山生产过程的感性认识。

(2) 通过在非金属矿山听取专题报告和安全教育培训,了解矿山生产组织管理体系和安全体系。

(3) 通过非金属矿山生产现场参观,了解选矿工艺流程结构、工艺设备、选矿药剂的种类和使用,了解矿山技术经济指标、产品质量要求,形成对矿山建设和选矿厂配置的总体认识。

(4) 熟悉认识实习报告的编写要求。

"认识实习"实践内容与学时分配,见表 3-5。

表 3-5 "认识实习"实践内容与学时分配表

实验项目名称	实践天数	备 注
"选矿概论"讲授	3	必修
非金属矿山安全教育	1	必修
非金属矿选矿厂参观	3	必修
认识实习报告撰写	1	必修

注:集中在 1.5 周内完成。

3.3.2 "生产实习"实践教学大纲

"生产实习"实践教学基本要求：

(1) 通过在非金属矿山听取专题报告和安全教育培训，熟悉矿山生产组织管理体系和安全体系。

(2) 通过非金属矿山生产现场参观，熟悉选矿工艺流程结构、工艺设备、选矿药剂的种类和使用，熟悉矿山技术经济指标、产品质量要求。

(3) 通过岗位跟班实习，使学生熟悉岗位操作实践，掌握选矿厂生产过程中的设备、工艺和指标的调节方法与步骤，能使学生理论联系实际，培养和提高学生的独立分析、解决问题的能力。

(4) 熟悉生产实习报告的编写要求。

"生产实习"实践内容与学时分配，见表3-6。

表3-6 "生产实习"实践内容与学时分配表

实验项目名称	实践天数	备 注
非金属矿山安全教育	1	必修
非金属矿山选矿厂参观实习	1	必修
非金属矿山岗位跟班实践	10	必修
生产实习报告撰写	2	必修
实习答辩与总结	1	必修

注：集中在3周内完成。

3.3.3 "毕业实习"实践教学大纲

"毕业实习"实践教学基本要求：

(1) 通过听取非金属矿山专题报告和安全教育培训，熟悉矿山生产组织管理体系和安全体系，培养安全生产观。

(2) 通过非金属矿山生产车间现场参观，掌握选矿工艺流程结构、工艺设备、选矿药剂的种类和使用，掌握矿山技术经济指标、产品质量要求。

(3) 通过车间实习，提出改进或改善工艺流程、工艺设备、技术指标、技术操作条件、生产管理、产品质量、降低产品成本和提高劳动生产率的各种可能途径，收集毕业设计所需各项材料。

(4) 熟悉毕业实习报告的编写要求。

"毕业实习"实践内容与学时分配，见表3-7。

表3-7 "毕业实习"实践内容与学时分配表

实验项目名称	实践天数	备 注
非金属矿山安全教育	1	必修
非金属矿山专题报告	1	必修
非金属矿选厂车间操作实习与资料收集	10	必修
非金属矿山相关工厂参观	1	必修
毕业实习报告撰写	2	必修

注：集中在3周内完成。

3.4　研究类实践教学大纲

3.4.1　"研究方法实验"实践教学大纲

"研究方法实验"课程实验教学基本要求应包括：

（1）掌握非金属矿样品的制备方法，掌握非金属矿石堆积角、摩擦角、假比重的测定方法。

（2）掌握非金属矿石浮选药剂的性质测定，学会对浮选产品进行脱水、烘干、称重、取样和化验。

（3）掌握非金属矿石 pH 值调整剂、抑制剂、磨矿细度等条件实验方法，掌握捕收剂种类及用量试验、捕收抑制剂析因实验内容。

（4）掌握非金属矿石开路流程结构的确定及其药剂制度的优选，熟悉闭路流程的操作方法。

课程实验内容与学时分配，见表 3-8。

表 3-8　"研究方法实验"实践内容与学时分配表

实验项目名称	实践天数	备　注
非金属矿石试样制备及物理性质测定	2	必修
非金属矿石探索性试验	2	必修
非金属矿石磨矿细度试验	2	必修
非金属矿药剂种类及用量试验	2	必修
非金属矿石开路流程试验	2	必修
非金属矿石闭路流程试验	2	必修
实验报告撰写	2	必修

注：集中在 2~3 周内完成。

3.4.2　"毕业论文"实践教学大纲

"毕业论文"实践教学基本内容应包括：

（1）文献综述。了解国内外关于非金属矿石选矿的工艺、设备、药剂的发展现状、发展方向、最新动态和发展趋势。

（2）设备和药剂。掌握非金属矿石重选、磁选和浮选设备的工作原理，非金属矿石选矿过程中所需的实验室设备和药剂，了解浮选的药剂制度和药剂作用机理。

（3）条件试验。掌握非金属矿石重选试验过程中各种重选设备参数的条件试验；掌握非金属矿石高梯度磁选试验过程中磁场强度等各种磁选参数的条件试验；掌握非金属矿石浮选试验过程中磨矿细度、浮选时间、捕收剂种类、捕收剂用量、调整剂种类、调整剂用量、组合捕收剂、组合抑制剂比例等条件试验。

（4）开路试验和闭路试验。在条件试验的基础上，掌握非金属矿石选矿的开路试验及闭路试验。

（5）结果与讨论。掌握非金属矿石试验过程中的条件试验、开路试验、闭路试验结果数据的分析和讨论，对试验过程中出现的问题能进行分析。

（6）撰写毕业论文。严格按照毕业论文的要求，包括毕业论文的格式、中英文摘要、参考文献、小论文等，根据非金属矿石选矿试验的结果，撰写毕业论文。

"毕业论文"实践教学基本要求：

（1）综合运用所学专业的基础理论、基本技能和专业知识，掌握非金属矿选矿流程设计的内容、步骤和方法。

（2）根据非金属矿原矿性质和工艺矿物学特性，掌握非金属矿流程结构的设计原则和方法。

（3）根据确定的非金属矿流程结构，掌握流程结构中基于重、磁选方法的磨矿细度、浓度、分级粒度、磁场强度等条件试验。

（4）掌握基于浮选方法的抑制剂、调整剂、捕收剂等药剂种类、用量和浮选时间试验。

（5）根据确定的非金属矿流程结构和药剂制度，掌握非金属矿石开路流程和闭路流程的试验方法。

"毕业论文"实践内容与学时分配，见表3-9。

表 3-9 "毕业论文"实践内容与学时分配表

实验项目名称	实践周数	备注
非金属矿石原矿性质测定	1	必修
非金属矿石工艺矿物学测定	1	必修
非金属矿石流程结构设计试验	1	必修
非金属矿石流程结构条件试验	6	必修
非金属矿石开路和闭路流程试验	1	必修
非金属矿石毕业论文撰写	1	必修
毕业论文答辩	1	必修

注：集中在 12 周内完成。

3.5 实践教学体系的考核

3.5.1 课程实验教学考核

课程实验教学全部纳入了小班研讨教学中。一般将小班分成若干研讨小组/实验小组，选定研讨课题方向，在导师和助教指导下查询资料/实验指导书，寻找课题/实验解决方案。然后制作 ppt 课堂汇报，经质疑、研讨、点评，形成小组研讨成果。小班研讨教学考核权重占 50%。基础理论和基础知识的考核权重也占 50%，通常以试卷形式考评。

为进一步衡量每个小组的贡献度，根据小组共同提交的报告和汇报，确定小组的成果质量，该权重占该部分成绩的 2/3；再根据小组每个成员的过程表现和撰写的心得体会，确定小组每个成员的成绩，该权重占该部分成绩的 1/3。本课程考核权重分配及其考核方式，见表 3-10。

表 3-10　含小班研讨的课程考核表

类型	基础理论与基础知识	实验教学与研讨		课堂教学与研讨	
		实验小组成果	个人表现	研讨小组成果	个人表现
权重/%	50	15	10	15	10
考核方式	试卷	实验报告	心得体会和过程表现	研讨 ppt	心得体会和过程表现

3.5.2　课程设计考核

课程设计考核及成绩评定由三部分组成:

(1) 根据课程设计过程中学生分析、解决问题能力的表现,设计方案的合理性、新颖性,设计过程中的独立性、创造性以及设计过程中的工作态度。

(2) 根据课程设计的指导思想与方案制订的科学性,设计论据的充分性,设计的创见与突破性,设计说明书的结构、文字表达及书写情况。

(3) 根据学生本人对课程设计工作的总体介绍,课程设计说明书的质量,答辩中回答问题的正确程度、设计的合理性。

本课程设计考核权重分配及其考核方式,见表 3-11。

表 3-11　课程设计考核表

类型	设计过程中独立性、创造性及工作态度	设计说明书和图纸		答辩过程	
		设计说明书的撰写质量	设计图纸质量	学生讲解	回答问题准确度
权重/%	20	20	20	20	20
考核方式	过程记录和考查	提交设计说明书	提交设计图纸	学生根据说明书和图纸讲解	回答答辩小组问题和心得体会

4 非金属矿资源开发项目驱动下的实践教学指导

本章介绍了非金属矿资源开发项目驱动下各课程实验、实习、研究、设计等实践教学指导。

4.1 "矿石学"实践教学指导

4.1.1 对称要素分析及晶族晶系划分

(1) 实验原理。参照矿物结晶学基础知识和原理。

(2) 实验要求:

1) 通过对晶体模型观察所获得的感性认识,进一步理解与巩固关于晶体的对称要素等知识。

2) 学会在晶体模型上找对称要素、对称中心、对称面、对称轴等。

3) 根据对称要素的组合(对称型)划分晶族和晶系。

(3) 主要仪器及耗材。实验过程中采用的主要仪器及耗材为晶体模型、记录纸、铅笔等。

(4) 实验内容和步骤:

1) 在晶体模型上找对称要素,其具体的方法和步骤包括:① 找对称中心(c)。若晶体中有对称中心存在,则先定位于晶体的几何中心。试验时可将晶体模型上的每个晶面依次贴置于桌面上,逐一检查是否各自晶面都有与桌面平行的另一个相同的晶面存在。如果都有,则证明存在对称中心;如果任意一个晶面找不到这样的对应晶面时,则晶体不存在对称中心。② 找对称面(p)。通过晶体的几何中心,可将晶面划分为垂直等分某些晶面并且垂直等分某些晶棱的平面和包含晶棱平分面夹角(或晶棱夹角)的平面。由于对称面必可将图形分成镜像反映的两个相同部分,因此,试验时可设想按上述一可能性的平面将晶体模型分成两半,考察此两半部分对于该平面是否成镜像反映关系,从而确定该平面是否为对称面。如此遍试所有可能的平面,以找出全部的对称面。在整个寻找过程中,不要翻动晶体模型,以免遗漏或重复。③ 找对称轴(In)。在晶体中,对称轴存在的可能位置是:通过晶体的几何中心,并且为某二行晶面中心的连线或某二晶棱中点的连线或某二角顶的连线或某一晶面中心、晶棱中点及角顶三者中任意二者间的连线。试验时在模型上找对称要素要将模型固定,从垂直、倾斜、水平逐步分项找,避免重复和遗漏,在模型上找出全部对称要素后,分别填在实验记录表中。

2) 划分晶族晶系。在模型上找出全部对称要素后,根据对称特点确定其晶族和晶系,可根据32种对称型来查对,若找出的对称型在表中查不到,说明找的不对,应重找。

3）作业。寻找下列晶体模型的对称要素，按记录格式做好记录。121 或 122；232、231 或 235；333、335 或是 313；454、431、453 或 451；571、76、573 或 574；671、674 或 675；753、752 或 756；八面体或菱形十二面体，立方体等。

（5）数据处理与分析。将试验结果填写在下面实验记录，见表 4-1。

表 4-1 实验记录表

模型号	对称要素						对称要素总和（对称型）	晶系	晶族
	c	p	L^6	L^4	L^3	L^2			
751 岩石	1	9		3	4	6	344，413，612，9pc	等轴	高级

（6）实验注意事项。试验过程中，在记录一个晶体全部对称要素时，要按先对称轴，再对称面，再对称中心的顺序写，在对称轴中，又以轴次高者在先。例如：$3L^44L^36L^29pc$。

（7）思考题：

1）如果一个平面能够将晶体分成两个几何上的全等图形，那么此平面是否必定就是对称面。为什么？

2）至少有一端通过晶棱中点的对称轴，只能是几次对称轴，一对相互平等的正四边形晶面之中心连线，能否是 L^3 或 L^6，一对相互平等的正六边形晶面之中心连线，可以是哪些对称轴的可能位置。为什么？

4.1.2 非金属矿物的形态和物理性质

（1）实验原理。非金属矿物的物理性质。

（2）实验要求：

1）认识非金属矿物的单体和集合体形态。

2）了解和掌握非金属矿物的主要物理性质。

（3）主要仪器及耗材。实验过程中采用的主要仪器及耗材为非金属矿物标本。

（4）实验内容和步骤：

1）查找分析非金属矿物的形态。主要包括：① 查找非金属矿物的单体形态；② 查找非金属矿物集合体形态。

2）了解非金属矿物的光学性质。主要包括：① 观察非金属矿物颜色，利用一套颜色较标准的矿物对比观察非金属矿物的自色，并掌握颜色命名的规律；② 观察非金属矿物的条痕色，掌握它与颜色的关系；③ 观察非金属矿物的光泽，应在新鲜的非金属矿物表面观察非金属矿物的光泽特征；④ 观察非金属矿物的透明度，因矿物厚度会影响其透明度，故试验时可借助条痕色来区别，一般白色条痕的矿物是透明的，浅色条痕为半透明的，深色条痕为不透明的。

3) 掌握非金属矿物的力学性质。主要包括：① 观察非金属矿物的解理和断口特征，观察解理时注意解理面与断口面的区别，若矿物块体表面平滑并有几个与此方向相同的平滑面，则为解理；若具有凹凸不平的表面，则是断口特征；② 观察非金属矿物的硬度特征，试验时应在非金属矿物的新鲜面上进行，并且只有在非金属矿物单体的新鲜面上试验才能得出正确的结论；③ 测定非金属矿物的比重特征；④ 了解非金属矿物的磁性特征，试验时可借助于磁铁对矿物块体或粉末的吸引现象来判断有无磁性；⑤ 观察非金属矿物的发光性特征，采用多用荧光笔照射非金属矿物，观察其光学性能。

（5）数据处理与分析。将试验结果填写在下面实验记录，见表 4-2。

表 4-2 实验记录表

序号	矿物形状	颜色条痕色	光泽	透明度	解理断口	硬度	比重	磁性
1								
2								
3								
⋮								

4.1.3 卤素化合物型非金属矿物的认识

（1）实验原理。参照"矿石学基础（第 3 版）"教材（冶金工业出版社，周乐光主编）中卤素化合物矿物的物理性质。

（2）实验要求：

1) 掌握肉眼识别矿物的一般方法。

2) 学会全面地观察矿物的形态及矿物的主要物理性质。

（3）主要仪器及耗材。非金属矿物标本。

（4）实验内容和步骤：

1) 认识下列卤素化合物型非金属矿物。萤石、石盐、钾盐、冰晶石、光卤石等。

2) 全面分析卤素化合物型非金属矿物的物理性质。

（5）数据处理与分析。描述下列矿物的主要鉴定特征，如萤石、石盐、冰晶石等，将观察的特征如实编写书面报告。

（6）实验注意事项。试验过程中，观察不到的性质就不能写，切勿抄书本。

（7）思考题：

1) 如果一个平面能够将晶体分为两个几何上的全等图形，那么此平面是否就是对称面。为什么？

2) 萤石、冰晶石、石盐在特征上有何差异？

4.1.4 氧化物和氢氧化物型非金属矿物的认识

（1）实验原理。参照"矿石学基础"教材中氧化矿物和氢氧化物的物理性质。

（2）实验要求：

1) 掌握肉眼识别氧化矿物和氢氧化物型非金属矿物的一般方法。

2）学会全面地观察氧化矿物和氢氧化物型非金属矿物的形态及主要物理性质。

（3）主要仪器及耗材。非金属矿物标本。

（4）实验内容和步骤：

1）认识下列氧化物和氢氧化物型非金属矿物。刚玉、金红石、石英、尖晶石、蛋白石、水镁石等。

2）全面分析氧化物和氢氧化物型非金属矿物的物理性质。

（5）数据处理与分析。描述下列矿物的主要鉴定特征，如刚玉、金红石、石英、尖晶石、蛋白石、水镁石等，认真编写书面报告。

（6）实验注意事项。试验过程中，观察不到的性质就不能写，切勿抄书本。

（7）思考题：

1）金红石、板钛矿、锐钛矿在其组成、结构、性能及用途等方面有何区别？

2）金属光泽的矿物和非金属光泽的矿物在光学性质上各有何特点？

4.1.5 硅酸盐型非金属矿物的认识

（1）实验原理。参照"矿石学基础"教材中硅酸盐矿石的物理性质。

（2）实验要求：

1）掌握肉眼识别硅酸盐型非金属矿物的一般方法。

2）熟练观察硅酸盐型非金属矿物的形态及其主要物理性质。

（3）主要仪器及耗材。非金属矿物标本。

（4）实验内容和步骤：

1）认识下列硅酸盐型非金属矿物。橄榄石、石榴石、绿柱石、电气石、透辉石、普通辉石、透闪石、阳起石、普通角闪石、硅灰石、滑石、云母（黑、白）、高岭石、绿泥石、蛇纹石、正长石。

2）全面分析硅酸盐矿物的物理性质。

（5）数据处理与分析。对比描述下列矿物的主要鉴定特征，如橄榄石与石榴石，电气石与普通角闪石，绿泥石与绿帘石，蛇纹石与滑石，认真编写书面报告。

（6）实验注意事项。试验过程中，观察不到的性质就不能写，切勿抄书本。

（7）思考题：

1）橄榄石与石榴石，电气石与普通角闪石，绿泥石与绿帘石，蛇纹石与滑石等矿物的特征。

2）找出上述矿物各自的异同点。

4.1.6 碳酸盐型非金属矿物的认识

（1）实验原理。参照"矿石学基础"教材中碳酸盐矿物的物理性质。

（2）实验要求：

1）掌握肉眼识别碳酸盐型非金属矿物的一般方法。

2）熟练观察碳酸盐型非金属矿物的形态及其主要物理性质。

（3）主要仪器及耗材。非金属矿物标本。

（4）实验内容和步骤：

1）认识下列非金属矿物。方解石、大理岩、汉白玉、冰洲石、石灰岩、白垩、菱镁矿、白云石。

2）全面分析碳酸盐型非金属矿物的物理性质。

（5）数据处理与分析。描述下列矿物的主要鉴定特征，如方解石、大理岩、汉白玉、冰洲石、石灰岩、白垩等，认真编写书面报告。

（6）实验注意事项。试验过程中，观察不到的性质就不能写，切勿抄书本。

（7）思考题：

1）如何区分方解石、白云石和菱镁矿？

2）大理岩、方解石、汉白玉的区别是什么？

4.1.7 硫酸盐型非金属矿物的认识

（1）实验原理。参照"矿石学基础"教材中硫酸盐矿物的物理性质。

（2）实验要求：

1）掌握肉眼识别硫酸盐型非金属矿物的一般方法。

2）熟练观察硫酸盐型非金属矿物的形态及其主要物理性质。

（3）主要仪器及耗材。非金属矿物标本。

（4）实验内容和步骤：

1）认识下列非金属矿物。芒硝、硬石膏、石膏、重晶石、天青石、明矾石。

2）全面分析硫酸盐型非金属矿物的物理性质。

（5）数据处理与分析。描述下列矿物的主要鉴定特征，如芒硝、硬石膏、石膏、重晶石、天青石、明矾石等，认真编写书面报告。

（6）实验注意事项。试验过程中，观察不到的性质就不能写，切勿抄书本。

（7）思考题：

如何区分硬石膏和石膏、重晶石和天青石？

4.1.8 其他含氧盐型非金属矿物的认识

（1）实验原理。参照"矿石学基础"教材中硝酸盐、硼酸盐、磷酸盐矿物的物理性质。

（2）实验要求：

1）掌握肉眼识别硝酸盐、硼酸盐、磷酸盐型非金属矿物的一般方法。

2）熟练观察硝酸盐、硼酸盐、磷酸盐型非金属矿物的形态及其主要物理性质。

（3）主要仪器及耗材。非金属矿物标本。

（4）实验内容和步骤：

1）认识下列非金属矿物。钾硝石、钠硝石、钙硝石、硼镁铁矿、独居石、磷灰石、绿松石。

2）全面分析硫酸盐型非金属矿物的物理性质。

（5）数据处理与分析。描述下列矿物的主要鉴定特征，如钾硝石、钠硝石、钙硝石、硼镁铁矿、独居石、磷灰石、绿松石等，认真编写书面报告。

（6）实验注意事项。试验过程中，观察不到的性质就不能写，切勿抄书本。

（7）思考题：

1）如何区分钾硝石、钠硝石、钙硝石？

2）独居石与绿松石的区别是什么？

4.2　"粉体工程"实践教学指导

4.2.1　筛分分析和绘制筛分分析曲线

（1）实验原理。筛分是一种最古老、应用最广泛的粒度测定技术。用筛分的方法将物料按粒度分成若干级别的粒度分析方法，称为筛分分析，简称筛析。筛分时，物料通过一套已校准筛网的套筛，筛孔尺寸由顶筛至底筛逐渐减小。套筛是装在具有震动和摇动的振筛机上，振筛一段时间后，被筛分的物料分成一系列粒度间隔或粒级。如用 n 个筛子，可将物料分成 $n+1$ 个粒级，各粒级的物料粒度是以相邻两个筛子相应的筛孔尺寸表示。物料在筛分时可能以不同的取向通过筛孔，在大多数情况下，物料的长度不会限制物料通过筛孔，而决定物料能否通过筛孔的是物料的宽度，因此，物料的宽度是与筛孔尺寸联系最密切的尺寸。

采取一定重量的有代表性的试料，用筛孔大小不同的一套筛子进行粒度分级，分成若干级别后，称重各级别的重量、计算出各级别的重量百分比，就能找出物料是由含量为各多少的某些粒级而组成。从粒度组成中，可以看出各粒级在物料中的分布情况，表示物料粒度的特性曲线通常称为筛分分析粒度特性曲线。

（2）实验要求：

1）正确地取出筛分分析试样量，并用标准筛进行筛分和称出各级别的质量，通过实验对标准筛有一定了解，要求重点使用标准筛做筛析的操作技能。

2）通过实验学会填写筛分分析记录表，并作相关的计算。质量百分率、筛上累积质量百分率和筛下累积质量百分率。

3）通过实验，要求学会正确取出筛析试样质量，如果试样量过多，筛分分析的时间就花得过长，试样量太少，则不能代表整个物料的特性，正确试样量的采取方法可以查表求得。

4）把筛分分析的试验记录在算术坐标纸及双对数坐标纸上，画成"粒度-质量百分率"和"粒度-累积质量百分率"两种曲线。

（3）主要仪器及耗材。实验过程中采用的主要仪器及耗材有：标准筛、试验振筛机、托盘天平、试样缩分器、搪瓷盘、坐标纸、秒表等。

（4）实验内容和步骤：

1）估计矿料中的最大粒度约有 2mm，查表或用公式计算求得需采取试样量 500g。该试样量可以从原物料中用缩分器缩分而得，也可以用方格法在原物料中取出。

2）检查所用的标准筛，按照规定的次序叠好。套筛的次序是从上到下逐渐减少，并将各筛子的筛孔尺寸按筛序记录于表内。

3）称准试样量，并把称得的结果填在记录中。

4）进行筛分。先从筛孔最大的那个筛子开始，依次序地筛。为了便于筛分和保护筛网，筛面上的矿料不应当太重，对于细筛网尤应注意。通常在筛孔比为 0.5mm 以下的筛子进行筛分时，称样不许超过 100g，矿料如果太多，可分几次筛。筛分时要规定终点，即继续筛 1min 后，筛下产物不超过筛上产物的 1%（或试样量的 0.1%）为筛分终点。如果未到终点，应当继续筛分。为了避免损失，筛的时候，筛子要加底盘和盖。

5）把每次筛得的筛上物称重，并且记录在表中，用托盘天平称重量，可以准确到 $\frac{1}{2}$g，估计到 $\frac{1}{10}$g。

6）各级别的质量相加得的总和，与试祥质量相比较，误差不应超过 1%~2%。如果没有其他原因造成显著的损失，可以认为损失是由于操作时微粒飞扬引起的。允许把损失加到最细级别中，以便和试样原质量相平衡。

（5）数据处理与分析：

1）筛分分析表。

试料名称：   试样质量：

筛分误差 =（试样质量-筛析后的总质量）/试样质量×100%

2）在算术坐标纸和双对数坐标纸上各画"粒度-质量百分率"、"粒度-筛上累积质量百分率"和"粒度-筛下累积质量百分率"三种曲线，见表 4-3。

表 4-3　粒度分析曲线表

级　别		质量/g	质量百分率/%	筛上累积质量百分率/%	筛下累积质量百分率/%
目	筛孔宽/mm				
共计					

（6）实验注意事项：

1）实验前要认真阅读本实验说明书和课本中关于筛分分析部分。

2）实验中要严肃认真，严格禁止实验过程中马虎写报告和抄袭等不良现象。

3）为保护网筛，卡在筛网上的难筛颗粒，禁止用手去抠，应该用毛刷沿筛丝方向轻轻刷除，合并筛上物一起计算称重。操作中，标准筛不能任意放置，以免网面碰到硬物而损坏，筛子用完后将筛子筛面向上放置在一定的地方。

4）为保证称重、计量、读数、记录的准确，建议每组由专人进行称重、读数、记录和操作天平。

5）各级别物料称重记录后，应暂时保存，待全部级别筛析称重后检查称重总和是否与原物料质量相符、总重量与各级别质量之和在允许误差范围内，物料才可以倒弃。

6）实验结束，将实验记录本放好，清理好用具和周围的卫生后才能离开。

（7）思考题：

1）什么是网目？

2）筛分分析终点指的是什么，如何表示已达到筛分终点？

3）根据所作筛分曲线，查出+0.15mm的质量百分率是多少，-1.2mm的质量百分率又是多少？

4.2.2 振动筛的筛分效率和生产率测定

（1）实验原理。筛分效率，是指实际得到的筛下产物质量与入筛物料中所含粒度小于筛孔尺寸的物料的质量之比。筛分效率用百分数或小数表示。

$$E = \frac{C}{Q \cdot \dfrac{\alpha}{100}} \times 100\% = \frac{C}{Q\alpha} \times 10^4\%$$

或

$$E = \frac{\beta(\alpha - \theta)}{\alpha(\beta - \theta)} \times 100\%$$

式中　E——筛分效率,%；

C——筛下产品质量；

Q——入筛原物料质量；

α——入筛原物料中小于筛孔的级别的含量,%；

θ——筛上产物中所含小于筛孔尺寸粒级的含量,%；

β——多为筛下产物中所含小于筛孔级别的含量,%。

（2）实验要求：

1）观察振动筛的构造和工作原理。

2）测定振动筛的生产率和效率各三次。

3）计算振动筛的生产率和效率。

4）分析生产率和效率的关系，验证筛分动力学公式。

（3）主要仪器及耗材。实验主要仪器及耗材包括振动筛、钢卷尺、振动筛筛网、分样器、台秤、盛试料用的器具、秒表等。

（4）实验内容和步骤：

1）观察振动筛的构造，看清它的主要部件，用手盘动皮带轮，检查筛子是否能转动。开动筛子。结合学过的工作原理，观察它的运动，工作中要注意安全，不要靠近筛子的传动部分。

2）用试样缩分器把试样分成四份，其中一份用作给矿的筛分分析，其余三份作振动筛的给矿。

3）测量出筛面的长度和宽度。

4）用两个检查筛筛分一份试料，找出试料中比筛孔小的矿粒的百分率和比1/2振动筛筛网孔宽小的矿粒的百分率。

5）把其余三份试料分三次给入振动筛做试验。每次给料器的排口宽度要显著的不同，才能得到不同的给矿量。因此，应当把给料器的排口宽依次加大约一倍。矿料进入筛子时即开动秒表，矿料全都离开筛面时关秒表，记下时间。

6）把筛上物和筛下物都称出重量，再把筛上物用筛孔宽和振动筛筛网孔宽相同的那个检查筛筛分，求出它里面含有的比筛孔小的矿料的百分率。

7）填好记录表 4-4，并且检查规定要的资料是否都有后，作出有关的计算。

（5）数据处理与分析。振动筛的筛网：长_____ m，宽_____ m，面积_____ m²，筛孔宽_____ mm。矿料中小于振动筛筛网孔宽之半的含量_____%，矿料密度（δ）_____ kg/m³。

表 4-4 振动筛筛分效率和生产率测定记录表

项目	实验号次	1	2	3
效率	给矿质量/kg			
	筛上物质量/kg			
	筛下物质量/kg			
	筛分时间/min			
	筛上物中比筛孔小的矿粒含量/%			
	用 $E = \dfrac{C}{Q\alpha} \times 10^4\%$ 计算的效率/%			
	用 $E = \dfrac{\alpha - \theta}{\alpha(100 - \theta)} \times 10^4\%$ 计算的效率/%			
	两种计算方法相比较的差值			
生产率	实测的生产率/kg·h⁻¹			
	$Q = Fi\delta\varphi KLMNOP$ 计算的生产率/kg·h⁻¹			
	两种计算方法相比较的差值			

（6）实验注意事项：

1）操作中要注意安全，筛子开动时不要靠近它。

2）实验前认真复习本书知识，并认真阅读说明书。

3）记录填好后，收齐用的工具，清理试验场所后，才能离开实验室。

（7）思考题：

1）两种计算法算得的筛分效率相差是否很大，如果很大，原因在哪里？

2）两种计算法算得的生产率相差是否很大，如果很大，原因在哪里？

3）试用教材中的"筛分动力学及其应用"分析试验结果，看筛分效率和生产率有什么样的关系？

4.2.3 测定非金属矿石碎矿产品粒度组成及其粒度特性方程

（1）实验原理。送入颚式破碎机固定颚和动颚之间（破碎腔）的物料，当动颚向定颚靠拢时受到破碎；当动颚向定颚离开方向运动时，物料靠自重向下排送。

调整破碎机的排矿口大小，可测定破碎产物粒度组成。同时可计算破碎机的破碎比的大小。

（2）实验要求：

1）掌握颚式破碎机的构造、性能、工作原理和操作方法。

2) 学会调整该破碎机的排矿口和测量排矿口大小的方法。

3) 测定该破碎机给矿和产品的粒度组成，计算破碎比和残余颗粒的百分率。

4) 绘制粒度特性曲线，寻找粒度特性方程。

（3）主要仪器及耗材。实验主要仪器及耗材包括：100×60单肋复杂摆动型颚式破碎机、木框铁线编织筛、标准套筛、台秤、铅球块、卡尺、钢尺、铁铲、盛料桶等。

（4）实验内容与步骤：

1) 先将给矿作出筛分分析，并将结果填在记录中。

2) 观察所用的颚式破碎机的构造，认清它的重要部件和作用。

3) 开动破碎机，运转数分钟后将铅球丢入，测量压扁了的铅球厚度即得排矿口宽。测完排矿口宽度，然后开始给矿。操作时要注意安全，不要靠近破碎机传动部件，不要埋头看破碎腔，防止矿石飞出打伤人。在碎矿过程中，若矿块太硬而卡住颚板不能破碎时，必须立即切断电源，待将破碎腔内的物料消除完后，方能继续进行碎矿，以免损坏电机和机器零部件。

4) 把破碎机的产品作筛分分析，并填写在记录表中，见表4-5。

（5）数据处理与分析。

破碎机名称_____；排矿口宽_____mm；矿石名称：_____。

表4-5 碎矿产品粒度组成及其粒度分析表

给矿筛分分析				产品筛分分析				
原 重 kg				原 重 kg				
筛孔宽/mm	质量/kg	质量百分率/%	筛下累积质量百分率/%	筛孔宽/mm	筛孔宽/排矿口宽	质量/kg	质量百分率/%	筛下累积质量百分率/%
共计								

（6）实验注意事项：

1) 做实验前认真阅读实验指导书和教材中的有关内容。

2) 操作中应注意安全，以免发生安全事故。

3) 报告内容包含记录表格和要回答的问题。

4) 物料称重时不要忘了减去桶或容器的质量。

5) 做好记录，并给指导老师检查无误后，清理好所用工具及场地，才能离开实验室。

（7）思考题：

1）根据筛分分析曲线，填出下列资料。

给矿最大块 ＿＿＿＿＿ mm；产品最大块 ＿＿＿＿＿ mm；破碎比 ＿＿＿＿＿；残余粒＿＿＿%。

2）如果产品的筛分分析曲线近似直线，找出次直线的方程式中的参数并且列出此直线方程式。

3）根据所作曲线，找出破碎残余粒百分率。

4）根据实验资料，若要求破碎产品中-6mm 的占 70%，此时排矿口应调到多大？

5）颚式破碎机产品粒度特性曲线能反映哪些问题？

6）简单摆动和复杂摆动式破碎机有哪些不同？

4.2.4 测定非金属矿石可磨性并验证磨矿动力学

（1）实验原理。用不连续磨矿机做可磨性试验时，在磨矿的初期，粗粒的含量减少很快，随着磨矿时间的延长，粗粒含量的减少即变慢。造成这种现象的原因有两个：一是磨矿开始时，磨机中粗级别含量高，故粗级别磨碎的概率高，粗级别减少速度快；二是粗级别矿粒存在较多裂纹，矿粒越细，它上面的裂纹越少，磨细它也就困难，越粗的矿粒（+35 目）这种现象越明显，越细的矿粒（+200 目）这种现象越不明显。况且，同是粗级别中，有裂纹多的矿粒，也有裂纹少而强度高的粗粒，磨矿开始时强度低的优先选择性粉碎，强度高的粉碎慢。

（2）实验要求：

1）通过实际操作学会使用不连续小球磨机磨矿。

2）根据实验室小球磨机的规格特性，计算出该磨机的转速率和装球率。

3）根据实验数据和计算，在计算坐标纸上，绘制（$100-R$）-t 曲线和 $\lg(\lg R_0/R)$-$\lg t$ 曲线。

4）所作曲线若近似直线，求此直线方程式及参数。

5）计算球磨机的装球率和转速率。

6）对试验结果进行分析讨论。

（3）主要仪器及耗材。实验主要仪器及耗材包括球磨机、不同规格钢球（$-50+45$mm、$-45+35$ mm、$-35+25$ mm、$-25+15$ mm、$-15+10$ mm）、套筛、天平、铲子、量筒、烘箱等。

（4）实验内容和步骤：

1）称取四份试料，每份 500g。

2）用手扳动磨机检查磨机转动是否灵活。

3）打开磨机盖，若磨机内装有蓄水，必须将蓄水倒净，加料时必须先加钢球后加入一份试料，再加入 270mL 的水。

4）盖紧磨机盖，旋紧磨机端螺丝，按规定时间 3min、6min、9min、12min 分别磨矿，在开动磨机的同时，按秒表计时。

5）磨到规定时间后关闭电源开关，停止磨矿，将矿浆取出。用 100 目筛子，湿法筛出+100 目物料。

6）将+100 目物料烘干称重，将质量记录填入表 4-6 内。−100 目物料不做处理。

（5）数据处理与分析。

表 4-6　可磨度测定记录表

试料名称　　　　　　　　；每次试料质量 500g；磨矿浓度 65%

实验次序	磨矿时间		+100 目质量 /g	+100 目质量 百分率 R/%	−100 目质量 百分率 R/%	R_0/R	$\lg(\lg R_0/R)$
	t/min	$\lg t$					
1	3						
2	6						
3	9						
4	12						

R_0 是被磨物料中粗级别质量百分率；

R 是经过 t 时间磨矿以后，粗粒级残留物的质量百分率

（6）实验注意事项：

1）实验前必须认真阅读实验指导书和教材上的有关内容。

2）在操作磨矿机过程中要特别注意人身设备安全，防止事故发生。

3）操作过程中不能将矿浆、水弄到磨矿机的皮带上去，不然会使皮带打滑，影响磨机转速和磨矿效率。

4）磨机内的钢球是按一定大小一定重量配好的，操作时切勿乱丢乱放或私自拿走，不然会影响磨矿效率和实验数据的准确性。

5）湿法筛分磨矿产品时，必须检查筛分终点，即另换清水筛分时，以洗水基本上不浑浊才算达到筛分重点，否则要继续筛洗，直至水清为止。湿法筛分方法，先盛一盆清水，右手握住筛框，将矿浆倒入筛上，若矿浆量太多，可分几次进行筛分，这样不仅能保护筛子的筛网，而且能加快筛分速度，筛分时将筛子浸入水中 1/3～1/2 位置，把筛框轻轻用手拍打或向盆边敲击产生振动，随时将筛子做上下运动，并用清水不断冲洗筛子。

6）实验过程中，要严肃认真工作，每人都要争取操作机会。

7）实验做完后，必须清理好用具，为了防止磨机筒体、钢球生锈，磨机筒体内要放满清水将磨机盖板盖好，实验数据经指导老师检查无误后，方能离开实验室。

4.2.5　非金属矿石磨矿影响因素试验

（1）实验原理。磨矿机粉碎矿石的原理可简述如下，当磨机以一定转速旋转，处在筒体内的磨矿介质由于旋转时产生离心力，致使它与筒体之间产生一定摩擦力，摩擦力使磨矿介质随筒体旋转，并到达一定高度。当其自身重力大于离心力时，就脱离筒体抛射下落，从而击碎矿石，同时，在磨机运转过程中，磨矿介质与筒体、介质间还有相对滑动现象，对矿石产生研磨作用。所以，矿石在磨矿介质产生的冲击力和研磨力联合作用下得到粉碎。

（2）实验要求：

1）熟悉磨矿机的构造与操作。

2）了解磨机装矿量对磨机生产率的影响。

3）了解磨矿浓度对磨机生产率的影响。

（3）主要仪器及耗材。实验主要仪器及耗材包括球磨机、套筛、天平、铲子、量筒、烘箱等。

（4）实验内容和步骤。

1）装矿量试验：

① 取试样 4kg，用四分法分成八等份，每份 500g，另将其中一份 500g 样再用四分法分成 250g 两份，从而配成 250g、500g、750g、1000g 4 份试验样。

② 按液固比 1:1 分别将上述矿样先加水后加矿石的次序装入磨机，启动磨机，磨矿十分钟后，将磨机中物料倒出，清洗磨机干净为止。

③ 将 4 个磨机产品在检查筛上进行筛析，筛上物料进行烘干、称重。

④ 将数据填入装矿量试验数据表 4-7 中。

2）磨矿浓度试验：

① 取试样 4kg，用四分法分成八等份，每份 500g。

② 按液固比 0.5:1、1:1、1.5:1、2:1 的条件分别将 500g 矿样，按先加水后加矿石的次序装入磨机，启动磨机，磨矿 10min 后，将磨机中物料倒出，清洗磨机干净为止。

③ 将 4 个磨机产品在检查筛上进行筛析，筛上物料进行烘干、称重。

④ 将数据填入磨矿浓度试验数据表 4-8 中。

（5）数据处理与分析。

表 4-7　装矿量试验数据表

装矿量/g		250	500	750	1000
筛上量	重量/g				
	产率/%				
筛下量	重量/g				
	产率/%				

表 4-8　磨矿浓度试验数据表

浓度（液固比）		0.5:1	1:1	1.5:1	2:1
筛上量	重量/g				
	产率/%				
筛下量	重量/g				
	产率/%				

根据上面两个表的数据，分析磨机装矿量，磨矿浓度对磨机生产率的影响，并绘制装矿量–产率和磨矿浓度–产率关系曲线。

（6）实验注意事项：

1）实验前要认真阅读实验说明书和教材中关于筛分分析部分。

2）实验中要严肃认真，严格禁止实验过程中马虎写报告和抄袭等不良现象。

3）为保证称重、计量、读数、记录的准确，建议每组由专人进行称重、读数、记录和操作天平。

4）实验结束，将实验记录放好，清理好用具和周围的卫生后才能离开。

（7）思考题：

1）简述装矿量对磨机生产率的影响。

2）简述磨矿浓度对磨机生产率的影响。

4.3　非金属矿"矿物加工学"实践教学指导

4.3.1　非金属矿重选试验

重力选矿是基于矿石中不同矿粒间存在着密度差（或粒度差），借助流体作用和一些机械力作用，提供适宜的松散分层和分离条件，从而得到不同密度（或粒度）产品的生产过程。重晶石、长石、膨润土、云母、白云石、萤石、石榴石、金红石等都可用重选进行富集、提纯，本节主要以重晶石为例介绍重力选矿试验。

（1）沉降法水力试验：

1）实验原理。颗粒从静止状态沉降，在加速度作用下沉降速度愈来愈大。随之而来的反方向阻力也增加。但是颗粒的有效重力是一定的，于是随着阻力增加沉降的加速度减小，最后阻力达到与有效重力相等时，颗粒运动趋于平衡，沉降速度不再增加而达到最大值。这时的速度称作自由沉降末速。在层流阻力范围内，沉降末速的个别式可由颗粒的有效重力与斯托克斯阻力相等关系导出：

$$V_\infty = \frac{d^2(\delta - \rho)}{18\mu}g$$

上式 V_∞ 是斯托克斯阻力范围颗粒的沉降末速。在采用 cm·g·s 单位制时，上式可写成：

$$V_\infty = 54.5d^2(\delta - \rho)\mu \quad cm/s$$

如介质为水，常温时可 $\mu = 0.01$ 泊，$\rho = 1g/cm^3$，上式又可简化为：

$$V_\infty = 5450d^2(\delta - 1) \quad cm/s$$

通常所说的水析法就是根据矿粒在介质中的沉降速度，按上式换算出颗粒粒度。

水析法的基本原理，是利用在固定沉降高度的条件下，逐步缩短沉降时间，由细至粗的，逐步将较细物料自试料中淘析出来，从而达到对物料进行粒度分布测定。

沉降时间按下式计算得到。

$$t = \frac{h}{V_\infty}$$

2）实验要求。掌握沉降水析法的原理和实际操作及安装连续水析器检查和研究小于 74μm 选矿非金属矿细泥产物的粒度组成。

3）主要仪器及耗材。实验过程中采用的主要仪器及耗材有：-200 目（0.074mm）非金属矿试料 50g~100g，沉降器一套（包括 2000mL 烧杯一只、搅拌器一只、杯座支架各一付、虹吸管和乳胶管各一根、弹簧夹一只、秒表一只、铁桶三只、洗瓶一只），坐标纸,称量天平。

4)实验内容和步骤:

① 先按分离粒度为20μm进行实验,计算其沉降末速v_0。

② 按图4-1装好水析器。

③ 将-0.074mm产物置于3000mL烧杯中,并在烧杯中注入适量的清水(与标尺上沿平齐)。

④ 将虹吸管插入液面下一定深度,并令虹吸管下端管口距沉淀物表面约5~8mm。

⑤ 用搅拌器充分搅拌矿浆,使试料悬浮,停止搅拌后立即用秒表记下沉降时间(按分离粒度20μm的沉降末速v_0和指定沉降距离h计算)。待t s后打开夹子。吸出h深度的矿浆于容器中。

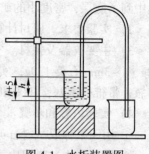

图4-1 水析装置图

⑥ 然后再往烧杯中注入清水至原来高度,充分搅拌t s后吸出矿液。如此反复操作10~15次,直至搅拌沉淀t s后,烧杯清澈为止。

⑦ 将吸出的小于20μm级别过滤。烘干称重(缩分、送化验)。

⑧ 留在烧杯中的试料按以上步骤操作,但此时的分离粒度规定为40μm 按此计算出v_0后,用v_0和h重新算出20~40μm粒度的沉降时间t_0,吸出20~40μm级别,留在烧杯中的为40~74μm级别。

⑨ 分别将各级别产物过滤、烘干、称重(缩分送化验)。

5)数据处理与分析:

$$\gamma_i = \frac{q_i}{\sum\limits_{n-i}^{j} q_n} \times 100\%$$

算出各粒级的产率,并将数据记入表4-9内。

表4-9 水析实验记录表

粒级/μm	重量/g	产率/%		品位/%	金属分布率/%	
		本粒级	累计		本粒级	累计
74~40						
40~20						
20~0						
合　计						

6)思考题:

① 在淘析过程中,矿粒之间彼此团聚,对测定有什么影响?

② 为什么虹吸管口放置在物料高度5mm以上?

(2)重晶石跳汰选矿试验:

1)实验原理。矿石给到跳汰机的筛板上,形成一个密集的物料层,称作床层,从下面透过筛板周期地给入上下交变水流(间断上升或间断下降水流)。在水流上升期间,床层被抬起松散开来，重矿物颗粒处于底层，而轻矿物颗粒处于上层；待水流转而向下运动时，床层的松散度减小，开始是粗颗粒的运动变得困难了，以后床层愈来愈紧密，只有细小的重矿物颗粒可以穿过间隙向下运动，称作钻隙运动。下降水流停止时，分层作用亦暂停。直到第二个周期开始，又这样继续进行分层运动，如此循环不已，最后密度大的矿粒集中到了底层，密度小的矿粒进入到上层，完成了按密度分层。

2）实验要求。研讨计算跳汰机中脉动水流速度以及加速度对跳汰分选指标的影响。

3）主要仪器及耗材。实验过程中采用的主要仪器及耗材有：1~3mm 重晶石纯矿物 50g、1~3mm 石英 130g，实验室型旁动隔膜跳汰机，晶闸管无级调速箱，称量天平，比重瓶，带椎柄木塞，1000mL 玻璃量筒，转速表。

4）实验内容和步骤：

① 用天平称取试料石英重量 G_1，重晶石重量 G_2。

② 另用少许试料用比重瓶测出其各自的密度（测三次，取平均值）。

③ 量出跳汰室及跳汰隔膜的面积，算出冲程系数 β。

④ 将混合试样倒入跳汰室，加入补加水，开始实验。

固定 $u_{\max}$，看最大加速度 $a_{\max}$ 对跳汰分选的影响。

由于：

$$u_{\max} = \beta \times 0.524 \times 10^{-1} \times s \times n$$

$$a_{\max} = \beta \times 0.548 \times 10^{-2} \times s \times n^2$$

定出 $u_{\max}$ 和 $a_{\max}$ 后，联解上述两式，即可求出相应的冲程 s 和冲次 n。

例：当确定 $u_{\max} = 80.93$ mm/s。

变更 $a_{\max}$：0.1g、0.28g、0.3g；

$\quad\quad$ $s(\text{mm})$：16、8.0、5.3；

$\quad\quad$ $n(\text{rpm})$：116、232、348。

固定 $a_{\max}$，变更 $u_{\max}$，看最大脉动水速 $u_{\max}$ 对跳汰分选的影响。操作条件的确定原理同上。实验结果分别记入表 4-10、表 4-11。

表 4-10 加速度对跳汰分选的影响记录表

速度 $u_{\max}$								
冲程 s								
冲次 n								
加速度 $a_{\max}$	0.1g	0.2g	0.3g	0.4g	0.5g	0.6g	0.7g	0.8g
跳汰时间 t								
补加水量 Q								
补加水速 v								
精矿重 W								
精矿产率 γ								
精矿 $BaSO_4$ 品位 β_1								
尾矿 $BaSO_4$ 品位 β_2								
重晶石纯矿物 $BaSO_4$ 品位 β_0								
选矿效率 E								

表 4-11 速度对跳汰分选的影响记录表

加速度 a_{max}								
冲程 s 冲次 n								
速度 u_{max}								
跳汰时间 t								
补加水量 Q								
补加水速 v								
精矿重 W								
精矿产率 γ								
精矿 $BaSO_4$ 品位 β_1								
尾矿 $BaSO_4$ 品位 β_2								
重晶石纯矿物 $BaSO_4$ 品位 β_0								
选矿效率 E								

（3）重晶石摇床分选试验：

1）实验原理。矿粒群在床面的条沟内因受水流冲洗和床面往复振动而被松散、分层后的上下层矿粒受到不同大小的水流动压力和床面摩擦力作用而沿不同方向运动，上层轻矿物颗粒受到更大程度的水力冲动，较多地沿床面的横向倾斜向下运动，于是这一侧即被称作尾矿侧，位于床层底部的重矿物颗粒直接受床面的摩擦力和差动运动而推向传动端的对面，该处即称精矿端。

2）实验要求：

① 熟悉实验摇床的构造和操作。

② 考察不同比重和粒度的矿粒在摇床上的分布规律。

③ 了解和掌握摇床选别的工作原理和操作条件。探讨速度，加速度，床面坡度以及补加水等对摇床分层分带的影响。

④ 测试：摇床冲程、冲次、纵坡、横坡、冲洗水量、浓度；摇床尖灭角角度，尖灭形式，来复条数目及形状（用断面图标上尺寸及角度）；学会用测振仪，传感器，示波器测试摇床的运动特性。

3）主要仪器及耗材。实验过程中采用的主要仪器及耗材有：-2mm 重晶石，倾斜仪、天平、米尺、内卡、秒表、瓷盘、量筒、水桶、分样铲、毛刷等工具，实验室偏心肘板式摇床 1 台，可控无级调速装置、示波器、记录仪、传感器一套，扳手两把、铁桶、脸盆数个。

4）实验内容和步骤：

① 学习操作规程，熟悉设备结构，了解调节参数与调节方法；称取重晶石试样 500g。

② 先开电源开关，再开灯源开关，最后开示波器。

③ 停止实验时，先关电源开关，停数分钟后待示波器冷后关示波器，最后关电源。

④ 开动摇床，选定工作参数，清扫床面，调节好冲水后确定横冲水流量；将润湿好的矿样在 2min 内均匀的加入给料槽，调整冲水及床面倾角，使物料床面上呈扇形分布，同时调整接料装置，分别接取各产品（精矿、中矿和尾矿）。

⑤ 观察物料在床面上的运搬分带情况。

⑥ 观察记录仪记下的位移、速度，加速度曲线形状，并观察此时物料的分带好坏情况。

⑦ 控制调速箱，变更摇床的冲次，即变更了速度，加速度看此时的曲线形状及分带情况。

⑧ 用扳手调节摇床冲程，重复上述实验，观察摇床分选效果。

⑨ 调整床面坡度，观察坡度对摇床分层分带的影响。

⑩ 关闭补加水，看其床面物料的分带情况，并与不同补加水量时分带情况进行比较。

⑪ 实验结束后清理实验设备、整理实验场所。

5）数据处理与分析：

① 将实验条件与分选结果数据记录于表 4-12 中。

② 分析实验条件与分选结果间的关系。

③ 编写实验报告。

表 4-12　选矿综合技术指标表

产品名称	重量/g	产率/%	$BaSO_4$品位/%	回收率/%
精矿				
中矿				
尾矿				
原矿				

6）思考题：

① 设想隔条的高度沿纵向不变会发生什么现象，为什么？

② 什么叫水跃现象？

③ 影响摇床分选的主要因素有哪些，如何影响？

（4）重晶石螺旋溜槽选矿试验：

1）实验原理。溜槽选矿是利用沿斜面流动的水流进行选矿的方法。在溜槽内，不同密度的矿粒在水流的流动动力、矿粒重力（或离心力）、矿粒与槽底间的摩擦力等作用下发生分层，结果使密度大的矿粒集中在下层、以较低的速度沿槽底向前运动，在给矿的同时排出槽外或滞留于槽底经过一段时间后，间断地排出槽外。密度小的矿粒分布在上层，以较大的速度被水流带走。由此，不同密度的矿粒，在槽内得到了分选。而将一个窄的溜槽绕垂直立轴线弯曲成螺旋状，便构成螺旋选矿机或螺旋溜槽。矿浆自上部给入后，在沿槽流动过程中发生分层。进入底层的重矿物颗粒趋于向槽的内缘运动，轻矿物则在快速的回转运动中被甩向外缘。于是密度不同的矿物即在槽的横向展开了分选带。

2）实验要求：

① 了解螺旋溜槽的构造、结构参数及实验方式。

② 观察液流在槽面上的运动状态。

③ 考察物料在螺旋溜槽中的分选情况。

3）主要仪器及耗材。实验过程中采用的主要仪器及耗材有：-200目（-0.074mm）占50%重晶石细泥矿4kg，BLLΦ600mm单头螺旋溜槽，搅拌桶，1/2砂泵，接矿槽、取样器、天平、秒表、量筒等。

4）实验内容和步骤：

① 按实验设备联系图示安装连接好所需实验设备，使其构成闭路循环系统。开动砂泵和搅拌桶，给入清水，将实验设备清洗干净并检查连接是否完好。

② 将螺旋溜槽上部搅拌桶注满清水，调节给矿阀门，使清水均匀布满整个槽面。仔细观察槽面上水流的流膜厚度分布，水流速度分布等液流的运动特性。

③ 关掉补加水，撤掉接矿槽，使搅拌桶中清水全部放完，之后，关好上搅拌桶给矿阀门。

④ 将备好的4kg细粒重晶石矿物料配成20%的浓度的矿浆，倒入下面给矿搅拌桶，然后打开搅拌桶给矿阀门，将配好的矿浆给入砂浆，让其扬送至上搅拌桶。

⑤ 待物料全部进入上搅拌桶后（上搅拌桶必须进行搅拌），打开其给矿阀门，让矿浆进入螺旋溜槽选别。螺旋溜槽排矿与砂泵之间由接矿器连接，构成闭路循环。

⑥ 物料给入螺旋溜槽后，注意观察不同性质的矿粒的运动状况和物料的分选现象，待循环正常后，用取样器分别接取精矿、中矿及尾矿，称重、烘干、制样送化验。

⑦ 实验完毕后，将物料导入另一桶内，然后用清水将全部试验设备冲洗干净，关闭砂泵及搅拌桶。

5）数据处理与分析：

① 将实验结果进行计算并填入表4-13中。

表4-13 螺旋溜槽实验数据记录表

项目	重量 m/g	产率 γ/%	$BaSO_4$品位 β /%	$BaSO_4$量 $\gamma \cdot \beta$/‰	回收率 /%
精矿					
中矿					
尾矿					
给矿					

② 绘出物料在螺旋溜槽分选过程中品位径向的变化曲线。

③ 描述水流在螺旋溜槽中的运动状态，物料在分选过程中的运动轨迹。

④ 为了保证给矿稳定，现需要采取恒压给矿方式。在现有实验装置基础上，你是否能通过作局部改进，达到上述要求，请图示之。

6）思考题：

简述影响螺旋溜槽工作的因素。

4.3.2 非金属矿高梯度磁选试验

普通磁选是在不均匀磁场中利用矿物之间的磁性差异而是不同的矿物实现分离的一种选矿方法，而高梯度磁选机拥有均匀的背景磁场，由于充填了磁介质后，产生非均匀磁场。由于磁介质半径很小，形成的磁场梯度比琼斯型磁选机高 1~2 个数量级，达到了 10^5 T/m，从而使磁场力提高 10~100 倍，从而为有效回收弱磁性矿物提供了可能。

大多数非金属矿物虽然没有磁性，但矿物中却会有诸多磁性杂质，如玻璃陶瓷工业原料石英、长石、高岭土，高温耐火材料硅线石、红柱石、蓝晶石中均含有铁杂质，因此，高梯度磁选机在非金属矿除铁方面广泛应用。并且，部分非金属矿物，如角闪石、云母、电气石、石榴石等具有弱磁性，因此，高梯度磁选机在这些矿物的富集与除杂方面应用也很广泛。

本节以高岭土除铁为例介绍高梯度磁选试验。

（1）实验目的：

1）通过本实验，掌握高梯度磁选的基本原理和操作技能。

2）了解背景场强对产品回收率的影响。

（2）实验原理。料浆从上部给入磁场区内的分选盒，非磁性矿粒随料浆流过介质的缝隙排出，捕集在介质上的磁性矿粒断磁后排出，从而使磁性和非磁性矿粒分离。

（3）主要仪器及耗材：

1）设备。电磁感应小型高梯度磁选机、整流器。

2）用具。分选盒，不锈钢毛（或钢板网）、药物天平、烧杯、脸盆、牛角勺、毛刷。

3）矿样。高岭土。

4）试剂。分散剂（六偏磷酸钠，配制浓度为 0.1%）。

（4）实验内容和步骤：

1）称取高岭土矿样 30g 为一份样（浓度为 43%），共准备四份试样。

2）分选盒按 4% 的充填率装置钢毛，然后将分选盒置于磁场中，按要求测定流过分选盒水的流速。

3）每份试样均按 5% 的浓度配制成矿浆（从配制 5% 浓度中留下 100mL 水作冲洗烧杯之用），每份样加分散剂 8mL（浓度 0.1%），先用磁力搅拌器搅拌 3min 后，然后将矿浆倒至调浆筒内，用留下的 100mL 水洗净烧杯，再启动电动搅拌器，搅拌 3min，使矿浆得到充分的分散。

4）接通电源，调节激磁电流至一定值，排矿端备好盛接非磁性产品容器。

5）给矿：待给矿完毕后，以 500mL 水冲洗分选盒后，将非磁性产品容器移开，换上磁性产品容器后，切断直流电源，用 500mL 水冲洗干净磁性产品。

6）将磁性产品和非磁性产品分别过滤、烘干、称重并装袋。

7）按以上步骤，分别在场强 8kOe，9kOe，10kOe，11kOe，作四次分选试验。

（5）数据处理与分析：

1）按表 4-14 要求项目将试验结果进行计算并填入记录表内。

2）作出场强与磁性产品回收率的关系曲线（场强为横坐标，磁性产品回收率为纵坐标表）并进行分析。

表4-14 高梯度磁选实验结果记录表

实验序号	磁场强度/Oe	产品名称	重量/g	产率/%	白度	Fe$_2$O$_3$品位/%	$\gamma \cdot \beta$/‰	回收率/%	其他条件
1	8k	磁性产品			—				
		非磁性产品							
		给矿							
2	9k	磁性产品			—				l：4%；C：5%；v：1cm/sD：2kg/t
		非磁性产品							
		给矿							
3	10k	磁性产品			—				
		非磁性产品							
		给矿							
4	11k	磁性产品			—				
		非磁性产品							
		给矿							

注：l—钢毛充填率；C—矿浆浓度；v—矿浆流速；D—分散剂用量。

（6）思考题：

1）什么叫背景场强？

2）钢毛为什么会产生高梯度？

4.3.3 非金属矿物电选试验

电选是在高压电场中利用矿物的电性差异使矿物分离的一种物理选矿方法。长石、石墨、锆石、金红石、独居石、绿柱石等均可用电选进行矿物的富集。本节以钾长石为例介绍非金属矿物的电选试验。

（1）实验目的：

1）掌握鼓式电选机分选导体与非导体矿物的原理及分选实践操作。

2）了解鼓式电选机的构造和高压直流电源的主要线路。

（2）实验原理。根据矿物的介电常数不同，矿物在电场力、机械力、离心力和重力的作用下，它们的运动轨迹不同，从而将不同矿物分开。

（3）主要仪器及耗材：

1）设备。XDFF250mm×200mm 实验研究型电选机，结构示意图如图4-2所示。

2）用具。玻璃烧杯、圆瓷盘、毛刷、牛角勺。

3）试样。钾长石、石英，粒度均为 -60 目

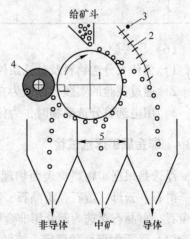

图4-2 鼓式电选机示意图

1—转鼓；2—电晕电极；3—静电电极；

4—毛刷；5—分矿调节格板

+100目。

（4）实验内容和步骤：

1）称取钾长石矿20g，石英80g，混合均匀为1份试样，共制备4份试样。

2）将试样烘干后，分别给入电选机给矿槽。

3）调节电场电压和转鼓转数到给定值15kV和100r/min后，开始给矿。分选完后，重复在20kV、25kV、30kV条件下做三次试验。

4）称取每次试验精矿跟尾矿重量，并对每个产品进行化验，填写在记录表内。

（5）数据处理与分析。计算出表中各项内容，见表4-15。

表 4-15 电选试验结果数据记录表

电选电压/kV	产品名称	产品重量/g	产率/%	品位/%			$\gamma \cdot \beta$/‰			回收率/%		
				K_2O	Na_2O	SiO_2	K_2O	Na_2O	SiO_2	K_2O	Na_2O	SiO_2
15	导体											
	非导体											
	给矿											
20	导体											
	非导体											
	给矿											
25	导体											
	非导体											
	给矿											
30	导体											
	非导体											
	给矿											

（6）思考题：

1）为什么分选物料及分选条件相同，仅电压不同，效果不同？

2）通过试验的实践，你认为直接影响电选机分选效果有哪些主要因素？

3）用电选机分选矿物时，为什么给料要经烘干？

4.3.4 非金属矿浮选试验

浮选是根据矿物颗粒表面物理化学性质的不同，按矿物可浮性的差异进行分选的方法。滑石、云母、萤石、重晶石、高岭土等大部分非金属矿物都可用浮选进行选别，本节以萤石、重晶石浮选为例介绍非金属矿浮选试验。

（1）萤石润湿性的测定—接触角法。

1）实验目的：

① 了解不同的矿物具有不同的天然可浮性。

② 了解矿物表面的润湿性是可以调节的。

③ 从实验认识非金属矿物表面润湿性与可浮性的关系，并通过调节来改变各种矿物表面的润湿性。

④ 了解接触角测定装置的基本结构和工作原理，学会测定物料接触角的基本操作。

2）实验原理。本实验测定方法是：分别在洁净的矿物磨光片表面和经过选矿剂处理的矿物磨光片表面上滴上一个水滴，在固-液-气三相界面上，由于表面张力的作用，形成接触角。然后用聚光灯通过显微镜在屏幕上放大成像，用量角器直接量得接触角的大小。

矿物润湿接触角可以通过屏幕上坐标纸和显微镜测微目镜测得气泡与矿物表面接触直径 L 和气泡高度 H 进行，如图 4-3 所示。

接触角的计算公式为：

$$Q = 2\arctan\frac{L}{2H}$$

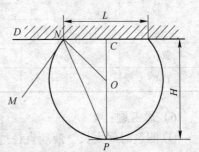

图 4-3　接触角测量计算图

3）主要仪器及耗材。实验主要仪器及耗材：润湿接触角测定仪（见图 4-4），萤石矿物磨光片，石英矿物磨光片，油酸钠，各种玻璃器皿。

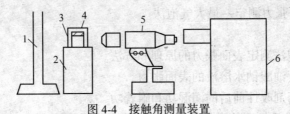

图 4-4　接触角测量装置

1—幕屏；2—载物台；3—玻璃水槽；4—欲测矿物；5—显微镜；6—光泊系统

4）实验步骤：

① 先用洗液洗涤测定用水槽以除去油垢、污物，然后用自来水及蒸馏水先后充分洗净水槽，并装水到规定刻度。

② 调整仪器，测定装置如图 4-4 所示。

以矿物磨光的一面朝下，架在水槽中的有机玻璃支架上，保持水槽载物台和磨光片水平。

接通光源，调到光箱光源——显微镜、目镜在一条直线上，使光线照于待测矿物的屏幕上的投影轮廓清洗明显。

用给泡器自矿物的下表面给予小气泡（各次实验的气泡尺寸应保持相近），同时调整光路使气泡及矿物表面投影清晰。

用量角器测出屏幕上所显示投影中的气泡和矿物表面形成的接触角。方法如下：先找出泡沫圆心，联结接触点，再作此连线的方法；或者通过屏幕上坐标纸得到 L 和 H 值，然后求 Q。

将水槽中蒸馏水倾倒出，重新加入浓度为 0.1% 的油酸溶液，然后将萤石矿置于该药液中 10min 后测定其接触角，测出值记录于表 4-16 内。（还可以用石英再测一次，便于比较）。

用湿绒布摩擦矿物光面（必要时应在毛玻璃上用三氧化铝水冲洗摩擦，或用苯及酒精洗涤以除去表面污垢），然后以清水及蒸馏水冲洗，再置于1%的重铬酸钾溶液中，照前法测定接触角并记录于表4-16。

5）数据记录与处理，见表4-16。

表4-16 数据记录表

矿物	接触角值（Q值）							
	蒸馏水				油酸溶液（0.1%）			
	1	2	3	平均	1	2	3	平均
萤石								
石英								

6）思考题：

① 测量时间太长、液滴直径过大等对测量结果有何影响？

② 为什么说润湿性接触角是度量矿物可浮性好坏的一个重要物理量？

③ 选矿用捕收剂和抑制剂的作用机理是什么？

（2）液面的表面张力测定——最大气泡法。

1）实验目的：

① 掌握最大气泡法测定表面张力的原理和方法。

② 测定不同浓度油酸钠水溶液的表面张力。

③ 计算矿物在药剂改性前后的润湿功和附着功。

2）实验原理。设毛细管的半径为 r 且毛细管刚好浸入液面，则气泡由毛细管中逸出时的最大附加压力为：

$$r' = \frac{r}{2}\Delta h\rho g$$

$$\Delta \rho_m = \frac{2r'}{r} = \Delta h\rho g$$

式中　Δh——U形压力计所显示的液柱高差；

　　　r——U形压力计内的液体密度；

　　　g——重力加速度。对于直径一定的毛细管有：

$$r' = \frac{r}{2}\rho g\Delta h = K\Delta h$$

该式是最大泡压法测定表面张力的基本关系式。式中 K 称为仪器常数。其值可用已知表面张力的液体（如水）标定出。

3）实验仪器及耗材。最大气泡压力法表面张力测定装置（见图4-5）、萤石矿物磨光片、石英矿物磨光片、油酸钠、各种玻璃器皿。

4）实验步骤：

① 仪器常数的标定。将毛细管1和试管2用洗液及蒸馏水洗净，要求玻璃上不挂水

珠；在试管 2 中加入少量蒸馏水。装好毛细管，使其尖端刚好与液面相接触；在滴水管 5 内装入清水，缓缓打开其下部止水夹，使其慢慢滴水，由于系统内压力降低，压力计则显示出压力差，毛细管 1 便会逸出气泡；气泡形成时压力差增大，待增大至气泡的曲率半径与毛细管的半径相等时，压力差应为最大；此最大压力差即为 Δh，可由压力计测量出。实验测量出 Δh 和温度，查出相应温度下纯水的表面张力 γ_{H_2O}，便可算出仪器常数 K。

② 待测溶液的测定。分别将实验开始前配制的油酸钠水溶液倒入试管 2 中，按照如前所述的操作方法进行测量。每换一种溶液都必须将毛细管 1 和试管 2 清洗干净。利用已得到的仪器常数，即可求出各待测溶液在实验温度下的表面张力。

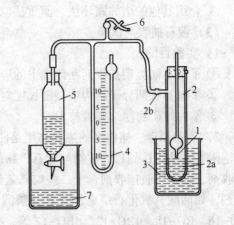

图 4-5 最大气泡压力法表面张力测定装置
1—毛细管；2—有支管的玻璃试管
（内装有溶液 2a，支管 2b 与压力计及控压系统相连）；
3—恒定 2a 温度的水槽；4—双管压力计；
5—滴水压力系统；6—体系压力调整夹子；7—烧杯

实验过程温度要相对稳定，仪器常数则可认定为恒定。将液-气界面张力值记入表 4-17。

5）数据记录及计算，见表 4-18。

表 4-17　液-气界面张力测定记录　　　　　T：_____ ℃

条件	测定次数	h_1	h_2	$\Delta h = h_1 - h_2$	$\gamma_{LG} = K\Delta h$
蒸馏水	1				
	2				
	3				
	平均				
油酸钠	1				
	2				
	3				
	平均				

表 4-18　润湿功与附着功的计算　　　　γ_{LG} = _____ 达因/厘米

磨光片	条 件	θ	$W_{SL} = \gamma_{LG}(1+\cos\theta)$	$W_{SG} = \gamma_{LG}(1-\cos\theta)$
萤石	与药剂作用前			
萤石	与药剂作用后			

6）思考题：

① 如果气泡形成的速度过快，对测量结果有何影响？

② 如果毛细管末端插入溶液测量可以吗，为什么？

③ 介绍其他的诸如圈环法、滴重法、毛细管法等测定表面张力的原理。

（3）萤石捕收剂试验。

1）实验目的：

① 了解不同类型捕收剂在浮选中的应用。

② 了解捕收剂分子结构中烃链长度对捕收能力的影响。

③ 掌握纯矿物浮选实验技术。

2）实验原理。捕收剂的主要作用是使目的矿物表面疏水，增加可浮性，使其易于向气泡附着，从而达到目的矿物与脉石矿物的分离。萤石浮选常用捕收剂有脂肪胺类阳离子捕收剂，如十二胺捕收剂、十二胺烷基氯化铵等；有脂肪酸类、膦酸类、肿酸类阴离子捕收剂，如油酸、氧化石蜡皂、苄氨基膦酸、甲苄肿酸等；有氨基羧酸类两性捕收剂，如RO-16、RO-18、4RO-12、6RO-12等。

3）实验仪器及耗材。主要设备为5~35g型挂槽式浮选机。

药剂：油酸、氧化石蜡皂、RO-16、十二胺、2号油。

矿样：萤石纯矿物。

4）实验步骤：

① 首先调整好浮选槽的位置，使叶轮不与槽底和槽壁接触，要调到充气良好，并且在各次实验中保持不变。

② 称5g矿样放入浮选槽，然后往槽中加水至隔板的顶端，开动浮选机搅拌1min，使矿粒被水润湿，然后按加药顺序加入药剂进行搅拌，搅拌之后插入挡板待泡沫矿化后，计时刮泡。

③ 泡沫产品刮入小瓷盆，然后经过滤、干燥、称重后、将数据计算填入表内，因为所用的是纯矿物，故矿样不用化验，只要称出精矿和尾矿重量，即可算出回收率。

④ 实验中要注意测定矿浆温度和pH值。

⑤ 实验流程，如图4-6所示。

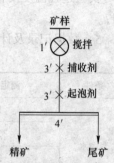

图4-6 捕收剂实验流程图

5）数据记录及计算，见表4-19。

表4-19 萤石浮选实验记录表

捕收剂种类 浮选条件	油酸	氧化石蜡皂	RO-16	十二胺
试样重量/g	5	5	5	5
捕收剂及用量/mg·L⁻¹	15	15	15	15
气泡剂及用量/mg·L⁻¹	2号油（10）	2号油（10）	2号油（10）	2号油（10）
矿浆pH值				
矿浆温度/℃				
精矿重量/g				
尾矿重量/g				
合计/g				
精矿回收率/%				
备 注				

6）思考题：

① 说明不同类型捕收剂在浮选中的应用。

② 说明捕收剂分子中烃链长度对捕收能力的影响。

（4）重晶石调整剂试验。

1）实验目的：

① 了解抑制剂和活化剂的性能及其在矿物浮选中的应用。

② 掌握纯矿物浮选的实验技能。

2）实验原理。浮选是在气-液-固三相界面分选矿物的科学技术。每种矿物，其天然可浮性是有很大差别的，如何利用浮选来分选各种天然可浮性不同的矿物，主要是采用浮选药剂（包括捕收剂、pH 调整剂、抑制剂、活化剂等）来改变矿物的可浮性，从而使矿物得到分离。

抑制剂的抑制作用主要表现在阻止捕收剂在矿物表面上吸附，消除矿浆中的活化离子，防止矿物活化；以及解吸已吸附在矿物上的捕收剂，使被浮矿物受到抑制。而活化剂的活化作用，与抑制剂相反，它可以：

① 增加矿物的活化中心，即增加捕收剂吸附固着的地区。

② 硫化有色金属氧化矿表面，生成溶解度积很小的硫化薄膜，吸附黄药离子后，矿物表面疏水而易浮。

③ 消除矿浆中有害离子，提高捕收剂的浮选活性。

④ 消除亲水薄膜。

⑤ 改善矿粒向气泡附着的状态。因此，如何正确使用抑制剂和活化剂，对改善矿物（特别是硫化矿物）浮选行为，提高矿物分选指标等都非常重要。

常用的重晶石抑制剂有栲胶、淀粉、糊精、木素磺酸钠等聚合碳水化合物，硅酸钠、Na_2CO_3、硫酸盐、$(NaPO_3)_6$，Fe^{3+} 和 Al^{3+} 等无机盐以及由它们之间的混合使用形成的组合抑制剂；常用的重晶石活化剂有 Ba^{2+} 和 Pb^{2+} 的无机盐。

3）实验仪器及耗材。主要设备为 5~35g 型挂槽式浮选机。

药剂：油酸、硅酸钠、氯化钡、2 号油。

矿样：重晶石纯矿物。

4）实验步骤：

① 首先调整好浮选槽的位置，使叶轮不与槽底和槽壁接触，要调到充气良好，并且在各次实验中保持不变。

② 称 5g 矿样放入浮选槽，然后往槽中加水至隔板的顶端，开动浮选机搅拌 1 分钟，使矿粒被水润湿，然后按加药顺序加入药剂进行搅拌，搅拌之后插入挡板待泡沫矿化后，计时刮泡。

③ 泡沫产品刮入小瓷盆，然后经过滤、干燥、称重后将数据计算填入表内，因为所用的是纯矿物，故矿样不用化验，只要称出精矿和尾矿重量，即可算出回收率。

④ 实验中要注意测定矿浆温度和 pH 值。

⑤ 实验流程如图 4-7 所示。

图 4-7 重晶石浮选试验流程图

⑥ 每次试验药剂用量见表4-20。

表4-20 试验药剂制度

药剂名称 试验序号	硅酸钠 /mg·L⁻¹	氯化钡 /mg·L⁻¹	油酸 /mg·L⁻¹	2号油 /mg·L⁻¹
1	0	0	50	15
2	500	0	50	15
3	1000	0	50	15
4	1000	500	50	15
5	1000	1000	50	15

5) 数据记录及计算，见表4-21。

表4-21 重晶石浮选试验记录表

试验序号	泡沫产品质量/g	槽内产物质量/g	回收率/%	
			泡沫产物	槽内产物
1				
2				
3				
4				

6) 思考题：

① 加硅酸钠浮选时，重晶石可浮性有什么变化，为什么？

② 加氯化钡浮选时，重晶石可浮性有什么变化，为什么？

(5) 萤石起泡剂性能测定。

1) 实验目的：

① 测定起泡剂的性质，浓度与气泡强度，泡沫体积的关系，比较几种起泡剂的性能；

② 熟悉起泡剂性能测定的方法。

2) 实验原理。起泡剂性能是指起泡剂溶液在一定的充气条件（流量和压力）下，所形成的泡沫层高度和停止充气至泡沫完全破灭的时间（即消泡时间）。消泡时间表征泡沫的稳定性。

3) 实验仪器及耗材：

① 起泡剂性能测定装置一套（见图4-8）秒表一块，玻璃棒两根，100mL烧杯两个，100mL量筒两个，5mL注射器两个。

② 起泡剂：2号油、丙醇、丁醇。

4) 实验步骤：

① 用洗液清洗本实验所用泡沫管、烧杯、量筒等，并依图4-8所示安装实验设备，配合良好，严密封好。

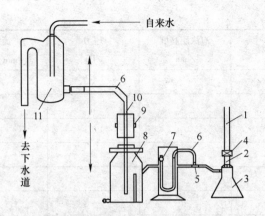

图 4-8 起泡剂性能测定装置

1—泡沫管；2—过滤器；3—烧瓶；4—胶皮环；5—三通管；6—胶皮管；
7—气压计；8—瓶；9—阀；10—连接玻璃管；11—压力瓶

② 将 2 号油配成 5、10、20mg/L 的水溶液，并充分搅拌。

③ 打开自来水管，使压力瓶 11 内保持一定高度的水平面，然后将阀门 9 旋开，使水由压力瓶 11 流入瓶 8，（其流量每次试验均应保持恒定）从而把瓶 8 空气排入烧瓶 3，并通过滤器 2 进入泡沫管 1。

④ 将浓度为 5mg/L 的起泡剂水溶液 50mL 倒入泡沫管 1 中。

⑤ 当气压计指出瓶内空气压力到过滤所需的数值时，气泡开始在泡沫管 1 内出现，并积累成泡沫柱；等其高度达稳定时，记录泡沫柱高度，气压计压力、空气量等数值。

已知 t min 流入瓶 8 之水量为 Q mL，则其空气量为：$V = Q/t$ mL/min。在比较各种起泡剂性能时，空气量应保持不变。若空气量不易测定则在严格稳定空气压力。

⑥ 在泡沫柱达稳定高度的同时，同夹子夹紧胶皮管 6，并停止给水，用秒表记录泡沫开始破灭到终了所需的时间（即泡沫寿命）。重复三次取平均值记录于表 4-22。

⑦ 用浓度为 10、20mg/mL 的 2 号油水溶液 50mL 依上述步骤分别进行实验，并将结果记录于表 4-22。

⑧ 依上步骤用丙醇、丁醇各配成 20mg/L 水溶液分别进行一次实验，并记录于表4-22。

5) 数据记录及计算，见表 4-22。

表 4-22 实验记录表

起泡剂	测定次数	泡沫层高度 /mm	压力 /Pa	流量 /mm·s⁻¹	泡沫寿命 /s
2 号油					

起泡剂	测定次数	泡沫层高度 /mm	压力 /Pa	流量 /mm·s⁻¹	泡沫寿命 /s
丙醇					
丁醇					

6) 思考题:

① 浮选时起泡剂有哪些基本要求?

② 常用的起泡剂有哪几类,实验所用的起泡剂属哪种类型?

4.3.5 非金属矿深加工试验

4.3.5.1 矿物差热分析

(1) 实验目的:

1) 了解差热分析的基本原理及仪器装置。

2) 学习使用差热分析方法鉴定未知矿物。

(2) 基本原理。差热分析(DTA)是研究相平衡与相变的动态方法中的一种,利用差热分析曲线的数据,工艺上可以确定材料的烧成制度及玻璃的转变与受控结晶等工艺参数,还可以对矿物进行定性、定量分析。

差热分析的基本原理:在程序控制温度下,将试样与参比物质在相同条件下加热或冷却,测量试样与参比物之间的温差与温度的关系,从而给出材料结构变化的相关信息。

物质在加热过程中,由于脱水,分解或相变等物理化学变化,经常会产生吸热或放热效应。差热分析就是通过精确测定物质加热(或冷却)过程中伴随物理化学变化的同时产生热效应的大小以及产生热效应时所对应的温度,来达到对物质进行定性和定量分析的目的。

(3) 实验设备及材料:

1) 差热分析仪是将差热分析装置中的样品室、温度显示、差热信号采集及记录全部自动化的一种分析仪器。

2) 依据组合方式的不同,仪器有 DTA-TG 型和 DTA-DSC(Differential Scanning Calorimeter)型,有的综合差热分析还可以同时测定加热过程中材料的热膨胀、收缩、比热等。

（4）实验步骤与操作技术：

1）如图4-9所示，检查装置的连接情况。

2）接通检流计照明电源，调好零位。用手轻轻触摸差热电偶-热端，观察检流计偏转方向。向右偏转定为放热效应，向左偏转为吸热效应。

3）试样（石膏）放在向右偏转的热端对应的样品座内，中性物质（$\alpha-Al_2O_3$）放在另一个样品座内，样品装填密度应该相同。

4）将样品座内置于加热炉的炉膛中心，否则会造成基线偏移，差热曲线变形。

5）根据空白曲线的升温速率（一般大约10℃/min）升温。每隔10~20℃记录检流计读数和温度。检流计最大偏转时的温度（差热曲线峰顶或谷底温度）一定要记录下来，否则影响差热曲线的形状。石膏试样升温至300℃即可。

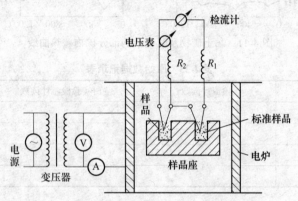

图4-9　差热分析装置示意图

（5）数据处理与分析：

1）以原始数据记录表（见表4-23）的形式记录原始数据，以原始数据减去空白实验数据得出校正后的检流计读数，并以校正后检流计读数为纵坐标，温度为横坐标，绘制出差热曲线，如图4-10所示。

若所测的矿物是未知矿物，则与标准图谱比较即可鉴定该矿物。常见黏土类矿物的差热曲线如图4-11所示。

2）根据理论教学内容阐述热分析技术在矿物加工工程中的应用，根据实验结果，分析、测试实验中的现象。

3）编写实验报告。

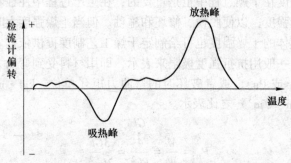

图4-10　差热曲线（示例）

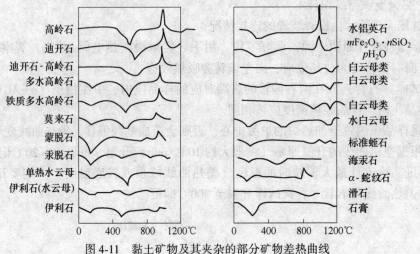

图 4-11　黏土矿物及其夹杂的部分矿物差热曲线

表 4-23　原始数据记录表

温度/℃	检流计读数	空白实验检流计读数	校正后检流计读数

（6）思考题：

1）和静态分析方法相比较，差热分析这种动态方法有什么优缺点？

2）如何保证差热分析数据的准确性？

3）在矿物热分析方面还有哪些常见的分析方法，其基本原理如何？

4.3.5.2　黏土或坯体干燥强度测定试验

（1）实验目的：

1）了解黏土或胚体干燥强度的变化规律。

2）了解调节黏土或胚体干燥强度的各种措施。

3）掌握测定黏土或培土干燥强度的实验原理及方法。

（2）基本原理。在陶瓷生产中，搬运由可塑胚料成型的胚体时要求具有较好的干燥强度。此外，干燥强度在干燥过程中也是重要的，在生产过程中往往希望能将坯体尽快干燥，产生较高的干燥强度，以便脱模、修坯和施釉。但当干燥强度大时，坯体容易变形或开裂。因此，测定坯体的干燥强度也可给制定干燥工艺制度提供依据。

黏土的干燥强度一般用抗折强度极限来表示，即用材料受到弯曲力作用破坏时的最大应力（单位：kgf/cm^{2}或 Pa），或者破坏时的弯曲力矩（单位：kgf·m 或 N·m）与折断处截面阻力力矩（cm^{3}或 m^3）之比表示。

$$P_{\mu} = \frac{M}{W} = \frac{\dfrac{Gl}{4}}{\dfrac{bh^2}{6}} = \frac{3Gl}{2bh^2}$$

式中 M——弯曲力矩，kN·m；

      W——阻力力矩，m³；

      G——试样折断瞬间的负荷重力，kN；

      l——支撑力刀口之间的距离，m；

      b——试样的宽度，m；

      h——试样的高度，m；

      P_μ——试样的抗折强度，kPa。

（3）实验设备及材料：

1）电动抗折仪，如图 4-12 所示。

2）游标卡尺。

3）试样的制备：用真空练泥机挤制出来的泥段，制成所需试样。根据产物的不同，所制成的试样尺寸要求也不同。

① 细陶瓷工业采用的试样是直径为 10~16mm、长 120mm 的圆柱或截面呈正方形的方柱体 10mm×10mm×120mm，均采用真空练泥机挤坯成型或在模型中成型。

② 当进行粗陶坯泥实验时，采用 20mm×20mm×120mm 或 15mm×15mm×120mm 的截面呈正方形的方柱体，试样用可塑法在石膏模或木模中成型，或在金属膜中压制成型。

③ 在无线电陶瓷业工业中，采用的试样是直径为 (7±1) mm、长为 65mm 的圆棒或截面呈正方形的方柱体 (7mm×7mm×60mm)，试样用热压铸法成型，或用半干压法成型。

以上试样制备时的条件（如对坯泥的要求，成型的方法或烧结条件）均应与制品生产条件一致或相近。

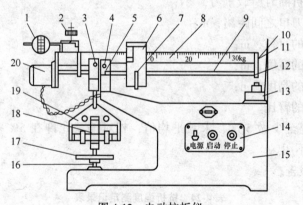

图 4-12　电动抗折仪

1—配重砣；2—感量砣；3—悬挂刀座；4—固定刀座；5—固定刀座挡板；6—游砣；7—压杆；8—重尺；
9—丝杆；10—定位板；11—指针；12—吊板；13—微动开关；14—操纵箱；15—底座；
16—升降杆；17—手砣；18—下夹具；19—上夹具；20—电机

（4）实验步骤与操作技术：

1）打开电源开关，接通电源。

2）调整零点（调整配重砣，使游砣在"0 位"上，主杠杆处于水平位置）。

3）清除夹具上圆柱表面黏附的杂物，将试样放入抗折夹具内，并调整夹具，使杠杆在试样折断时接近平衡状态。

4）按动启动按钮，指示灯亮（红），电机带动丝杠转动，游砣移动加载，当加到一定数值时，试样折断，主杠杆一端定位针压合微动开关，电机停转，记下此数值。

5）按压游砣上的按钮，推游砣回到"0位"。

6）用游标卡尺量取折断部尺寸，从不同方向测定两次，取其平均值。

7）本实验至少应测定5个试样。

（5）实验注意事项

1）试样与刀口接触的两面应保持平行，与刀口接触点需平整光滑。

2）当安装试样时，试样表面与刀口接触只呈紧密状态，而不应受到任何弯曲负荷，否则引起结果偏低。

3）试样折断处的尺寸应测量准确。

（6）数据记录与处理

1）将有关数据记入抗折强度测定记录表（见表4-24）中。

2）抗折强度的计算。

① 圆形试样

$$P_\mu = \frac{8G_0 l}{\pi D^3}K \approx 2.5\frac{G_0 l}{D^3}K$$

②方形试样

$$P_\mu = \frac{3G_0 l}{2bh^2}K$$

式中　　P_μ——抗折强度，kPa；

　　　　G_0——试条折断时所载重力，kN；

　　　　l——支撑刀口之间距离，m；

　　　　D——试条的直径，m；

　　　　b——试条的宽度，m；

　　　　h——试条的高度，m；

　　　　K——杠杆的臂比。

3）每种实验应至少做5次，求其平均值，相对偏差允许在5%～10%范围内，超过10%的结果应弃之不用。

4）编写实验报告。

表4-24　抗折强度测定记录表

试样名称			测定人			测定日期	
试样规格			支撑刀口间距/m			杠杆的臂长比值 K	
编号	试条折断处截面的尺寸		断裂荷重力 G_0/kN	抗折强度 /kPa	平均值 P_μ/kPa	绝对误差 $S = P_C - P_\mu$	相对误差 $= S/P_C \times 100\%$
	高 h/m	宽 b/m					
1							
2							
3							
4							
5							

（7）思考题：

1）影响黏土干燥强度的一些因素及其原因分析。

2）测定黏土或陶瓷坯料干燥强度的目的是什么？

4.3.5.3 矿物煅烧（热分解）试验

（1）实验目的：

1）加深对矿物煅烧理论的认知和理解，理解主要煅烧矿物过程的实质，掌握矿物煅烧温度与性质、应用性能之间的关系及其影响规律。

2）了解煅烧炉的构造、工作原理、掌握矿物煅烧的操作方法及操作要领，熟悉设备操作、入料、取料、温度调节等实验方法。

3）了解不同矿物煅烧热分解温度，了解矿物煅烧过程的各种影响因素及其影响规律，掌握矿物煅烧结果的分析方法。

（2）基本原理。矿物煅烧是非金属矿产深加工的一个重要工艺技术，根据不同矿物及其性质分析，采用合适的煅烧条件，制备煅烧产物，并对产物性能进行分析研究，是矿物加工工程专业本科毕业生的重要基本技能和提高素质的实际训练过程。

热分解是矿物晶体分子结构在热处理过程中发生分解的热化学反应，工艺学上称为煅烧（轻烧）。各种矿物的热分解温度十分重要。具体矿物要根据差热分析（DTA）结果，通过实验分析、研究确定。

热分解分为 4 个阶段：

1）热分解脱水。热分解脱水是指在热状态下，使矿物分子内部的结合水分解排出的过程。不同矿物的结合水脱水失重曲线差异很大。矿物在低温下，脱出大量结构水与结晶水，但是还是保留部分结构水与结晶水，直到更高温度时，才能全部脱出。

2）氧化分解反应。当矿物在煅烧时，发生分解反应，不同矿物分解温度不同。

3）分解熔融。分解熔融是指在矿物加工及其制品生产中，异元熔融化合物，即某些硅酸盐矿物在高温下热解，转变成新的洁净矿物，同时产生具有补充组分的液相，这类矿物在相律上，叫做异元熔融化合物。

4）熔融。熔融是将固体矿物或岩石在熔点条件下，转变为液相高温流体的工艺过程。① 单一组分熔融。单一组分熔融是将单一组分的高纯度氧化物用电弧炉或高频电炉熔融，以获得稳定的结晶块。② 复合组分的熔融。复合组分的熔融是指由两种以上的被熔融物经过相互熔融（在熔融状态下相互混合），使之发生高温反应的工艺过程。

（3）实验设备及材料：

1）颚式破碎机。

2）箱式电阻炉。

3）YQ-Z48A 白度仪，X 射线衍射（XRD）仪，扫描电镜（SEM）分析仪。

4）干燥皿，瓷舟 10~15 个，送取样钳。

5）煤系高岭土、石灰石、白云石等矿物。

（4）实验步骤与操作技术：

1）认真熟悉、掌握相关仪器、设备安全操作规程并认真阅读使用说明书。

2）试样的制备。根据实验目的的选择高岭土或石灰石、白云石等矿物，破碎至合适粒度，高岭土为粉状或 10~20mm 颗粒状；石灰石、白云石为 10~20mm 颗粒状。

3）煅烧实验。

① 验证性实验。

Ⅰ 按煅烧炉使用要求，将炉温升至预定温度；

Ⅱ 待温度稳定后，打开炉门，将被煅烧物料放入瓷舟内，用送取样钳将盛装煅烧物料的瓷舟放入煅烧室内，进行要求时间的煅烧；

Ⅲ 达到计划时间后，打开炉门，用送取样钳将盛装煅烧物料的瓷舟取出。

② 探索性实验。

根据不同煅烧温度实验计划，设定煅烧温度，分组进行煅烧，当达到计划温度时，迅速取出煅烧样品，其余实验步骤同上。

（5）实验注意事项：

实验前仔细阅读各设备的使用要求，实验中严格按照煅烧炉使用方法操作，严防烫伤、烧伤。

（6）数据处理与记录：

1）根据不同实验目的和内容将相关数据填入高岭土非晶化温度分析表（见表4-25）和不同的煅烧温度、煅烧时间对高岭土白度的影响表，见表4-26。

2）根据原理和产物的 X 射线衍射分析及扫描电镜分析结果，分析煅烧条件对矿物物相转变和提高矿物化学反应活性的影响。

3）绘制850℃下煅烧时间-白度图及2.0h下的煅烧温度-白度图，分析煅烧条件对产物白度的影响。

4）编写实验报告。

表 4-25　高岭土非晶化温度分析表

原料产地：　　　　　　入料粒度范围：　　　　　　煅烧设备：

序号	煅烧温度/℃	煅烧时间/h	X 射线衍射分析结果		扫面电镜分析结果	
			原料	产物	原料	产物
1	500	1				
2	550	1				
3	600	1				
4	650	1				
5	700	1				
6	750	1				
7	800	1				
8	850	1				
9	900	1				
10	950	1				

表 4-26 不同的煅烧温度、煅烧时间对高岭土白度的影响表

原料产地： 入料粒度范围： 煅烧设备：

时间/h \ 温度/℃	700	750	800	850	900	950	1000
0.5							
1.0							
1.5							
2.0							
2.5							
3.0							

（7）思考题：

1）试述矿物煅烧在矿物加工工程中的意义。

2）说明不同矿物煅烧热分解温度及其对矿物煅烧工程实践的意义。

3）矿物煅烧过程中的影响因素及其规律有哪些？

4.3.5.4 黏土-水系统 ζ 电位测定

（1）实验目的：

1）了解固体颗粒表面带电原因，表面电位大小与颗粒分散特征、胶体物系稳定性之间的关系。

2）了解黏土粒子的荷电性，观察黏土胶粒的电泳现象。

3）掌握通过测定电泳速率来测量黏土-水系统 ζ 电位的方法，进一步熟悉 ζ 电位与黏土-水系统各种性质关系。

（2）基本原理。ζ 电位是固-液界面电位中的一种，其值的大小与固体表面带电机理、带电量的多少密切相关，直接影响固体微粒的分散性、胶体物系的稳定性。对于陶瓷泥浆系统而言，当 ζ 电位高时，泥浆的稳定性好，流动性、成形性能也好。

在非金属矿加工与硅酸盐工业中经常遇到泥浆、泥料系统。泥浆与泥料均属于黏土-水系统。它是一种多相分散物系，其中黏土分为分散相，水为分散介质。由于黏土颗粒表面带有电荷，在适量电解质作用下，泥浆具有胶体溶液的稳定特性。但因泥浆粒度分布范围很宽，就构成了黏土-水系统胶体化学性质的复杂性。

固体颗粒表面由于摩擦、吸附、电离、同晶取代、表面断键、表面质点位移等原因而带电。带电量的多少与发生在固体颗粒和周围介质接触界面上的界面行为、颗粒的分散与团聚等性质密切相关。当带电的固体颗粒分散于液相介质中时，在固-液界面上会出现扩散双电层，有可能形成胶体物系，而 ζ 电位的大小与胶体物系的诸多性质密切相关。固体颗粒表面的带电机理，表面电位的形成机理及控制等是现代材料科学关注的焦点之一。

根据胶体溶液的扩散双电层理论，胶团结构由中心的胶核与外围的吸附层和扩散层构成。胶核表面与分散介质（即本体溶液）的电位差为热力学电位差。吸附层表面与分散介质之间的电位差即 ζ 电位，如图 4-13 所示。

带电胶粒在直流电场中会发生定向移动，这种现象称为电泳。根据胶粒移动的方向可

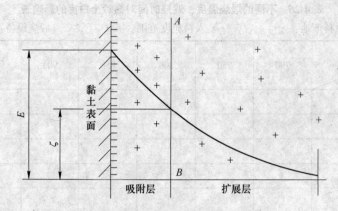

图 4-13 ζ 电位和胶团结构示意图

以判断胶粒带电的正负，根据电泳速度的快慢，可以计算胶体物系的 ζ 电位的大小。进而达到控制工艺过程的目的。

DPW-1 型微电泳仪测量 ζ 电位的原理，如图 4-14 所示。

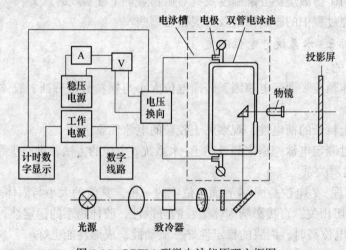

图 4-14 DPW-1 型微电泳仪原理方框图

胶体分散相在直流电场作用下定向迁移，胶粒通过光学放大系统将其运动情况投影到投影屏上。通过测量胶粒泳动一定距离所需要的时间，计算出电泳速率。依据赫姆霍茨方程即可计算出 ζ 电位。

$$\zeta = 300^2 \times \frac{4\pi\eta v}{\varepsilon E}$$

式中　ε——介电常数，它们都是温度的函数；

　　　v——电泳速率；

　　　E——电泳梯度（其值等于两端电压 U 除以电泳池的长度 L），根据欧姆定律：

$$E = U/L = IR/L = i/(\lambda_0 A)$$

式中　R——电阻，$R = \rho L/A$；

　　　A——电泳池测量管截面积；

　　　λ_0——电导率，$\lambda_0 = 1/\rho$；

i——通过电泳池测量管的电流，其值可以通过电流表读得的电流值 I 乘以因子 $1/f$ 得到，即 $i=I/f$。因此，$E=I/(f\lambda_0 A)$。

将 E 代入赫姆霍茨方程，可得

$$\zeta = (300^2 \times 4\pi\eta/\varepsilon) \times (fA) \times v\lambda_0/I$$

令 $C=300^2 \times 4\pi\eta/\varepsilon$（其值是一个与温度有关的常数，见表 4-27）；$B=Fa$（其值取决于电泳池结构的仪器常数，标于仪器上），则有

$$\zeta = Cv\lambda_0 B/I$$

考虑到 $C \sim T$（C 值 ~ 温度）对应关系中物理量单位以及仪器常数中有关单位的限制，上式中各物理量的单位：v 为 $\mu m/s$；λ_0 为 $\Omega^{-1} \cdot cm^{-1}$；$\zeta$ 为 Mv。

（3）实验设备及材料：

1）DPW-1 型微电泳仪（也可用 BDL-B 型表面电位粒径仪测试）1 台。

2）DDS-II 型电导率仪 1 台。

3）托盘天平 1 台。

4）玻璃杯，玻璃研钵，温度计，pH 试纸等。

5）氯化钠溶液（$0.1mol \cdot L^{-1}$）1 瓶，氢氧化钠溶液（$0.01mol \cdot L^{-1}$）1 瓶，蒸馏水若干，黏土试样 1 瓶。

（4）实验步骤与操作技术

1）样品制备

称取 0.2g 黏土试样，置于研钵内研磨 5min 后放入玻璃烧杯内，加入氯化钠水溶液至 250mL，再加入氢氧化钠溶液调节 pH 值为 8。

2）电导率（λ_0）及温度测量

接通电导率仪电源，把电极置于盛有胶体溶液的烧杯内，将测量-校正开关置于校正位置，转动调节旋钮使表头指针达到满刻度。然后把测量-校正开关至于测量位置，调节倍率旋钮使表头有明显读数，电导率值由表头读数乘以倍率而得。测量完毕取出电极置于盛有蒸馏水的烧杯内，关掉电导率仪电源。在测量电导率的同时，将温度置于胶体溶液内读取温度并查表 4-27，得出 C 值。

表 4-27 不同温度下的 C 值（分散介质为水溶液）

温度 $T/℃$	C 值	温度 $T/℃$	C 值	温度 $T/℃$	C 值
0	22.99	16	15.36	32	11.40
1	22.34	17	15.04	33	11.22
2	21.70	18	14.72	34	11.04
3	21.11	19	14.42	35	10.87
4	20.54	20	14.13	36	10.70
5	20.00	21	13.86	37	10.54
6	19.49	22	13.56	38	10.39
7	18.98	23	13.33	39	10.24
8	18.50	24	13.09	40	10.09
9	18.05	25	12.85	41	9.93

温度 T/℃	C 值	温度 T/℃	C 值	温度 T/℃	C 值
10	17.61	26	12.62	42	9.82
11	16.79	27	12.40	43	9.68
12	16.42	28	12.18	44	9.55
13	16.20	29	11.88	45	9.43
14	16.05	30	11.78	46	9.31
15	15.70	31	11.48	47	9.19

3）测量电泳速率：

① 清洗电泳池。

② 注入胶体溶液，注入时应缓慢，避免产生涡流或气泡。若不加电场时胶粒在水平方向有运动，表明电泳池内有气泡，通过反复抽动可消除气泡。

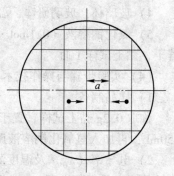

③ 测量电泳速率：电压调至 200V 左右。按复零开关，选择投影屏中心线附近的胶粒，按正向开关或反向开关使胶粒对准一根垂直线。按正计开关（此时右端电极为正极），胶粒运动一个格子（100μm）后，按反计开关，使胶粒返回出发点。再按正计开关，如此反复，使胶粒在一个格子间往返五次（见图 4-15）。则胶粒运动距离为（10×100）μm，记录所用时间，计算出电泳速度。重新选择胶粒，重复上述步骤，共测 5~6 个胶粒，计算平均值。

④ 记录电流值。按下正向开关，选择适当的倍率，记录电流值 I。

图 4-15　胶粒在投影屏上往返示意图

⑤ 记录仪器常数 B 值。

⑥ 抽出胶体溶液，用蒸馏水清洗电泳池，最后注入蒸馏水保护电极。

（5）数据记录与处理：

1）将各种数据进行整理，记录在实验数据表 4-28 中。

2）根据实验结果，用公式 $\zeta = Cv\lambda_0 B/I$ 计算 ζ 电位。

3）编写实验报告。

表 4-28　实验数据表

胶粒编号	C 值	B 值	电流值 I/mA	平均时间/s	平均速度/μm·s^{-1}	电位/mV	胶粒电性
1							
2							
3							
4							
5							
⋮							

（6）思考题：

1）影响电泳速率的因素有哪些？

2）影响 $\zeta-C$ 电位的因素有哪些？

3）黏土带什么电荷？它会带相反的电荷吗？为什么？

4）简述矿物的水化作用及其双电层电位在矿物加工工程中的意义和应用。

4.4 "研究方法试验"实践教学指导

4.4.1 试样的制备及物理性质测定

（1）实验原理。参照矿石可选性研究中的试样加工制备及试样工艺性质的测定。

（2）实验要求：

1）掌握非金属矿石试样的制备方法。

2）使用试样最小必须量公式 $Q=kd^2$ 制定非金属矿石缩分流程，确定单份试样的粒度重量要求。

3）掌握非金属矿石堆积角、摩擦角、假比重、含水量的测定方法。

（3）主要仪器及耗材。实验过程中采用的主要仪器及耗材为实验室型颚式破碎机、对辊式破碎机、振动筛、铁锹、天平、罗盘、铁板、木板、水泥板、样板等取样工具。

（4）实验内容和步骤：

1）制定非金属矿石的缩分流程，确定出试样的最小必须量。

2）根据缩分流程，将非金属矿石破碎、筛分成满足需要的诸多单份试样，以供化学分析、岩矿鉴定及单元试样项目使用。

3）根据堆积角测定方法，测定非金属矿石的堆积角。

4）根据摩擦角测定方法，测定非金属矿石的摩擦角。

5）根据假比重测定方法，测定非金属矿石的假比重。

6）根据矿石含水量的测定方法，测定非金属矿石的含水量。

（5）数据处理与分析。将试验结果如实填写在记录本上。

（6）实验注意事项。试验过程中，非金属矿石的各工艺性质应多次测定，最后取平均值作为最终数据；对于出现特殊情况的数据应检查测定方法是否正确，分析其原因后重新测定。

（7）思考题：

1）什么是摩擦角、堆积角及假比重，如何测定？

2）如何编制试样缩分流程，试样加工操作包括哪几道工序？

4.4.2 探索性试验

（1）实验原理。参照矿石可选性研究中的浮选试验。

（2）实验要求：

1）掌握非金属矿石磨矿曲线的绘制。

2）掌握油类药剂添加量的计算。

3）学会非金属矿石浮选试验前的准备工作。

4）学会观察非金属矿石的浮选现象，熟练对非金属矿浮选产品进行脱水、烘干、称重、制样、化验等环节的工作。

（3）主要仪器及耗材。实验过程中采用的主要仪器及耗材为实验室小型球磨机、200目标准泰勒筛、分析天平、普通天平、浮选机、过滤机、烘箱、装矿盆、洗瓶及制样工具等。

（4）实验内容和步骤：

1）进行不同时间的非金属矿石磨矿试验，得到的磨矿产品采用 200 目标准筛筛分；根据磨矿筛分试验结果绘制非金属矿石磨矿曲线（非金属矿石磨矿细度与磨矿时间的关系曲线）。

2）测定一滴油类药剂（如 2 号油）的重量。

3）按步骤开展浮选试验的准备工作，检查设备的性能与正常使用情况，检查试验时各类药剂、器具及人员的配置情况。

4）采用非金属矿石常用捕收剂（氧化石蜡皂等）浮选非金属矿物，观察浮选现象及试验过程，分析各类现象的原因。

5）将浮选产品过滤脱水、烘干、称重、制样、送检。

6）根据化验结果计算试验指标。

（5）数据处理与分析。将试验结果如实填写在记录本上。

（6）实验注意事项。试验过程注意详细观察试验现象，试验准备工作应详尽到位，送检产品应根据制样步骤采取代表性试样。

（7）思考题：

1）为什么要做非金属矿石磨矿曲线试验？

2）实验室球磨机的操作步骤和注意事项是什么？

3）非金属矿石磨矿时，矿石、水、药的添加顺序如何？

4）预先探索性试验的目的是什么？

4.4.3 磨矿细度试验

（1）实验原理。参照矿石可选性研究中的浮选试验。

（2）实验要求：

1）掌握非金属矿物大部分单体解离所需的粒度要求。

2）根据试验结果确定非金属矿石的最佳磨矿细度。

（3）主要仪器及耗材。实验过程中采用的主要仪器及耗材为实验室小型球磨机、200目标准泰勒筛、分析天平、普通天平、浮选机、过滤机、烘箱、装矿盆、洗瓶及制样工具等。

（4）实验内容和步骤：

1）取四份单元试验样，开展非金属矿石磨矿细度试验研究；

2）固定捕收剂种类及用量、调整剂种类及用量、起泡剂用量、浮选时间等其他条件，根据非金属矿物嵌布粒度拟定磨矿细度条件；

3）将拟定的磨矿细度条件分别开展浮选试验，比较试验结果，确定最佳磨矿细度。

（5）数据处理与分析。将试验结果如实填写在表 4-29 中。

表 4-29　非金属矿石磨矿细度条件试验结果　　　　　　　　　　（％）

试验条件	试样编号	样品名称	产率	非金属主要元素品位	非金属矿回收率
		精　矿			
		尾　矿			
		原　矿			

（6）实验注意事项。试验过程中，磨矿细度的预先选择应根据非金属矿物嵌布粒度结果拟定。

（7）思考题：

1）以磨矿时间为横坐标，非金属精矿品位、回收率为纵坐标，如何绘制磨矿细度条件试验结果曲线？

2）根据磨矿细度条件试验曲线图对试验结果进行分析。

4.4.4　浮选药剂种类及用量试验

（1）实验原理。参照矿石可选性研究中的浮选试验。

（2）实验要求：

1）确定非金属矿浮选药剂的种类及合适的用量，包括捕收剂、抑制剂、活化剂、起泡剂。

2）学会观察泡沫随浮选药剂种类和用量的改变而引起的变化，如泡沫颜色、虚实、矿物上浮量、矿化效果及黏稠性等。

（3）主要仪器及耗材。实验过程中采用的主要仪器及耗材为实验室小型球磨机、天平、浮选机、过滤机、烘箱、装矿盆、洗瓶及制样工具等。

（4）实验内容和步骤：

1）拟定浮选药剂种类及用量条件。

2）根据拟定的条件数量，取相同数量的单元试验样开展浮选药剂种类及用量条件试验研究。

3）根据磨矿细度条件试验确定的最佳磨矿细度，固定各试验的磨矿细度、浮选时间等其他条件，改变浮选药剂的种类及用量，考察各试验结果及现象。

4）比较试验结果，确定最佳的浮选药剂种类及用量。

（5）数据处理与分析。将试验结果如实填写在表 4-30 中。

表 4-30　非金属矿浮选药剂种类及用量条件试验结果　　　　　　（％）

试验条件	试样编号	样品名称	产率	非金属矿主要元素品位	回收率
		精　矿			
		尾　矿			
		原　矿			

（6）实验注意事项

试验过程中，非金属矿浮选药剂种类可根据探索性试验结果和同类非金属矿山使用情况拟定。

（7）思考题：

1）非金属矿石浮选条件试验包括哪些项目？

2）本次试验的浮选药剂作用机理是什么？

4.4.5　开路流程试验

（1）实验原理。参照矿石可选性研究中的浮选试验。

（2）实验要求：

1）确立非金属矿物浮选的内部流程结构，即确立精选的次数以及作业条件，对中矿性质进行考查，为浮选流程的拟立和闭路试验提供依据。

2）通过试验了解中矿性质及中矿处理方法。

（3）主要仪器及耗材。实验过程中采用的主要仪器及耗材为实验室小型球磨机、天平、浮选机、过滤机、烘箱、装矿盆、洗瓶及制样工具等。

（4）实验内容和步骤：

1）取代表性非金属矿试验样一份。

2）根据前述的条件试验确定的最佳磨矿细度、捕收剂种类及用量、调整剂种类及用量、浮选时间、起泡剂用量等条件，固定各条件因素不变，开展全流程试验，包括精选、扫选作业。

3）根据试验结果，分析试验指标，包括非金属矿精矿、中矿和尾矿。

（5）数据处理与分析。将试验结果如实填写在表 4-31 中。

表 4-31　非金属矿石开路流程试验结果　　　　　　　　　　（%）

试验条件	试样编号	样品名称	产率	非金属矿主要元素品位	非金属矿回收率
		精矿			
		中矿 1			
		中矿 2			
		⋮			
		中矿 n			
		尾　矿			
		原　矿			

（6）实验注意事项。试验过程中，详细观察各作业浮选现象，分析各产品的试验指标，考察研究中矿的处理方法。

（7）思考题：

1）非金属矿石浮选中矿的处理方法有哪些？

2）非金属矿石浮选中矿与有色金属（如铜矿石）浮选中矿性质有何异同？

4.4.6　闭路流程试验

（1）实验原理。参照矿石可选性研究中的浮选试验。

（2）实验要求：

1）确立非金属矿石浮选中矿返回的地点和作业，考察其他对浮选指标的影响。

2）调整因中矿返回引起的药剂用量变化，校核所拟定的浮选流程，确立可能达到浮选指标。

3）明确闭路试验的具体做法，观察中矿返回对浮选过程产生的变化。

4）掌握非金属矿石浮选过程的平衡标志和闭路流程最终指标的计算方法。

（3）主要仪器及耗材。实验过程中采用的主要仪器及耗材为实验室小型球磨机、天平、浮选机、过滤机、烘箱、装矿盆、洗瓶及制样工具等。

（4）实验内容和步骤：

1）取代表性非金属矿试验样 5~10 份。

2）根据开路流程试验所确定的条件和中矿返回地点与方式，固定各条件因素不变，开展全闭路流程试验。

3）从第二批试验样试验开始，根据试验现象调整捕收剂、调整剂等药剂用量，观察中矿返回对流程的影响。

4）根据非金属矿石浮选过程的平衡标志，确定闭路试验的数量。

5）待闭路试验流程平衡后，将获得的全部产品脱水、烘干、称重、制样、送检化验。

6）根据化验结果，计算浮选闭路试验指标，考核闭路试验结果。

（5）数据处理与分析。将试验结果填写在表 4-32 中。

表 4-32　非金属矿石闭路流程试验结果　　　　　　　　　　　　（%）

试验条件	试样编号	样品名称	产率	非金属矿主要元素品位	非金属矿回收率
		非金属矿精矿 1			
		非金属矿尾矿 1			
		非金属矿精矿 2			
		非金属矿尾矿 2			
		⋮			
		非金属矿精矿 n			
		非金属矿尾矿 n			
		中矿 1			
		⋮			
		中矿 n			

（6）实验注意事项。试验过程中，详细观察各作业浮选现象，根据现象及时调整捕收剂、调整剂的用量。

（7）思考题：

1）闭路流程最终指标有几种确立方法？

2）闭路试验操作应注意的问题？

3）闭路试验达平衡的标志是什么？

4.4.7 实验报告编写

（1）参考内容。参照矿石可选性研究中的报告编写内容。

（2）撰写要求：

1）梳理非金属矿石浮选各试验内容及结果。

2）如实填写试验过程现象和数据。

3）按组讨论分析试验结果。

4）正确回答各试验思考题。

（3）主要仪器及耗材。撰写过程中采用的主要仪器及耗材为铅笔、橡皮、坐标纸、尺具、水笔等。

（4）报告撰写内容和步骤：

1）编写试验要求和仪器、工具等。

2）编写试验方案、试验流程等。

3）如实填写试验过程和试验现象。

4）根据试验结果表，正确填写试验结果。

5）编写对试验结果的分析。

6）回答试验思考题。

4.5 "实习"实践教学指导

4.5.1 "认识实习"实践教学指导

4.5.1.1 认识实习的目的与要求

认识实习是矿物加工专业本科生的必修专业实践课程，也是矿物加工工程专业学生进行专业学习之间，对本专业的特点和学科性质形成初步印象的重要实践课。通过认识实习，使学生对矿物加工工程专业在生产实践中的作用、选矿工艺方法、工艺设备产生基本感性认识，形成对选矿厂的整体概念认识。

认识实习的任务是初步认识选矿厂的工艺过程、主要设备和辅助设备的结构、性能和工作原理；了解这些设备的使用及操作情况。具体要求有如下几项：

（1）结合《选矿概论》教学，增强对矿物加工工程专业及其生产过程的感性认识。

（2）通过专题报告、生产现场参观，了解矿山生产组织管理体系。

（3）了解选矿工艺流程结构、工艺设备、选矿药剂的种类和使用。

（4）了解矿山技术经济指标、产品质量要求等，形成对矿山建设和选矿厂配制的总体认识。

（5）进行现场安全教育，培养安全意识。

（6）编写认识实习报告。

4.5.1.2 认识实习内容安排与要求

（1）选矿厂概况：

1）选矿厂的地理位置、交通状况。

2）矿山发展沿革，当前生产规模，企业职工人数、职工组成、管理模式。

3）矿山的地质水文资料、气象条件、矿石类型、矿产的化学组成及矿物组成、嵌布特性，原矿物理性质（粒度、湿度、真密度、堆密度、硬度、安息角等）。

4）选矿厂选别工艺革新历史，重点了解目前选厂原则流程，回收金属种类、主要技术经济指标。

5）精矿用户、用户对精矿质量的要求。

6）选矿尾矿处理方式，环保问题。

以上内容采用请现场技术人员做技术报告的形式进行。

（2）入厂实习，按照工段了解和熟悉破碎筛分工段：

1）了解粗碎、中碎、细碎各破碎段的主要设备的规格和型号、主要操作参数，初步了解各段破碎设备的结构特点和工作原理。

2）了解各主要破碎设备之间的连接方式，筛分设备的规格和型号、主要操作参数。

3）了解选厂破碎筛分工艺流程特点，并绘制破碎筛分工艺流程图。

（3）磨矿工段：

1）了解球磨机、分级机的型号、操作参数以及相互之间的配置关系。

2）了解现厂磨矿工艺条件，包括磨矿浓度、分级浓度、磨机处理能力、磨矿细度。

3）了解选厂磨矿流程特点，绘制磨矿工艺流程图。

（4）选别工段：

1）结合现厂，对选矿厂基本选别方法、选别工艺流程初步形成感性认识。

2）了解选别主要设备的规格、用途、工作原理以及主要操作参数。

3）对浮选厂，了解使用的药剂种类、名称、药剂制度、各药剂的用途和添加系统。

4）绘制磨矿选别工艺流程图。

（5）产品处理：

1）了解精矿脱水系统及工艺流程。

2）了解浓缩机、过滤机、真空泵、空压机、砂泵的数量、规格和型号，浓缩机及过滤机单位面积生产能力，以及各设备的工作原理。

3）了解精矿的贮存和运输方式。

4）了解滤布及其他零件的使用期限，脱水车间的控制及自动排液装置。

5）了解选矿生产组织和生产控制系统，生产技术指标检测的手段和设备，检测目的和意义。

4.5.1.3　实习注意事项

学生在认识实习过程中应听从实习教师的指导，严格遵守实习单位的一切规章制度，特别要遵守实习单位的安全生产操作规程。实习过程中时刻坚持安全第一的思想。

（1）进生产车间实习应穿工作服，戴安全帽，穿胶鞋或运动鞋。不能穿拖鞋、高跟鞋。女同学应将头发放在安全帽里面。

（2）学生跟班实习时应勤看、多问，严禁私自动手操作设备开关、按钮等。

（3）尽量不要靠近高速运转的设备部件，尤其不要站在该部件运转的同一平面内。

（4）严禁在危险场所停留。

（5）严禁高空抛落物体。

（6）严禁跨越皮带运输机。

（7）车间内实习时，注意力一定要集中，严禁嬉戏打闹。

（8）实习期间应以组为单位分组实习，不允许单独进入生产现场。

（9）遇有突发事故，坚持自救的原则，并在第一时间通知教师处理。

（10）实习期间不得擅自离开实习单位外出，如有特殊情况，严格履行请假销假制度。

4.5.1.4 实习成果和成绩评定

学生在实习期间应每天记实习日记，按时完成实习报告及教师布置的个人作业，实习过程遇到疑难问题，及时向教师反映寻求解决。实习报告应包括以下几方面的内容：

（1）前言。实习的目的、意义、任务和要求。

（2）概况。对实习单位的简单介绍。

（3）工艺系统（重点）。分系统论述。工艺过程介绍（附工艺流程图），工艺流程特点及合理性评述；系统设备组成，主要相关设备及辅助设备的结构、性能、工作原理；主要设备的生产使用及操作情况（附操作规程）。

（4）合理化建议。深入分析，发现问题，解决问题，对生产单位的生产、经营和管理提出一项或几项合理化建议。

（5）结束语。实习收获、感想，对今后学习专业课的指导意义。

根据现场考查、实习日记和实习报告情况按"优、良、中、及格、不及格"五级分制综合评定认识实习成绩。成绩不及格者自行联系补实习，否则不能毕业。

4.5.2 "生产实习"实践教学指导

4.5.2.1 生产实习的目的与要求

（1）通过实习对学生进行与专业有关的生产劳动训练，学习生产实践知识，增强学生的劳动观点，培养进行生产实践的技能。

（2）在生产劳动、生产技术教育和查询阅读选厂资料中，使学生理论联系实际，深入了解生产现场的工艺流程、技术指标、生产设备及技术操作条件、产品质量、生产成本、劳动生产率等有关管理生产和技术的情况。发现存在问题，提出自己见解，以培养和提高学生的独立分析、解决问题的能力。

（3）通过专题报告、现场参观、了解矿山的生产组织系统，达到对全矿山和选矿厂全面了解。

（4）进行安全教育，了解选厂各种生产措施及规章制度，保证实习安全，获得生产安全技术知识，培养安全生产观点。

（5）编写实习报告，进行实习考核；使学生受到编写工程技术报告和进行生产实践的全面训练。

4.5.2.2 生产实习内容安排与要求

生产实习安排在有关矿山及选矿厂，具体内容安排与要求如下。

（1）了解矿区及选厂概况：

1）地理位置、交通状况，矿区气象：温差、平均温度；雨量、气候、冰冻期、洪水情况；土壤允许负荷、冻结程度、地下水位、基岩情况、地震情况。

2）矿床、原矿性质，矿床成因和工业类型、围岩特性、矿石类型。原矿矿物组成，有用矿物嵌布特性，化学组成，多元素分析，物相分析，光谱分析及试金分析，粒度，真比重，假比重，硬度，水分含量，含泥量，安息角和摩擦角，可溶性盐类。

3）选厂供矿情况。采矿方法，开采时期原矿品位变化情况。服务年限，供矿制度，运输方法，每日供矿时间和供矿量。

4）选厂工艺流程演变情况及其原因和效果，现有工艺流程及技术指标，主要生产设备，技术操作条件，选厂改建扩建情况。

5）选厂尾砂处理：排放、运输、堆放方法、尾砂水中有毒物质的含量及处理方法。

6）选矿供水水源、水质和供电情况。

7）厂产品种类、质量、数量、成本；用户对产品质量（品位杂质、水分、粒度）的要求；产品销售价格。

（2）碎矿车间：

1）工作制度和劳动组织。

2）碎矿流程及技术指标。碎矿设备的型号及技术规格；润滑系统组成；给排矿口宽度、给矿粒度和排矿粒度；实际生产能力；闭路破碎的循环负荷。

3）筛分机。筛子的形式、技术规格；安装坡度及使用情况；实际生产能力和筛分效率。

4）破碎设备的连锁控制和保险设施。

5）破碎筛分作业的防尘设施。

6）碎矿工段存在的主要问题，解决的可能途径；改善破碎流程和作业指标，操作条件和设备配制的合理化建议。

（3）磨矿工段：

1）工作制度及劳动组织。

2）磨矿流程及技术指标。

3）磨矿分级设备。磨机形式，润滑系统，衬板质量及其消耗量（每磨一吨矿石衬板耗量）；球介质、装入量、充填系数，装球尺寸及补加制度。装球设施。给矿粒度和磨矿最终产品细度。磨矿浓度，给矿重量计算。按新生 -0.074mm 粒级重量计算的磨矿效率；第一段闭路磨矿和第二段磨矿的循环负荷。

4）分级机。机型，技术规格，安装坡度，溢流浓度，细度，生产能力，分级效率。

5）水力旋流器的规格，结构参数对分级的影响，工艺参数（压力、浓度、给矿量）对分级的影响，稳定给矿压力措施，生产能力及分级效率。

6）磨矿工段供水、供电情况，磨 1t 合格产品的电耗，磨矿工段存在的主要问题，解决的途径，改善磨矿流程及技术指标，设备技术操作条件的途径。

（4）浮选工段：

1）流程—数量流程及矿浆流程。

2）主要设备。调浆槽，浮选机形式，技术规格。

3）浮选浓度。pH 值，各浮选作业泡沫浓度，每日处理每吨矿物所需浮选机容积：$m^3/(d \cdot t)$ 的计算及浮选时间，最终精、尾矿浓度，化学分析及粒度分析。

4）浮选中矿性质及其处理。

5）浮选药剂和加药设施。药剂种类、配制、加药点及方式，用药量，加药机型号规格。

6）浮选工段供水供电。

7）本工段存在主要问题和解决途径。改善流程、技术指标、浮选设备及操作条件的途径。

8）浮选车间的产品分类及工艺特点。本作业采用的新工艺。

（5）重选作业：

1）重选工段任务，生产流程，设备联系图。

2）所使用的各种重选机械的型号，规格，操作参数。

3）摇床在重选中起的作用，使用经验及存在问题，改进措施，本厂有否可能使用跳汰机，圆锥选矿机，溜槽等。

4）离心选矿机的结构原理，操作参数及使用情况。

5）分级机使用情况；水力分级机，旋流器，筛分机等，在重选中起的作用在本厂使用情况，存在问题及设备未使用的原因及改进措施。

（6）磁选作业：

1）本厂所使用的磁选设备的规格型号及操作技术参数。

2）各种磁选设备在本厂的使用情况。用于什么作业，采取的技术参数，处理量、进、排矿浆浓度，操作经验和存在问题的改进措施。

3）作业中入选矿物，磁性产物及非磁性产物的品位检测方法，本厂有哪些磁性产品及产品质量。

4）本厂的磁选工艺作业应采用哪种磁选设备为好，原因何在？

5）磁选工艺在本厂的地位和作用。应如何重视此工艺。

6）磁选的粒度，浓度及冲洗水量的调节，设备的检测及维护。

（7）精矿处理：

1）精矿的品种，精矿车间的工作制度和劳动组织。

2）精矿的脱水流程。

3）浓缩机、过滤机、干燥机、真空泵、压风机、滤液桶（气水分离器）、除尘器的规格型号及操作参数。

4）浓缩机的给矿浓度和给矿的沉降试验情况，浓缩机的排矿浓度、溢流中的固体含量，单位面积的处理能力。溢流的化学分析，是否加絮凝剂，有无消泡的问题。

5）过滤机工作时间的真宽度，风压，滤饼的水分，过滤机的单位面积生产能力。

6）精矿的贮存和装运设备，用户对产品的要求。

7）精矿车间的供水、供电情况。

8）本工段存在主要问题，改善设备及技术操作的建议。

（8）选厂生产过程的取样，检查，控制，统计和金属平衡。

1）取样。检查和控制的项目及目的，全厂取样点的布置。

2）取样设备，取样时间，样品加工处理方法，化验对样品的要求。检验项目：品位，粒度，水分，比重，矿物分析，安息角，摩擦角及沉降试验。

3) 生产统计资料。年处理量（T/Y）；产品质量：电耗（度/吨原矿）。水耗（m^3/t），各种药耗（g/t），碎矿衬板耗量（kg/t），磨机衬板耗量（kg/t），球耗（kg/t），机械损耗，滤布耗量（m^2/t），润滑油耗量（kg/t），磨机利用系数，劳动生产率。

4) 金属平衡。选矿金属平衡和产品平衡的编制，找不出不平衡的原因，工艺平衡与产品平衡不符合的原因，解决办法。

（9）专题报告及实习参观：

1) 选矿技术报告。矿床地质概况，原矿性质，选矿工艺流程，选矿工艺设备，配置技术操作情况，选厂管理技术监控及检测，浮选药剂制度，选厂新工艺，生产控制技术经验，产品情况，用户要求，选矿全部工艺指标。

2) 矿山建设及经营管理报告；矿史，厂史，矿山地理位置。交通气象水文资料，矿产资料，储量，矿物性质，开采情况，存在问题，发展前景，矿山，选矿的经营管理，资产情况，预计建成后的水平。产值及赢利情况，生产管理人员配置，组织系统，经营销售情况。

3) 安全教育报告。

4) 实习参观。参观附属选厂。如参观尾矿设施，参观采场，顺路参观冶炼及用矿（选厂产品）单位。

4.5.2.3 实习注意事项

学生在认识实习过程中应听从实习教师的指导，严格遵守实习单位的一切规章制度，特别要遵守实习单位的安全生产操作规程。实习过程中时刻坚持安全第一的思想。

实习注意具体事项详见 4.5.2 节相关内容。

4.5.2.4 上交成果和成绩评定

上交成果和成绩评定也详见 4.5.1 节相关内容。

4.5.3 "毕业实习"实践教学指导

4.5.3.1 毕业实习的目的与要求

（1）在选矿厂对学生进行生产劳动训练和生产实践，以增强学生的劳动观点和实践观点。

（2）通过生产劳动、生产技术教育、资料阅读和实际研究生产问题的方法，使学生理论联系实际、深入研究所在选矿厂的工艺流程及其他技术指标和工艺设备及其技术操作条件，进而研究改善工艺流程、工艺设备、技术指标、技术操作条件、生产管理、产品质量、降低产品成本和提高劳动生产率的各种可能途径，以巩固、充实、提高学生所学知识和培养学生独立分析问题和解决问题的能力。

（3）通过专题报告，生产参观和了解矿山的生产组织系统，以达到对全矿山和选矿厂有较全面的了解。

（4）通过安全教育和研究选矿厂的各种安全技术措施，以获取安全技术知识和培养安全生产的观念。

（5）收集毕业设计的材料。

4.5.3.2 毕业实习内容安排与要求

（1）建厂地区和选矿厂的概况：

1）矿山和选矿厂的地理位置、交通状况。

2）矿区气象资料、最高温度、最低温度、年平均温度、雨季和雨量、冰冻期，洪水水位。

3）厂区工程地质资料：土壤允许负荷和冻结深度，地下水水位，基岩情况，地震情况。

4）矿床和原矿性质。矿床的成因和工业类型，矿石的工业类型，围岩特性。原矿性质，包括矿物组成和有用矿物的嵌布特性；化学组成：化学多元素分析，物象分析，光谱分析，试金分析；物理特性：粒度，真比重和假比重，硬度，水分含量，含泥量，安息角和摩擦角；可溶性盐类。

5）选矿厂供矿情况。采矿方法：开采时期原矿品位的变化情况，服务年限。供矿制度，运输方法，每日供矿时间和供矿量。

6）选矿工艺流程演变的原因和效果，现有的工艺流程技术指标，选矿工艺设备及其技术操作条件改革的情况。

7）选矿厂的改建和扩建情况，选矿厂新建、改建和扩建的设计说明书和图纸。

8）选矿厂尾砂处理、尾矿排放、运输和推荐方法，尾矿水中有毒物的含量和处理办法。

9）选矿厂的供水和供电情况，供水水源、水质、最大水量、最小水量和平均水量、供电电源、电压和电量。

10）产品的产品销售情况，产品种类和质量、数量、产品成本和销售价格、产品用户和地址，用户对产品质量的要求（品位、杂质、水分、粒度）。

（2）破碎车间：

1）破碎车间的工作制度和劳动组织。

2）破碎流程及技术指标，破碎流程考察报告。

3）破碎筛分设备。破碎机：形式和技术规格；润滑系统；排矿口宽度、给矿粒度、排矿粒度、实际生产能力；破碎机给矿和破碎产品的筛分分析；闭路破碎的循环负荷；破碎机给矿的水分含量和含泥量。筛分机：形式和技术规格、安装强度及其使用情况；筛分机的实际生产能力和筛分效率；给矿机的形式和技术规格及其使用情况；各条皮带运输机的形式和技术规格，拉紧装置和制动装置、安装坡度、运送物料的粒度、水分、含泥量和安息角；金属探测器和除铁器的形式和技术规格及其使用情况。

4）破碎车间检修起重机的形式和技术规格及其使用情况。

5）破碎车间设备的连锁控制。

6）破碎车间的建筑物和构筑物。破碎厂房的结构、高度、跨度和长度、地形坡度、检修场地尺寸（面积）、检修台、检修孔的结构和尺寸、门、窗的位置和尺寸；筛分转运站的结构、形式和主要尺寸；不同地点操作平台的结构和尺寸（面积），提升孔位置、用途和尺寸；原矿仓的形式、结构、尺寸、几何容积和有效容积，各面仓壁的倾角和两面仓壁交线的倾角。

7）破碎车间的保安、防火和工业卫生技术措施。通道、孔道、栈桥、梯子、栏杆和设备护罩的设置，主要尺寸及其使用情况；破碎车间的通风设施，人工通风设施的形式和技术规格，自然通风措施；破碎车间的照明设施，人工照明的灯型、排列形式如距离、自然照明、壁窗、天窗的位置、形式和尺寸；破碎车间的排水、排污设施、污水、污砂池的位置和尺寸（容积），污水、污砂泵的形式和技术规格，污水、污砂沟的位置、尺寸和坡度；破碎车间经常发生的或重大的生产事故、设备事故、人身事故或其他事故产生的原因和处理办法。

8）破碎车间的供水、供电概况。供水点、水压和供水管网；供电电压，破碎一吨矿石的单位耗电量。

9）破碎车间设备配置的特点。粗、中、细碎是集中配置在一个厂房内，或是分散配置在不同的厂房内，是重叠式配置，或是阶梯式，混合式配置，返矿皮带运输机是垂直于高等线配置或是平行于高等线配置。粗、中、细破碎和筛分机是直线式配置或曲尺式配置等。

10）破碎车间存在的主要问题和解决这些问题的可能途径：改善破碎流程及其技术指标，改善破碎设备及其技术操作条件和改善破碎车间设备配置的可能途径。

（3）磨选车间（主厂房）：

1）磨选车间的工作制度和劳动组织。

2）磨矿工段。磨矿流程及其技术指标，磨矿流程考察报告；磨矿分级设备中磨矿机的形式和技术规格、润滑系统、衬板的质量，每磨一吨矿石衬板的消耗量、球的质量，装入量，充填系数，装球尺寸和比例、球的补加制度，装球设施，每磨一吨矿石球的耗量；排矿溜槽的坡度；给矿粒度的磨矿最终产品粒度（细度），磨矿浓度、磨矿机按给矿重量计算和按新生成 -0.074 毫米粒级重量计算单位容积生产能力，磨矿机按给矿重量计算和按新生成 -0.074 毫米粒级重量计算的磨矿效率，第一段闭路磨矿容积分配关系和单位容积生产能力分配关系，第一段闭路磨矿循环和第二段闭路磨矿循环的循环负荷。分级机的形式和技术规格；安装坡度和返砂槽坡度；分级机的溢流浓度和溢流细度，分级机按溢流中固体重量计算的生产能力和按返砂中固体重量计算的生产能力，分级效率。水力旋流器的规格；结构参数（圆柱体的直径和高度，溢流管的直径和插入深度，给矿口和排砂管的直径、锥角），对分级的影响；工艺参数（给矿压力、给矿浓度和给矿量等）对分级的影响，稳定给矿压力的措施；溢流中最大粒度、溢流中的分离粒度、溢流中 -0.074 毫米粒级含量三者之间的关系；旋流器生产能力和分级效率。磨矿工段各条皮带运输机的形式、规格、安装坡度、运送物料的粒度水分，含泥量和安息角。自动计量皮带秤或电子秤的形式，规格及其使用情况。磨矿工段检修起重机的形式、技术规格及其使用情况。磨矿工段的建筑物和构筑物：磨矿厂房的结构、高度、跨度、长度、地形坡度。检修场地尺寸（面积），检修台的结构和尺寸，门和窗的位置及尺寸；磨矿分级操作平台的结构和尺寸（面积）；细矿仓的形式、尺寸、结构、几何容积和有效容积，贮存矿量，各面仓壁的倾角和两面仓壁交线的倾角；事故放矿和检修放矿用砂池的位置、尺寸（容积）。磨矿工段供水、供电概况，供水点，水压和供水管网，供电电压、配电板的位置和开关型号、磨碎一吨矿石（得合格产品）的单位耗电量。磨矿工段设备配置的特点、球磨分级机组是垂直于等高线配置，或是平行于等高线配置，第一段磨矿机和第二段磨矿机是集中配置在一个台阶上，或是分散配置在不同的台阶上等等。磨矿工段存在的主要问题和解决这些问题的可能途径，改善磨矿流程及其技术指标，改善磨矿设备及其技术操作条件和改善磨矿工段配置的可能途径。

3）浮选工段。熟悉浮选流程的特点、数质量流程和矿浆流程，浮选流程考察报告；一个浮选系统的主要设备：搅拌槽、浮选机和砂泵的形式和技术规格；各浮选作业的浮选时间、浓度、pH 值、浮选时间的计算，各浮选作业泡沫精矿的浓度，浮选机容积定额（即每日每吨矿石所需的浮选机容积——米^3／日·吨）的计算，浮选最终精矿和最终尾矿的浓度、化学分析、筛分分析；浮选中矿的性质：品位、粒度、浓度、酸碱度，中矿中有用矿物的单体解离情况和连生体的连生情况，中矿量、中矿处理、单独处理，或顺序返回，或集中返回地点；浮选药剂和加药设施、浮选药剂的种类、配制、加药地点、加药方式、加药量、加药设备的形式和技术规格；浮选工段检修起重机的形式和技术规格及其使用情况；浮选工段的建筑物和构筑物，包括浮选工段和选别工段（包括浮选和磁选等），厂房的结构、高度、跨度、长度、地形坡度、检修场地尺寸（面积），门和窗的位置及尺寸，药剂室的位置、结构、高度、宽度和长度；浮选操作平台和药剂室操作平台的结构和尺寸；浮选工段的砂泵间或砂泵池的位置及尺寸、事故放砂池和检修放砂池的位置和尺寸（容积）；浮选工段的供水和供电概况，供水点、水压、供电管网，泡沫冲洗水消耗量；浮选工段设备配置的特点：浮选机组是垂直于等高线配置，或是平行于等高线配置，阶段浮选的浮选作业是集中配置或是分散配置等等；浮选工段存在的主要问题和解决这些问题的可能途径，改善浮选流程及其技术指标，改善浮选设备及其技术操作条件和改善设备配置的可能途径。

4）磁选工段。熟悉磁选流程及其技术指标、磁选流程的考察报告；磁选机和磁力脱水槽的形式和技术规格；磁选机的磁场强度、磁选机的生产能力；预磁和脱磁设备的型号和规格及其使用情况；磁选给矿的粒度、浓度和冲洗水量的调节；磁选的精矿品位，精矿水分、浮选药剂对磁选的影响和脱药措施；磁选工段的检修设施；磁选工段的设备配置；磁选工段存在的主要问题和解决这些问题的可能途径，改善磁选流程及其技术指标，改善磁选设备及其技术操作条件和改善设备配置的可能途径。

（4）精矿处理车间，熟悉：

1）精矿处理车间的工作制度和劳动组织。

2）精矿脱水流程和脱水流程考查。

3）浓缩机、过滤机、干燥机、真空泵、压风机、滤液桶（气水分离器）、除尘器。

4）浓缩机的给矿浓度和给矿的沉降试验，浓缩机的排矿浓度，浓缩机溢流中的固体含量，溢流的化学分析和水析，凝聚剂对浓缩沉淀的影响，浓缩机单位面积的生产能力。

5）过滤机工作时的真空度和风压、滤饼和水分、过滤机单位面积的生产能力。

6）干燥炉的形式及主要尺寸，干燥温度和燃料单位消耗量，干燥产品运输设备的形式和规格，干燥产品的水分。

7）最终精矿的贮存和装运工具（汽车、火车、矿斗车）。

8）精矿过滤工段，干燥工段和贮运工段的检修起重机或装载起重机的形式和技术规格。

9）精矿处理车间的建筑物和构筑物，包括过滤工段、干燥工段、贮运工段的厂房结构，高度，跨度或宽度，长度，地坪坡度，检修场地尺寸（面积），门、窗的位置和尺寸，操作平台的结构和尺寸（面积）；精矿仓的形式、尺寸、结构、几何容积和有效容积，各面仓壁的倾角和两面仓壁交线的倾角；浓缩机的溢流沉淀池，事故放矿和检修放矿砂池，污砂池的位置、结构和尺寸（容积），溢流澄清水池（回水池）的位置，结构和尺寸（容积）；过滤机的溢流池和滤液池，事故放矿和检修放矿砂池，污砂池的位置、结构和尺寸（容积），干燥工段和贮运工段污砂池的位置、结构和尺寸（容积）。

10）处理车间各工段的供水、供电概况。

11）精矿处理车间各工段的设备配置。

12）精矿处理车间存在的只要问题和解决这些问题的可能途径，改善精矿处理流程及其技术指标，改善精矿设备及其技术操作条件和改善精矿处理各工段设备配置的可能途径。

（5）选矿厂生产过程的取样、检查、控制、统计和金属平衡。

1）选矿厂取样、检查和控制的项目及目的，全厂取样点的布置、取样设备，取样时间间隔，样品加工处理过程和方法，送试验室的各种样品要求（筛分、分析、矿物分析、水分、真比重和假比重、安息角和摩擦角测定等等），送化验室的样品要求（重量、粒度、水分）。

2）选矿厂生产统计的主要资料，如各年处理矿量（t/a）；各年各种精矿产品的品位；各年每处理一吨原矿的年平均单位耗电量（（°）/t），耗水量（m^3/t），各种药剂的耗药量（g/t），破碎衬板耗量（kg/t），磨矿衬板耗量（kg/t），球耗量（kg/t），浮选叶轮耗量（kg/t），滤布耗量（kg/t），润滑油脂耗量（kg/t）；各年球磨机的利用系数（按新生-0.074mm粒级重量计算或按给矿重量计算，$t/(m^3 \cdot h)$）；各年选矿厂的全员劳动生产率和按生产工人计算的劳动生产率。

3）选矿厂金属平衡，熟悉选矿厂工艺金属平衡和商品平衡编制的目的和方法；选矿厂工艺金属量不平衡的原因，商品金属量不平衡的原因，工艺平衡和商品平衡不符合的原因，解决的方法。

（6）专题报告和生产参观：

1）实习期间根据具体情况，可聘请厂矿有关人员作下列报告，如各种教育报告：矿史、厂史。选矿厂保安和保密报告。选矿报告，选矿厂矿床地质概况和原矿性质、选矿工艺流程的演变，选矿工艺设备、设备配置和技术操作条件方面重大的改革，合理化建议，选矿试验研究工作简介。采矿报告，在参观采矿时进行。矿山和地质勘探报告，在参观地质勘探时进行。邀请工人、技术人员、其他有关人员进行专题座谈，以解决专门问题。

2）实习期间根据具体情况，可组织学生进行下列参观，如尾矿工段，了解尾矿处理措施（尾矿坝、尾矿沉淀池、水井和排水涵道、排洪沟、输送管道、排卸方式、加压泵站、事故放矿池及其设施、尾矿中有毒物含量和处理方法，尾矿水回收泵站、尾矿设施的看管和维修）；采矿场，主要了解供矿情况和供给矿石性质；地质勘探，主要了解矿床的成因、工业类型、围岩特性和矿石的工业类型及矿石性质；冶炼厂，了解选冶关系和用户对产品的质量要求和其他要求；发电站、变电站、配电所，了解供电情况；水泵站，了解供水情况及设备；机修间、机修厂、电修间的设备配置等。

4.5.3.3 注意事项

学生在毕业实习过程中应听从实习教师的指导，严格遵守实习单位的一切规章制度，特别要遵守实习单位的安全生产操作规程。实习过程中时刻坚持安全第一的思想。

实习注意具体事项详见4.5.1节相关内容。

4.5.3.4　上交成果和成绩评定

上交成果和成绩评定也详见 4.5.1 节相关内容。

4.6　"毕业论文"实践教学指导

4.6.1　毕业论文的目的和类型

毕业论文是矿物加工专业的实践教学环节。

（1）主要目的。是巩固加深基础理论和基本技能；培养学生综合应用所学知识和技能分析和解决实际问题、独立开展科学研究的能力。

（2）毕业论文类型。实验研究类、软件工程类。

4.6.2　毕业论文的要求

毕业论文是结合理论及生产实际所提出的问题，查阅文献，拟定研究方法和技术路线，构建试验装置，运用基本理论和试验研究方法安排试验，处理试验数据，得出试验研究结果，撰写毕业论文。

具体要求按照不同类型分为实验研究类和软件工程类。

（1）实验研究类：

1）进行实验前的准备工作，查阅相关资料。

2）制订实验方案。

3）设计实验系统。

4）进行试验研究。

5）试验数据分析与处理。

6）编写研究报告。

（2）软件工程类：

1）按照软件工程的方法，进行项目调查、用户需求分析和项目可行性分析。

2）设计软件开发方案。

3）学习项目管理方法，绘制网络图。

4）进行程序编码。

5）进行程序调试、运行。

6）编写项目研究报告和用户使用说明书。

4.6.3　毕业论文原则

（1）应按照给定的毕业论文任务书和毕业论文的大纲要求，在指导教师指导下独立完成任务。

（2）应按照国家标准、技术规范，参阅有关资料进行实验研究。

（3）应结合企业生产实际状况，采用先进技术，力求符合生产实际，使之在技术上先进而可行，在经济上节约而合理。

4.6.4　毕业论文任务及深度

毕业论文任务及深度的考虑，着眼于全面培养学生素质、培养实际动手能力，应尽量涵盖毕业论文要求，同时应考虑时间问题，尽量简化过程。

（1）实验研究类：

1）围绕所选课题广泛收集资料，查阅各种文献资料，详细了解所选课题的国内外研究现状，写出详细的文献综述。

2）在文献综述的基础上，提出自己的试验方案。

3）准备必要的试验仪器设备，开展试验研究；讨论试验结果，得出主要结论。

（2）软件工程类。结合专业特点，完成相对独立的一块软件系统或子系统的设计，能够独立运行，实际应用，功能齐全；有可实际运行的示例程序。

4.6.5 毕业论文时间安排

毕业论文时间具体安排，见表 4-33。

表 4-33 毕业论文时间安排表

周次	实验研究类	软件工程类
1~4	资料收集、方案制定	
5~10	开展试验研究	编程
11	数据处理，编写试验毕业论文	程序调试、编写说明书
12	毕业论文答辩	

4.6.6 试验研究论文

论文是结合科研工作进行的研究论文，主要是科研试验研究论文，科研工作可以 1 人或多人合作完成，其论文内容应该各有侧重。研究工作包括试验装置的调试、仪器仪表的使用、试验数据的采集及整理等，字数应在 1.5~2.0 万字。按照学位论文的形式编写，毕业论文应该主要包括如下内容：

（1）绪论。

（2）文献综述。

（3）实验系统及试验设计。

（4）试验内容。

（5）数据分析及结果。

（6）结论。

（7）参考文献。

论文要求条例清楚，层次分明、文笔流畅、论据充分，说理严密、富有逻辑。

4.6.7 软件工程类

软件开发应分为软件技术研究报告、软件使用说明书、软件相关技术文件。软件研究报告应按照学位论文的形式编写：

（1）绪论。

（2）文献综述。

（3）技术选择及框架设计。

（4）软件系统设计。

（5）关键技术研究。

（6）系统运行情况。

（7）结论。

（8）参考文献。

软件使用说明书。说明软件的安装、各部分的操作方法等；软件相关技术文件：包括详细的数据库的结构、各种技术参数等。

5 非金属矿资源开发项目驱动实践教学案例

5.1 含锡萤石矿研究方法教学案例

5.1.1 概述

某铁锡及共生萤石矿，矿物种类繁多，嵌布特性复杂，萤石矿物多以细粒分布，且与多种脉石共生；铁、锡矿物以颗粒状分布，表面包覆绿泥石、石英等脉石矿物，各种矿物间交代复杂，彼此间分离难度系数较大。该矿中（质量分数）铁含量为14.76%、萤石含量为24.82%、锡含量为0.23%。为综合利用该矿资源，回收矿石中的铁、锡及萤石矿物等有用成分，故对该矿进行了详细的选矿工艺试验及工艺矿物学研究，以查明该矿石的工艺性质，确定该矿石综合回收的工艺流程及药剂制度，为该矿山后续的流程改造及生产提供依据。

5.1.2 矿石性质

5.1.2.1 试样品位分析

为分析矿石中各元素的含量，对原矿试样进行了主要元素的化学检测分析。分析结果见表5-1。

表 5-1 原矿试样化学多元素分析结果 (w/%)

元素	CaF$_2$	TFe	S	SiO$_2$	MgO	CaO	Al$_2$O$_3$	Sn
品位	25.42	12.38	0.20	27.85	1.86	19.75	7.06	0.11

由表5-1可见，矿石中的CaF$_2$与TFe含量相对较高，是主要回收的元素；Sn含量为0.11%，是可能回收的元素；脉石矿物主要为含CaO、Al$_2$O$_3$和SiO$_2$的矿物。

5.1.2.2 试样 X 荧光分析

为分析矿石的具体成分，对原矿试样进行了 X 荧光光谱检测分析。分析结果见表5-2。

表 5-2 原矿试样 X 荧光检测分析结果 (w/%)

元素	CaF$_2$	Na$_2$O	MgO	Al$_2$O$_3$	SiO$_2$	P	S	Cl
品位	25.6331	0.9092	2.6032	7.3216	28.1814	0.0318	0.1735	0.1494
元素	K$_2$O	CaO	Mn	Fe	Ni	Cu	Zn	As
品位	1.8782	19.4216	0.1983	12.8682	0.0088	0.2078	0.0381	0.0061
元素	Zr	Sn	Bi	Ti	Cr	Rb	Sr	
品位	0.0062	0.0952	0.0333	0.1534	0.0397	0.0339	0.008	

由表 5-2 可见，原矿试样 X 荧光光谱分析结果与原矿试样化学多元素分析结果一致，试样中 CaF_2 与 TFe 含量（质量分数）相对较高，分别为 25.63% 和 12.87%，是主要回收的元素；Sn 含量（质量分数）为 0.095%、S 含量（质量分数）为 0.17%，CaO、MgO、Al_2O_3 和 SiO_2 含量较高，可见矿石中脉石矿物多为含钙、镁、铝、硅的碳酸盐和硅酸盐型矿物。

5.1.2.3　试样中铁元素全物相分析

矿石中（质量分数）全铁含量 12% 左右，为分析铁元素的主要组成矿物与赋存状态，对原矿试样进行了铁元素全物相分析，分析结果见表 5-3。

表 5-3　原矿试样铁元素全物相分析结果　　　　　　　　　　　　（%）

物相	铁 物 相					
	磁性铁	赤、褐铁矿	黄铁矿	碳酸铁	硅酸铁	总铁
含量（质量分数）	9.87	1.99	0.11	0.17	0.40	12.54
占有率	78.71	15.87	0.88	1.36	3.19	100.00

由表 5-3 可见，矿石中（质量分数）全铁含量为 12.54%，其中磁性铁含量为 9.87%，占总铁含量的 78.71%，是铁的主要赋存矿物；以 Fe_2O_3 形式存在的赤、褐铁矿含量为 1.99%，占全铁的 15.87%，是铁次要赋存矿物；其他含铁矿物如黄铁矿、碳酸铁、硅酸铁等含量较低，占全铁总量的 5.42%。可见，矿石中铁元素主要赋存在磁性铁中，其次为赤、褐铁矿。

5.1.2.4　试样的矿物组成

对原矿试样的矿物组成进行了显微镜分析鉴定，结果表明矿石中金属矿物主要为磁铁矿，其次为赤铁矿和褐铁矿，黄铁矿、磁黄铁矿、锡石、含量较少；非金属矿物主要有角石英、方解石、绿泥石、透辉石、斜长石、云母、透闪石、电气石等。

5.1.2.5　试样中主要矿物的嵌布特征

A　萤石矿

萤石矿在显微镜下观察可见晶体完整，轮廓清晰，多数为不规则块状、粒状等，正交偏光下呈不同颜色，晶体表面可见各种条纹、微坑及解理裂隙。嵌布特征复杂，与方解石、绿泥石等脉石矿物多呈细脉状连生交代，不同形状的萤石颗粒还相互包裹镶嵌，并与石英伴生，嵌布粒度不均匀，以细粒为主，单体解离较差。

B　石英

矿石中石英含量较高，多呈团块状、不规则状分布，有的与萤石、锡石连生分布，在石英间隙中的萤石颗粒多为微细粒级，彼此解离困难。

C　绿泥石

绿泥石在矿石中含量也较高，是主要的含镁脉石矿物，多呈细脉状、条带状分布，与磁铁矿交代共生，嵌布特征较为复杂。

D　碳酸盐矿物

矿石中碳酸盐矿物嵌布特征复杂，是主要的含钙、铝脉石矿物，主要以方解石、长石、云母等为主，其中方解石含量最高，多以萤石矿物共生分布，相互交代，包裹致密，彼此分离困难。

5.1.3 选矿方案的确定教学案例

由原矿试样化学多元素分析结果可知，矿石中（质量分数）CaF_2含量为25.42%，是主要的回收元素，TFe含量为12.38%，以磁铁矿为主，是其次回收的元素，Sn含量为0.11%，主要赋存在锡石矿物中，是综合回收的元素。因原矿萤石、铁、锡等矿物含量均较低，且脉石矿物嵌布特征复杂，目的矿物嵌布粒度较细，单体解离较差，综合回收较困难。

目前，磁铁矿主要以磁选法回收，萤石矿主要采用浮选法回收，锡石主要以重选法回收，因此针对该试样的矿石性质，本试验决定采用"磁-浮-重"联合流程进行综合回收。"磁-浮-重"联合流程有三种工艺方案，即"先浮后磁再重选"工艺方案、"先磁后浮再重选"工艺方案、"先磁后重再浮选工艺方案"。因矿石中矿物嵌布特征复杂，若采用"先浮后磁再重选"工艺方案，则萤石矿浮选时部分铁矿物必然因夹带等原因进入萤石精矿中，影响精矿品位，从而需再增加磁选作业进行萤石与铁矿物分离；采用"先磁后重再浮选工艺方案"虽然铁矿物通过先磁选得到回收，但后续的锡石重选时因与部分脉石矿物比重接近，难以重选分离，得到合格品位的锡精矿，若将重选设置在磁选之前，则铁锡矿物更难以重选分离。

综上所述，针对该原矿试样，采用"先磁后浮再重选"工艺方案进行综合回收较为合适，即先采用磁选回收铁矿物，磁选尾矿采用浮选回收萤石，浮选尾矿采用重选回收锡矿物。本试验也将针对该工艺方案进行详细的选矿试验研究。

5.1.4 磨矿曲线绘制教学案例

取1000g样矿（5份），使用XMQ-240×90实验室型磨矿机进行磨矿，固定磨矿浓度为30%，磨矿时间为3min、6min、9min、12min、15min。磨矿结束后，用200目（0.074mm）筛孔尺寸筛子进行筛分，将筛上产品烘干、称重、绘制磨矿曲线，如图5-1所示。

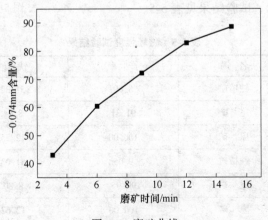

图 5-1 磨矿曲线

磨矿曲线绘制完成后，就可以根据曲线确定每个磨矿细度对应的磨矿时间，为后续试验的磨矿提供依据。

5.1.5 磁选回收铁矿物教学案例

5.1.5.1 磁选方式条件试验

磁选方式对磁铁矿回收指标有重要的影响，本次试验考查了 CTS−35 型永磁筒式磁选机和永磁性磁块两种磁选设备，固定磁场强度为 1500Gs（1T＝10000Gs），考查不同的磁选方式对磁选指标的影响。试验流程如图 5-2 所示，试验结果见表 5-4。

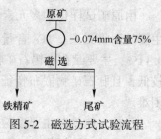

图 5-2　磁选方式试验流程

表 5-4　磁选方式试验结果　　　　　　　　　　（％）

磁 选 方 式	名　称	产率	铁品位	铁回收率
实验室永磁性磁块 磁场强度：1500Gs	铁精矿	12.98	37.75	38.95
	尾　矿	87.02	8.83	61.05
	原　矿	100.00	12.58	100.00
CTS-35 型永磁筒式磁选机 磁场强度：1500Gs	铁精矿	9.28	50.14	37.40
	尾　矿	90.72	8.58	62.60
	原　矿	100.00	12.44	100.00

由表 5-4 可知，在其他因素相同的情况下，使用永磁筒式磁选机得到的铁精矿品位远高于永磁磁块获得的指标，且回收率相差不大，因此后续试验中磁选采用 CTS−35 型永磁筒式磁选机进行。

5.1.5.2 磁场强度试验

本试验主要考察了不同磁场强度对铁矿物磁选指标的影响，试验采用不同场强的 CTS−35 型永磁筒式磁选机进行，试验流程如图 5-3 所示，试验结果见表 5-5。

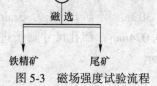

图 5-3　磁场强度试验流程

表 5-5　磁场强度试验结果　　　　　　　　　　（％）

磁场强度	名　称	产　率	铁品位	铁回收率
1000 Gs	铁精矿	8.69	51.32	36.11
	尾　矿	91.31	8.64	63.89
	原　矿	100.00	12.35	100.00
1300 Gs	铁精矿	9.05	51.03	36.59
	尾　矿	90.95	8.80	63.41
	原　矿	100.00	12.62	100.00

续表 5-5

磁场强度	名　称	产　率	铁品位	铁回收率
1500 Gs	铁精矿	9.16	50.62	37.06
	尾　矿	90.84	8.67	62.94
	原　矿	100.00	12.51	100.00
1800 Gs	铁精矿	9.51	48.69	37.10
	尾　矿	90.49	8.67	62.90
	原　矿	100.00	12.48	100.00

由表 5-5 可知，随着磁场强度的增大，铁精矿回收率逐渐升高，品位逐步下降，当磁场强度增大到 1500Gs 时，铁精矿回收率为 37.06%，品位为 50.62%。此后继续提高磁场强度，铁精矿回收率变化不大而品位降幅较大。因此，选取铁磁选第一段磁场强度为 1500Gs 较为合适。

5.1.5.3 粗精矿精选条件试验

由矿石性质研究结果可知，磁铁矿与绿泥石等脉石矿物共生明显，连生致密，且磁铁矿物嵌布粒度较细，嵌布特征较为复杂，需在较细的细度下才能实现较充分的单体解离。本次试验将一段磁选获得的铁精矿进行再磨，考查铁粗精矿再磨与不再磨对铁磁选指标的影响，试验流程图如图 5-4 所示，试验结果见表 5-6。

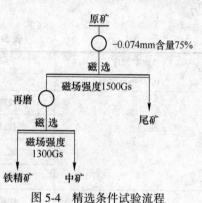

图 5-4　精选条件试验流程

表 5-6　精选条件试验结果　　　　　　　　　　（%）

精选条件	名　称	产　率	铁品位	铁回收率
不再磨精选一次 精选磁场场强 1300Gs	铁精矿	8.06	52.68	34.05
	中　矿	1.08	35.59	3.08
	尾　矿	90.86	8.63	62.87
	原　矿	100.00	12.47	100.00
再磨后精选一次 精选磁场场强 1300Gs	铁精矿	7.80	58.57	36.64
	中　矿	1.33	8.59	0.92
	尾　矿	90.87	8.57	62.45
	原　矿	100.00	12.47	100.00

由表 5-6 可知，铁粗精矿再磨后磁选指标显著提高，经过一次精选后可获得品位为 58.57%、回收率为 36.64% 的铁精矿，而不再磨可获得含铁 52.68%、铁回收率 34.05% 的铁精矿。

5.1.6　萤石浮选试验教学案例

5.1.6.1　磨矿细度对萤石浮选指标的影响

由该矿石的有用矿物嵌布粒度特征和单体解离度的测定结果可知，矿石中萤石矿物嵌布粒度较细，为保证有用矿物的单体解离且尽可能地减少目的矿物的粉碎，因此对萤石粗选的磨矿细度进行了考查。采用 Na_2CO_3 调浆，固定矿浆 pH 值为 8，水玻璃用量 5000g/t，油酸用量 300g/t，试验流程如图 5-5 所示，试验结果见表 5-7。

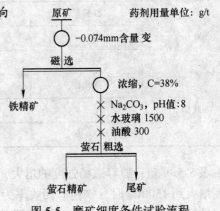

图 5-5　磨矿细度条件试验流程

表 5-7　磨矿细度条件试验结果　　　　　　（%）

磨矿细度 -0.074mm 含量	名　称	产　率	CaF_2品位	CaF_2回收率
70	铁精矿	8.86	6.22	2.16
	萤石精矿	25.43	65.47	65.21
	尾　矿	65.71	12.68	32.63
	原　矿	100.00	25.53	100.00
75	铁精矿	8.46	6.37	2.09
	萤石精矿	32.35	63.00	69.33
	尾　矿	59.19	12.44	28.58
	原　矿	100.00	25.77	100.00
80	铁精矿	8.76	6.26	2.13
	萤石精矿	31.45	60.38	73.79
	尾　矿	59.79	10.40	24.18
	原　矿	100.00	25.74	100.00
85	铁精矿	8.32	8.33	2.68
	萤石精矿	34.26	56.29	74.52
	尾　矿	57.42	10.27	22.80
	原　矿	100.00	25.88	100.00

由表 5-7 可以看出，随磨矿细度（-0.074mm 含量）由 70% 增大到 85%，萤石粗精矿的回收率逐渐升高。综合考虑萤石浮选指标与碎磨成本，选择萤石浮选磨矿细度（-0.074mm）为 80% 较为合适。

5.1.6.2 捕收剂种类对萤石浮选指标的影响

本试验主要考查了萤石粗选的捕收剂种类，主要考察了油酸、731、ZY-12、CY-412、CM-10 对萤石选别的影响，试验流程如图 5-6 所示，试验结果见表 5-8。

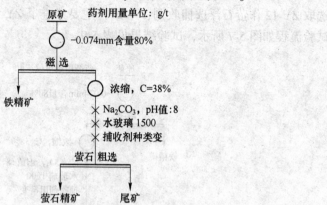

图 5-6 萤石粗选捕收剂种类条件试验流程

表 5-8 萤石粗选捕收剂条件试验结果 （%）

捕收剂种类	名称	产率	CaF$_2$品位	CaF$_2$回收率
油酸 300g/t	铁精矿	8.73	6.26	2.12
	萤石精矿	31.42	60.45	73.59
	尾 矿	59.85	10.48	24.29
	原 矿	100.00	25.81	100.00
731 300g/t	铁精矿	8.49	6.10	2.02
	萤石精矿	26.54	58.38	60.38
	尾 矿	64.97	14.85	37.60
	原 矿	100.00	25.66	100.00
ZY-12 300g/t	铁精矿	8.93	6.91	2.38
	萤石精矿	32.59	63.01	79.18
	尾 矿	59.48	8.04	18.44
	原 矿	100.00	25.93	100.00
CY-412 300g/t	铁精矿	8.83	6.67	2.31
	萤石精矿	29.33	63.64	73.25
	尾 矿	61.84	10.12	24.56
	原 矿	100.00	25.48	100.00
CM-10 300g/t	铁精矿	8.26	6.76	2.16
	萤石精矿	21.65	74.94	62.74
	尾 矿	70.09	12.98	35.20
	原 矿	100.00	25.86	100.00

由表5-8可知，采用ZY-12作萤石的粗选捕收剂时，得到的粗精矿中萤石浮选指标最好，获得的萤石精矿品位与回收率均较高，因此后续试验选取ZY-12作萤石浮选捕收剂。

5.1.6.3 捕收剂用量对萤石浮选指标的影响

选取ZY-12作萤石浮选捕收剂，本试验主要考查了ZY-12用量对萤石浮选指标的影响，试验流程如图5-7所示，试验结果见表5-9。

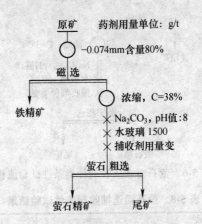

图 5-7 捕收剂用量条件试验流程

表 5-9 捕收剂用量条件试验结果 （%）

捕收剂用量/$g \cdot t^{-1}$	名　称	产率	CaF_2品位	CaF_2回收率
200	铁精矿	8.59	6.41	2.16
	萤石精矿	25.34	70.69	70.28
	尾　矿	66.07	10.63	27.56
	原　矿	100.00	25.49	100.00
250	铁精矿	8.49	6.11	2.02
	萤石精矿	29.84	65.32	75.84
	尾　矿	61.67	9.23	22.14
	原　矿	100.00	25.70	100.00
300	铁精矿	8.87	6.27	2.19
	萤石精矿	31.38	63.67	78.72
	尾　矿	59.75	8.11	19.09
	原　矿	100.00	25.38	100.00
350	铁精矿	8.83	6.67	2.31
	萤石精矿	36.72	55.80	80.32
	尾　矿	54.45	8.14	17.37
	原　矿	100.00	25.51	100.00

由表 5-9 可以看出，随捕收剂 ZY-12 用量的增加，获得的粗精矿中萤石的品位逐渐下降，回收率不断升高；当 ZY-12 用量为 300g/t 时，萤石的选矿指标最佳，此后继续加大 ZY-12 用量，回收率变化不大而品位降幅较大，因此选取 ZY-12 用量为 300g/t 作为后续试验条件。

5.1.6.4 矿浆 pH 值对萤石浮选指标的影响

选取 Na_2CO_3 作矿浆 pH 的调整剂，本试验主要考查了矿浆 pH 值对萤石粗选指标的影响，试验流程如图 5-8 所示，试验结果见表 5-10。

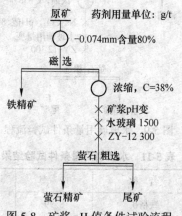

图 5-8 矿浆 pH 值条件试验流程

表 5-10 矿浆 pH 值条件试验结果 （%）

矿浆 pH 值	名 称	产 率	CaF_2 品位	CaF_2 回收率
7	铁精矿	9.02	6.60	2.33
	萤石精矿	27.93	65.28	71.36
	尾 矿	67.05	10.03	26.31
	原 矿	100.00	25.55	100.00
8	铁精矿	8.93	6.91	2.38
	萤石精矿	32.59	63.01	79.18
	尾 矿	59.48	8.04	18.44
	原 矿	100.00	25.93	100.00
9	铁精矿	8.69	6.63	2.26
	萤石精矿	38.29	53.97	81.02
	尾 矿	53.12	8.03	16.72
	原 矿	100.00	25.51	100.00

由表 5-10 可以看出，随着矿浆 pH 值的增大，粗精矿中萤石的品位逐渐降低，回收率不断升高，当 pH 值为 8 时，萤石的选矿指标最佳，此后若继续提高矿浆 pH 值，萤石的回收率变化不大而品位降幅较大，且 pH 值较高时，浮选泡沫黏附性增大，不利于萤石矿物的浮选，因此选取碳酸钠作调整剂，调节矿浆 pH 值为 8 左右。

5.1.6.5 水玻璃用量对萤石浮选指标的影响

选取水玻璃作为萤石浮选的抑制剂，本试验主要考查了水玻璃用量对萤石粗选指标的影响，试验流程如图 5-9 所示，试验结果见表 5-11。

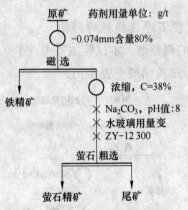

图 5-9   水玻璃用量条件试验流程

表 5-11   水玻璃用量条件试验结果   （%）

水玻璃用量/$g \cdot t^{-1}$	名 称	产 率	CaF_2品位	CaF_2回收率
500	铁精矿	8.79	6.39	2.19
	萤石精矿	40.33	52.76	83.38
	尾 矿	49.18	7.49	14.43
	原 矿	100.00	25.52	100.00
1000	铁精矿	8.86	6.47	2.26
	萤石精矿	35.43	58.30	81.39
	尾 矿	56.71	7.32	16.35
	原 矿	100.00	25.38	100.00
1500	铁精矿	8.93	6.91	2.38
	萤石精矿	32.59	63.01	79.18
	尾 矿	59.48	8.04	18.44
	原 矿	100.00	25.93	100.00
2000	铁精矿	8.53	6.58	2.18
	萤石精矿	28.53	66.13	73.29
	尾 矿	62.94	10.04	24.53
	原 矿	100.00	25.77	100.00

由表 5-11 可以看出，随水玻璃用量的增加，萤石粗精矿品位逐渐升高，回收率逐渐下降；当水玻璃用量为 1500g/t 时萤石浮选指标最高，获得的萤石粗精矿不论品位与回收率都较好，因此选取萤石粗选水玻璃用量为 1500g/t。

5.1.6.6 水玻璃用量对萤石精选指标的影响

水玻璃是萤石矿浮选常用的抑制剂，但其对用量大小对萤石浮选指标也有重要的影响。本试验主要考查了萤石精选作业水玻璃用量对萤石浮选指标的影响，试验流程如图5-10所示，试验结果见表5-12。

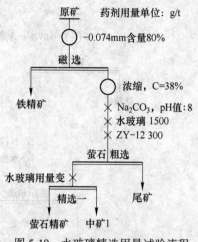

图5-10　水玻璃精选用量试验流程

表5-12　水玻璃精选用量试验结果 （%）

水玻璃用量/g·t⁻¹	名　称	产　率	CaF₂品位	CaF₂回收率
200	铁精矿	8.76	6.76	2.32
	萤石精矿	29.29	63.11	76.12
	中矿1	6.05	15.14	3.59
	尾　矿	55.90	8.39	17.97
300	原　矿	100.00	25.52	100.00
	铁精矿	8.53	6.87	2.31
	萤石精矿	28.84	65.26	74.16
	中矿1	6.98	17.70	4.87
400	尾　矿	55.65	8.51	18.66
	原　矿	100.00	25.38	100.00
	铁精矿	8.93	6.89	2.38
	萤石精矿	27.38	66.64	73.20
500	铁精矿	8.64	15.04	2.55
	萤石精矿	26.38	68.61	70.22
	中矿1	9.59	24.39	9.26
	尾　矿	55.39	8.37	17.99

由表5-12可见，随水玻璃用量的增加，萤石精矿品位不断升高，当水玻璃用量为

400g/t 时萤石浮选指标最佳。因此选取萤石精选作业水玻璃用量为 400g/t。

5.1.6.7 精选条件对萤石精选指标的影响

为得到合格萤石精矿，进行了萤石浮选的精选条件试验，考查萤石精矿精选次数对萤石浮选指标的影响，试验流程如图 5-11 所示，试验结果见表 5-13。

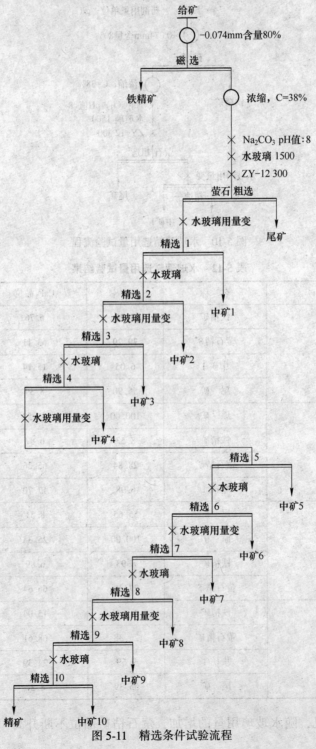

图 5-11 精选条件试验流程

表 5-13　精选条件试验结果　　　　　　　（%）

精选条件	名称	产率	CaF$_2$品位	CaF$_2$回收率
	铁精矿	8.68	6.98	2.36
	萤石精矿	2.81	73.85	8.07
	中矿1	8.28	20.13	6.48
精一：水玻璃 400	中矿2	4.55	48.26	8.54
精二：水玻璃 100	中矿3	4.34	55.93	9.44
精三：水玻璃 100	中矿4	3.69	68.54	9.84
精四：水玻璃 50	中矿5	3.72	74.61	10.51
精五：水玻璃 50	中矿6	3.51	88.78	12.12
精六：水玻璃 50	中矿7	2.79	74.36	8.07
精七：水玻璃 30	中矿8	0.72	78.59	2.20
精八：水玻璃 30	中矿9	0.52	89.12	1.80
精九：水玻璃 20	中矿10	0.43	91.87	1.54
精十：水玻璃 20	尾矿	55.96	8.74	19.03
	原矿	100.00	25.70	100.00
	铁精矿	8.83	6.31	2.16
	萤石精矿	17.65	85.27	59.31
	中矿1	7.13	18.21	5.03
	中矿2	2.86	22.66	2.51
	中矿3	1.73	33.56	2.24
精一：水玻璃 400	中矿4	1.33	46.05	2.37
精三：水玻璃 200	中矿5	1.02	59.74	2.36
精五：水玻璃 100	中矿6	0.86	63.10	2.10
精七：水玻璃 50	中矿7	0.73	72.36	2.04
精九：水玻璃 50	中矿8	0.56	74.59	1.61
	中矿9	0.45	78.12	1.36
	中矿10	0.36	81.39	1.13
	尾矿	56.49	7.64	16.73
	原矿	100.00	25.81	100.00

　　由表 5-13 可知，萤石精选时不论是每个作业都添加抑制剂还是隔段添加，获得的萤石精矿品位都不好，最高也仅 85.27%，这与原矿性质有关。由于萤石矿物嵌布特征复杂，嵌布粒度较细，需再较细的磨矿细度下才能实现较充分的单体解离。因此，后续试验考查了萤石粗精矿再磨后精选试验。

5.1.6.8 粗精矿再磨细度对萤石精选指标的影响

由工艺矿物学研究结果可知，萤石与绿泥石等脉石共生明显，连生致密，如不进行粗精矿再磨，则难以实现单体充分解离。故本次试验开展了萤石精矿再磨条件试验，考查萤石粗精矿再磨细度对萤石精选指标的影响，试验流程图如图5-12所示，试验结果见表5-14。

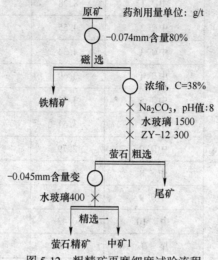

图 5-12 粗精矿再磨细度试验流程

表 5-14 粗精矿再磨细度试验结果 （%）

再磨细度	名 称	产 率	CaF$_2$品位	CaF$_2$回收率
-0.045mm 含量 为80%	铁精矿	8.67	6.62	2.23
	萤石精矿	27.75	69.25	74.61
	中矿1	8.93	17.82	6.18
	尾 矿	54.65	8.00	16.98
	原 矿	100.00	25.76	100.00
-0.045mm 含量 为95%	铁精矿	8.35	6.70	2.17
	萤石精矿	26.75	72.46	75.13
	中矿1	8.56	15.76	5.16
	尾 矿	56.34	8.03	17.54
	原 矿	100.00	25.80	100.00

由表5-14可知，与不再磨相比，萤石粗精矿再磨后精选指标明显更好，品位与回收率均较高。当再磨细度-0.045mm含量占95%，萤石精矿浮选指标最佳。因此选取萤石粗精矿再磨细度-0.045mm含量为95%左右。

5.1.6.9 再磨精选条件对萤石精选指标的影响

为得到合格品位的萤石精矿，进行了萤石粗精矿再磨后精选条件试验。本次试验考查了萤石粗精矿再磨后的精选条件对萤石精选指标的影响，试验流程图如图5-13所示，试验结果见表5-15。

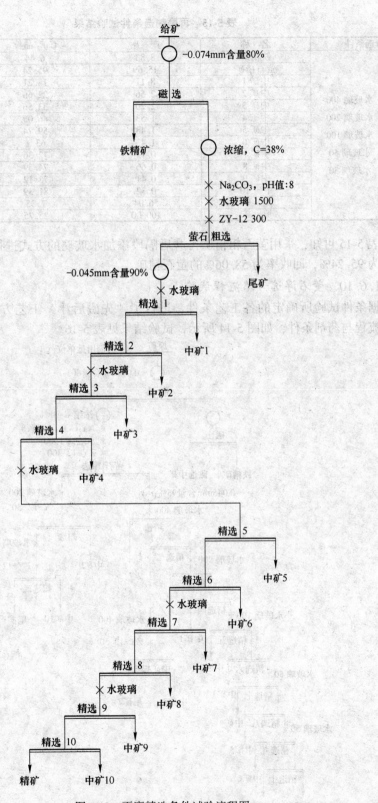

图 5-13 再磨精选条件试验流程图

表 5-15 再磨精选条件试验结果 （%）

精选条件	名 称	产 率	CaF₂ 品位	CaF₂ 回收率
精一：水玻璃 400 精三：水玻璃 200 精五：水玻璃 100 精七：水玻璃 50 精九：水玻璃 30	铁精矿	8.83	6.44	2.19
	萤石精矿	15.69	95.24	58.06
	中矿 1	8.11	18.21	5.34
	中矿 2	2.56	22.66	2.41
	中矿 3	2.20	33.56	2.88
	中矿 4	1.53	46.05	2.47
	中矿 5	1.48	59.74	2.58
	中矿 6	1.43	63.1	2.10
	中矿 7	0.74	72.36	2.01
	中矿 8	0.66	74.59	1.61
	中矿 9	0.41	78.12	1.28
	中矿 10	0.32	81.39	1.07
	尾 矿	56.04	7.35	16.01
	原 矿	100.00	25.75	100.00

由表 5-15 可知，采用萤石粗精矿再磨后隔段添加水玻璃的方式进行十次精选后可得到品位为 95.24%，回收率为 58.06% 的萤石精矿。

5.1.6.10 萤石浮选开路流程试验

根据条件试验所确定的各工艺条件，进行了"先磁后浮"工艺方案开路流程试验，其试验流程与药剂条件，如图 5-14 所示，试验结果见表 5-16。

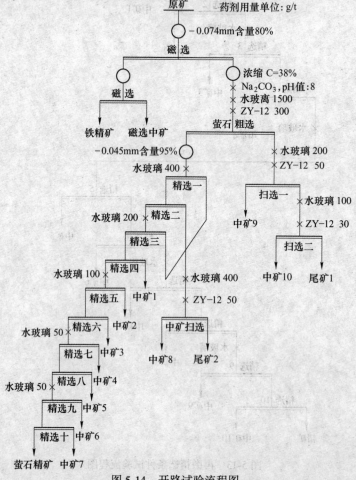

图 5-14 开路试验流程图

表 5-16 开路试验结果 (%)

名 称	产 率	CaF$_2$ 品位	CaF$_2$ 回收率
铁精矿	7.29	5.41	1.53
磁选中矿	1.47	11.93	0.68
萤石精矿	15.75	95.13	58.09
中矿 1	1.56	39.34	2.28
中矿 2	1.37	46.30	2.26
中矿 3	1.05	58.46	2.38
中矿 4	0.72	73.07	2.04
中矿 5	0.64	74.59	1.73
中矿 6	0.41	80.51	1.28
中矿 7	0.31	89.23	1.08
中矿 8	1.62	37.57	2.35
中矿 9	0.89	34.48	1.19
中矿 10	1.31	42.36	2.15
尾矿 1	54.15	6.12	12.88
尾矿 2	11.46	18.18	8.08
原 矿	100.00	25.79	100.00

由表 5-16 可见，采用"先磁后浮"工艺方案开路流程试验可获得含 CaF$_2$ 95.13%、回收率 58.09%的萤石精矿，含 $w(Fe)$ 为 58.57%、回收率 36.64%的铁精矿。

5.1.6.11 萤石浮选闭路试验流程

根据开路流程试验所确定的各工艺条件，进行了"先磁后浮"工艺方案全闭路流程试验，其试验流程与药剂条件，如图 5-15 所示，试验结果见表 5-17。

由表 5-17 可见，采用"先磁后浮"工艺方案闭路流程试验可获得含 $w(CaF_2)$ 为 95.05%、回收率 65.19%的萤石精矿，含 $w(Fe)$ 为 58.37%、回收率 36.35%的铁精矿。

5.1.7 浮选尾矿回收锡矿物教学案例

5.1.7.1 浮选尾矿离心工艺试验

由原矿化学多元素分析与 X 荧光光谱分析结果可知，原矿中锡品位较低，仅 0.11%，经过铁与萤石分选后，尾矿中锡含量为 0.14%。本次试验采用离心机重选进行锡的回收试验，考查离心重选对尾矿中锡回收指标的影响，试验流程如图 5-16 所示，试验结果见表 5-18。

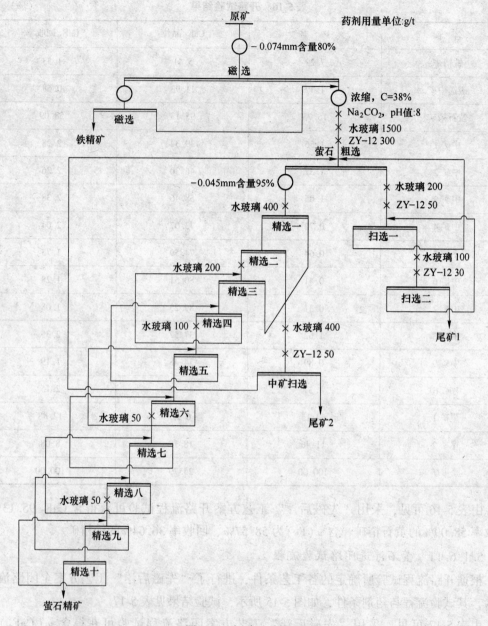

图 5-15　闭路试验流程

表 5-17　闭路试验结果 （%）

名　称	产　率	CaF$_2$ 品位	CaF$_2$ 回收率
铁精矿	7.89	6.06	1.86
萤石精矿	17.64	95.05	65.19
尾矿1	55.72	8.66	18.77
尾矿2	18.78	19.42	14.18
原　矿	100.00	25.72	100.00

图 5-16 离心重选试验流程

表 5-18 离心重选试验结果 （%）

条 件	名 称	产 率	锡品位	锡回收率
离心机 转速 400r/min	锡精矿	11.58	0.41	31.65
	尾 矿	88.42	0.12	68.35
	原 矿	100.00	0.15	100.00

由表 5-18 可见，采用离心重选的方式回收锡矿物，在离心机转速为 400r/min 的条件下进行重选，可获得含锡 0.41%、锡回收率 31.65% 的锡精矿。虽然锡矿物得到了一定的富集回收，但回收效果较差，因此后续试验考虑采用摇床重选的方式回收。

5.1.7.2 浮选尾矿摇床工艺试验

为提高锡精矿的品位，本次试验采用摇床重选的方式进行回收，试验流程如图 5-17 所示，试验结果见表 5-19。

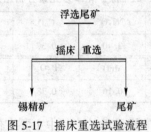

图 5-17 摇床重选试验流程

表 5-19 摇床重选试验结果 （%）

重选方式	名 称	产 率	锡品位	锡回收率
摇床	锡精矿	0.78	5.13	26.68
	尾 矿	99.22	0.10	73.32
	原 矿	100.00	0.15	100.00

由表 5-19 可见，采用摇床进行重选回收效果更好，可获得含锡（质量分数）5.13%、锡回收率 26.68% 的锡精矿。因矿石入选品位较低，实验室小型试验矿石单位用量较小，摇床设备型号也较小，因此进行摇床重选时获得的锡精矿带较窄，难以接到品位较高的锡精矿。若后续采用摇床重选进行工业生产，将可望获得品位更高的锡精矿。

5.2 江西某锂矿石选矿试验研究案例

5.2.1 概述

江西某锂矿石的主要矿物为长石、石英，其次为含锂云母和黄玉，还有少量的锂辉石、绢云母等，矿石中矿物成分较为简单。化学分析结果表明，矿石中除锂品位可达1.12%可供回收外，质量分数含 Ta_2O_5 为 0.0088%，Nb_2O_5 为 0.0099%，具有综合回收前景。

5.2.2　矿石性质

5.2.2.1　原矿化学多元素分析

原矿半定量分析结果见表 5-20。

表 5-20　原矿半定量分析结果　　　　(w/%)

元素	Sr	Ge	MnO	Nb	Cu	Zn	Cs	Sn	Ta
含量	0.0032	0.0017	0.21	0.010	0.002	0.014	0.10	0.05	0.008
元素	Co	S	Rb	MgO	Al_2O_3	SiO_2	Na_2O	CaO	K_2O
含量	0.002	0.014	0.41	0.070	20.9	66.0	4.27	0.66	5.16
元素	Fe_2O_3	Ti	P_2O_5	Ga	W				
含量	0.72	<0.003	1.37	0.0048	0.008				

5.2.2.2　原矿化学多元素分析

原矿化学多元素分析结果见表 5-21。

表 5-21　原矿化学多元素分析结果　　　　(w/%)

元素	Li_2O	K_2O	Na_2O	CaO	MgO	SiO_2	Al_2O_3
含量	1.12	3.50	3.40	0.37	0.085	69.86	17.94
元素	Fe_2O_3	TiO_2	MnO	P_2O_5	烧失量	Ta_2O_5	Nb_2O_5
含量	0.65	0.018	0.16	0.78	3.22	0.0088	0.0099

结果表明，该矿石属于钽铌的锂云母矿，其中主要有价金属矿物有锂、钽和铌。原矿质量分数含氧化锂1.12%，含钽0.0088%、含铌0.0099%。

5.2.2.3　矿石矿物组成及含量

A　矿石矿物组成

矿石中金属矿物较为复杂，矿物种类繁多，既有原生矿物，又有次生氧化矿物；既有氧化矿物、氢氧化物，又有硫化矿物。但各种矿物含量都很稀少，只有钽铌矿物可作为副产品回收利用。其他金属矿物有磁铁矿、赤铁矿、钽铌铁矿、细晶石、锡石、蚀变锆石、羟硅铍石软锰矿、磷钇矿、黄铁矿、黄铜矿、闪锌矿、方铅矿、辉铜矿、斑铜矿，次生氧化矿物有褐铁矿、铜蓝等。

B　矿石矿物含量

矿物矿石含量（质量分数），见表 5-22。

表 5-22　矿物矿石含量表　　　　(w/%)

矿物名称	锂云母	锂白云母	磷锂铝石	天河石	钽铌铁矿	细晶石	蚀变锆石	羟硅铍石	磷钇矿
含量	26.94	微	微	微	46g/t	18g/t	20g/t	微	微

矿物名称	锡石	磁铁矿	黄铁矿	黄铜矿	方铅矿	绢云母	天河石	萤石	电气石
含量	微	0.60	1.5	微	微	6.0	微	偶见	偶见
矿物名称	闪锌矿	斑铜矿	铜蓝	褐铁矿	软锰矿	钠长石	石英	钾长石	高岭石
含量	微	偶见	微	1.5	微	33.0	16.0	5.0	5.0

5.2.2.4 矿石的结构构造

A 矿石的构造类型

（1）锂云母（锂白云母）。它呈鳞片状、叶片状、叠层状、厚板状、极少数呈条状，最常见为不规则叶片状，解离发育，底面解离极完全，常成薄片状。锂云母主要与钠长石连生，其次为石英、钾长石、黄玉、高岭石、绢云母连生。锂云母与钠长石呈各种形式连生，有的单独传切交代锂云母，被锂云母包裹；有的与石英微粒、绢云母或高岭石共同交代锂云母，如图 5-18 和图 5-19 所示。

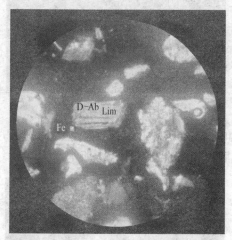

图 5-18 锂云母与细粒石英、钠长石连生

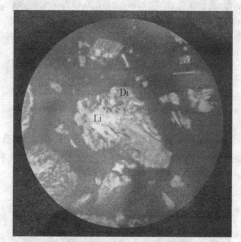

图 5-19 锂云母被绢云母交代

钠长石与锂云母连生，如图 5-20 和图 5-21 所示。一般钠长石多在锂云母边缘分布，

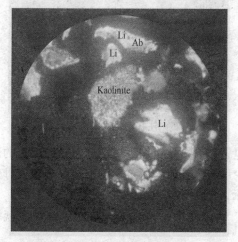

图 5-20 锂云母与钠长石连生

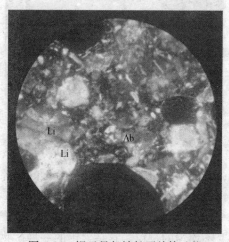

图 5-21 锂云母与钠长石单体矿物

有的钠长石被高岭石、绢云母交代后成两种或三种矿物共同与锂云母连生其他脉石矿物钾长石、石英也多在锂云母表面，极少数锂云母包裹钽铌铁矿、蚀变锆石等矿物；少数锂云母中还包裹密集的黑色矿物，或者是褐铁矿、磁铁矿等，它们多分布于锂云母的解离缝中。

（2）钽铌铁矿。钽铌铁矿的存在形态多种多样，其主要存在形态有呈板状、板柱状、薄板状、长柱状、碎柱状等，钽铌铁矿的晶体较自形，有的表面有纵纹，中等电性。其分布情况如图 5-22 和图 5-23 所示。

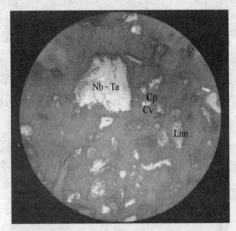

图 5-22　钽铌铁矿与铜蓝分布

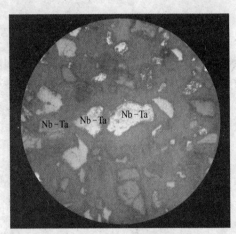

图 5-23　钽铁矿、铌铁矿分布

钽铌铁矿显微镜下透橘红色、红褐色光，如图 5-24 所示，钽铌铁矿主要与锂云母、钠长石、石英、黄玉、白云母等连生，其显微镜照片如图 5-25～图 5-27 所示。

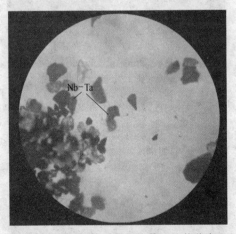

图 5-24　钽铌铁矿呈板柱状、柱状分布

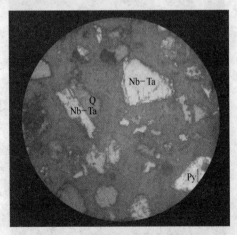

图 5-25　柱状钽铌铁矿与石英连生

有的钽铌铁矿被锂云母、钠长石包含或者包裹；大多数钽铌铁矿则分布在钠长石的边缘；有的则分布在钠长石与锂云母的间隙中。少量钽铌铁矿被石英、黄玉包裹。锂云母包裹钽铌铁矿的显微镜照片如图 5-28～图 5-31 所示。

（3）天河石。微斜长石的变种，含量稀少，偶尔在钾长石、钠长石的边缘呈浅蓝绿色，不均匀的颗粒。它是含铯的一种矿物。

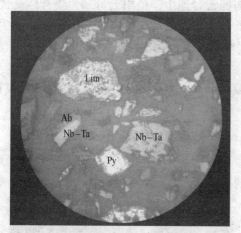

图 5-26 褐铁矿、钽铌铁矿与钠长石

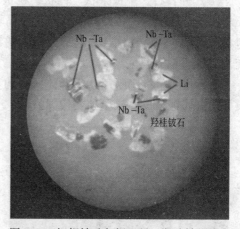

图 5-27 钽铌铁矿与锂云母、羟硅铍石连生

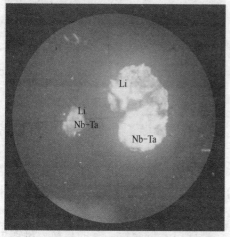

图 5-28 锂云母包裹钽铌铁矿

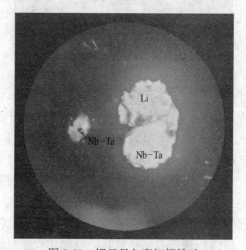

图 5-29 锂云母包裹钽铌铁矿

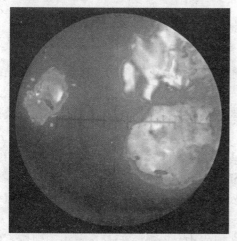

图 5-30 锂云母包裹钽铌铁矿

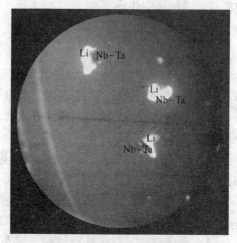

图 5-31 锂云母包裹钽铌铁矿

（4）钾长石。呈板条状、柱状、粒状，常与锂云母连生，被绢云母鳞片集合体交代，还与钾长石连生，交代钾长石。有的被高岭石集合体交代残余。更多见与钽铌铁矿连生，包含钽铌铁矿，常在钠长石边缘分布。钠长石呈粒状，有泥化现象呈浑浊状，被锂白云母交代，如图 5-32 所示。

绢云母：呈细小鳞片状集合体，有的呈团粒状分布，如图 5-33 所示。有的与微粒石英共同交代锂云母。或单独交代锂云母。

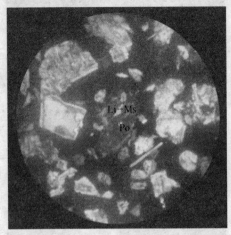

图 5-32　锂白云母交代钾长石

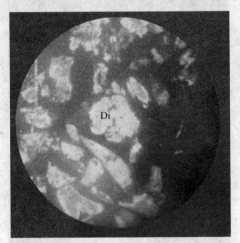

图 5-33　绢云母鳞片集合体

（5）黄玉。呈粒状、柱状，与锂云母连生，有的被绢云母、高岭石交代，与钽铌铁矿连生。

（6）闪锌矿。呈棱状，与黄铜矿组成固溶体分离结构，乳滴状分布于闪锌矿中。

（7）磁铁矿。呈自形—半自形八面体，有的圆球状强磁性呈串珠状，被赤铁矿交代。它与高岭石、褐铁矿连生，偶见被锂云母包裹。

（8）钾长石。呈粒状，有泥化现象呈浑浊状，被锂白云母交代，有的与锂云母连生。

（9）绢云母。呈细小鳞片状集合体，有的呈团粒状分布，有的与微粒石英共同交代锂云母。或单独交代锂云母。

（10）高岭石。呈微细鳞片状集合体，交代钠长石、钾长石，有的附着锂云母表面。

B　矿石的结构类型

本矿石主要结构有似斑状结构、中细粒花岗结构、残余花岗结构、粒状-鳞片变晶结构、交代结构、交代残余结构、包含结构等。

（1）似斑状结构。为钠长石化花岗岩型具有，斑晶主要为半自形-他形粒状石英及钾长石，粒径 5~7mm。

（2）中细粒花岗结构。为钠长石化花岗岩基质所具有的结构。由半自形的钾长石，钠长石、石英、铁锂云母等构成，粒径 0.5~2.5mm。

（3）残余花岗结构。云英岩化花岗岩中，云英岩交代蚀变作用不彻底，原岩的组构特征仍可辨认，且原岩中长石等矿物残留较多，有原花岗岩的残余花岗结构。

（4）交代结构、交代残余结构。云英岩化花岗岩中，石英、云母、黄玉、锂辉石等交代早期形成的钾长石和钠长石，并且常见石英、云母、锂辉石等形成钾长石、钠长石的假象；同时，还可见残留的少量钾长石、钠长石，为交代作用不完全所形成的交代残余结构。

（5）包含结构。钠长石化花岗岩中，钠长石交代钾长石，呈细小板条状包含于较大的钾长石晶体中，形成包含结构。

5.2.3 试验方案及工艺流程

5.2.3.1 试验方案的确定

根据工艺矿物学对原矿性质研究结果，主要以锂云母和长石为回收对象，对该公司锂矿石矿中的 Li_2O 进行了回收试验，根据锂云母的特性，并参考以往的试验成果及类似矿山的选矿实践，试验采用浮选的主干流程。采取三种方案来选别锂云母。第一种方案为使用江西理工大学研制云母类矿物的辅助捕收剂 HZ-00 与阳离子捕收剂搭配，选别锂云母；第二种方案为单独使用阳离子捕收剂，选别锂云母；第三种方案为采用金属离子活化剂与阳离子捕收剂搭配，选别锂云母。锂云母浮选的尾矿回收长石。

5.2.3.2 试验设备及药剂

XPC 150×125 颚式破碎机；PE 60×100 颚式破碎机；200×150 双辊破碎机；XSE-73 300×600 振筛机；XMQ-240×90 型锥形球磨机；XFD、XFG 系列浮选机；LY 实验室型摇床；十二胺、椰油胺、HZ-00、水玻璃、硫酸亚铁、盐酸、硫酸铜、均为矿山选厂工业性药剂；试验用水为民用自来水。

5.2.3.3 锂云母回收试验工艺流程

经过锂云母粗选条件试验后，进行锂云母—粗—精—扫试验流程，开路流程图如图5-34 所示。

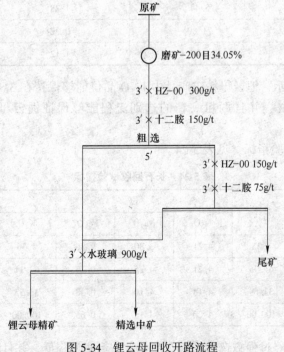

图 5-34 锂云母回收开路流程

5.2.3.4 长石回收试验流程

浮选锂云母的尾矿化验钾、钠品位，得到 K_2O 品位为 4.12%，Na_2O 品位为 4.10%。Fe_2O_3 品位为 0.68%，按照我国长石产品质量要求，可直接作为二级产品来销售。为最大可能的提高产品效益，试验人员针对锂云母浮选尾矿进行除铁试验。试验流程如图 5-35 所示。

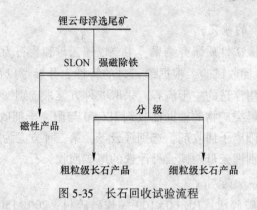

图 5-35 长石回收试验流程

5.2.4 试验指标

（1）锂云母回收试验指标，见表 5-23。

表 5-23 锂云母回收试验指标 （%）

产 品	产 率	Li_2O 品位	回收率
锂云母精矿	22.67	3.63	73.30
精选中矿	5.44	1.28	6.20
锂云母尾矿	71.89	0.32	20.49
原矿	100	1.12	100

开路实验结果显示，锂云母精矿产品中 Li_2O 品位能够保持在 3.5% 以上，为 3.63%，回收率增加到 73.30%，并且两粗一精的选别流程能够保证锂云母精矿产品质量的稳定性。

（2）长石回收试验指标，见表 5-24。

表 5-24 长石回收试验指标 （%）

产 品	产率	品 位			回收率		
		K_2O	Na_2O	Fe_2O_3	K_2O	Na_2O	Fe_2O_3
磁性产品	4.35	4.21	3.80	9.86	4.36	3.95	65.99
粗粒级长石产品	61.96	4.21	4.25	0.15	62.11	63.00	14.31
细粒级长石产品	33.69	4.18	4.10	0.38	33.53	33.05	19.70
给矿	100.00	4.20	4.18	0.65	100.00	100.00	100.00

实验结果表明，经过强磁选后的长石产品含铁量明显降低，并且经过分级后，粗粒级

长石产品 Fe_2O_3 含量（质量分数）为 0.15%，细粒级长石产品 Fe_2O_3 含量（质量分数）为 0.38%，分级后，粗粒级长石产品的产率大于细粒级产品产率，能够有效提高产品效益。

5.3 湖南某长石矿高梯度除铁试验案例

5.3.1 概述

长石是重要的非金属原料，我国境内蕴藏丰富的长石原料，而往往长石中 Fe_2O_3 含量超标，严重影响长石的开发利用。近年来，Slon 立环脉动高梯度磁选机在安徽来安、明关、广东英德、福建南平、将乐等全国各地长石厂得到了广泛应用，并取得较好经济效益。以湖南某长石矿为研究对象，考察高梯度磁选对长石中铁含量的影响，利用高梯度磁选除铁，提高长石的纯度和白度。

5.3.2 矿石性质

5.3.2.1 原矿化学分析

试验矿样为块状长石，颜色呈白色、灰白色，经粉碎、混匀、缩分成测试样和试验样。该长石矿化学分析结果，见表 5-25。

表 5-25 原矿化学分析结果 （w/%）

元素	SiO_2	Al_2O_3	Fe_2O_3	CaO	MgO	Na_2O	K_2O	TiO_2	SO_3	灼减
含量	69.14	16.48	0.35	0.28	0.03	1.85	11.15	0.04	0.012	0.15

由表可见，原矿铁含量较高，Fe_2O_3 为 0.35%，与优质长石 Fe_2O_3 <0.2% 有较大差距，须进行除铁处理。

5.3.2.2 原矿特性

（1）主要矿物为长石（约70%左右），其次为石英，还有少量伊利石、云母类矿物、黑云母、褐铁矿、磁铁矿。

（2）长石粒度较粗，石英成细脉状穿插于长石中，云母类、褐铁矿、磁铁矿等粒度微细。因而长石与石英很难分离，除去铁杂质矿物也比较困难，必须采用有效的除铁工艺。

（3）各个粒级中 SiO_2、Al_2O_3、Fe_2O_3、Na_2O、K_2O 含量变化不大，因此不能用简单的分级方法，使长石中石英与长石或与杂质 Fe_2O_3 有效分离。

5.3.3 试验方案及试验结果

长石中含铁杂质矿物主要是磁铁矿、黑云母、褐铁矿。磁铁矿具有磁性，黑云母、褐铁矿具有弱磁性，故用高梯度磁选可以分离出部分磁铁矿、黑云母和褐铁矿。在磨矿过程中，在不同细度时检查筛析，没有筛分出黑云母片，与岩矿鉴定结论黑云母嵌布粒度较细吻合。因而不能用筛分或分级等方法将黑云母与长石分离，只能用高梯度磁选分离出含铁矿物。

5.3.3.1 长石干磨粉料高梯度磁选

长石经振动磨干磨粉料，加水、分散剂（2kg/t）搅拌，浆料浓度25%。

试验条件：冲程10mm，冲次200r/min，流速1.2cm/s，5号钢毛，磁场强度1.0T，1.2T，1.4T。

不同场强，长石高梯度磁选分选结果列于表5-26。

表 5-26　长石干磨粉料高梯度磁选结果　　　　　　　　　　　　　　　　　（%）

磁场强度	产品名称	产率	Fe_2O_3 品位	除铁率
1.0T	精矿	85.93	0.17	—
	尾矿	14.07	0.95	47.78
	原矿	100.00	0.28	—
1.2T	精矿	91.05	0.18	—
	尾矿	8.05	0.88	32.46
	原矿	100.00	0.24	—
1.4T	精矿	84.81	0.16	—
	尾矿	15.91	0.60	39.08
	原矿	100.00	0.23	—

从试验结果可知，随磁场强度的提高，精矿（非磁性产物）Fe_2O_3含量变化不大，但受精矿产率影响，精矿产率高，Fe_2O_3含量高。由兼顾尾矿产率和尾矿铁的回收率的选矿效率可见，场强1.0T时除铁效果最好。

5.3.3.2 长石湿磨粉料高梯度磁选

长石经瓷衬球磨机湿磨（60min，−325目含量61%），进行磁选。

试验条件：浓度17.1%，分散剂用量2kg/t，流速2cm/s。

不同场强高梯度磁选分选结果列于表5-27。

表 5-27　长石湿磨粉料磁场强度条件试验结果　　　　　　　　　　　　　　（%）

试验条件	产品名称	产率	Fe_2O_3 品位	除铁率
场强1.0T，5号刚毛（粗），冲程10mm，冲次400r/min	精矿	87.30	0.22	—
	尾矿	12.70	0.67	30.84
	原矿	100.00	0.28	—
场强1.2T，5号刚毛（粗），冲程10mm，冲次400r/min	精矿	91.87	0.21	—
	尾矿	8.13	1.15	32.37
	原矿	100.00	0.29	—
场强1.2T，5号刚毛（粗），冲程10mm，冲次400r/min	精矿	91.59	0.23	—
	尾矿	8.41	0.75	23.54
	原矿	100.00	0.27	—

试验结果表明，随磁场强度的提高，精矿（非磁性产物）Fe_2O_3含量下降，磁场强度

低时精矿产率较低，磁场强度达到 1.2T、1.4T 时，精矿产率保持不变，均为91%以上，但磁场强度为 1.2T 时，除铁效率较高，除铁效果也就越好。

随后进行钢毛、冲程、冲次及磨矿介质等条件试验，探讨这些条件对长石除铁的影响，最终试验结果见表 5-28。

表 5-28 长石湿磨粉料钢毛试验结果 （%）

试验条件	产品名称	产 率	Fe_2O_3 品位	除铁率
场强 1.2T，1 号刚毛（细），冲程 5mm，冲次 200r/min	精矿	88.22	0.14	—
	尾矿	11.78	1.24	54.10
	原矿	100.00	0.27	—

采用 1 号钢毛（细钢毛）、减小冲程、降低冲次，可提高除铁效率，使除铁效率达到 54.10%；采用钢球作磨矿介质湿磨后进行磁选，由于受铁球污染，尾矿（磁性产物）产率太高，不能将污染铁除去，除铁效率不高。

由高梯度磁选后的干法和湿法长石粉成瓷试验结果可见，高梯度磁选对长石粉的铁含量降低得并不多，但其对长石粉质量的提高却起着重要作用。未经磁选的长石粉作釉料时，即使其铁含量很低，有时也会在瓷器表面形成黑色斑点。而经过高梯度磁选除铁后的长石粉作釉料时，尽管铁含量降低得不多，但烧成的陶瓷釉面则没有黑色铁斑点，提高了瓷器的等级。其原因可能是高梯度磁选除去的铁是含铁、含钛矿物中的铁，这些铁、钛矿物正是染色杂质，是瓷器烧成后釉面产生黑色铁斑点矿物成分。而高梯度磁选没有除去的铁则是矿物晶格中所含的铁，不是染色杂质。

钢球球磨后磁选结果表明，在磨矿过程中长石污染比较严重，磁选后非磁性产物仍有些发灰，磁性产物产率较高。因此长石采用钢球湿磨后采用强磁除铁仍无法满足高档陶瓷釉料对长石的要求。但经过高梯度磁选除铁后，釉面不会出现黑色铁斑点，但釉面白度降低。

长石粉生产中，干法生产可使用的雷蒙机（摆式磨粉机）磨矿，但辊轮及内衬材质须采用耐磨材料。长石湿法细磨，可选用橡胶衬板的球磨机，用高铝、氧化锆球，以避免铁对长石粉的污染。当长石粉质量要求高时，须进行磁选除铁处理。

5.4 毕业论文案例——萤石与方解石的浮选分离研究

为巩固加深基础理论和基本技能，培养学生综合应用所学知识和技能分析和解决实际问题、独立开展科学研究的能力，本科院校都会以毕业论文或者毕业设计作为学生的毕业试卷，本节就以江西理工大学 2012 级某学生的毕业论文为例，介绍本科毕业论文案例——萤石与方解石的浮选分离研究。

5.4.1 研究的背景、意义和研究内容

萤石和方解石具有相同的阳离子钙离子，且在溶液中共存时存在矿物之间的相互转化，使得萤石与方解石的浮选分离成为碳酸盐-萤石矿物回收萤石的难点。

众多学者对深度酸化后的水玻璃对方解石的抑制机理做了大量研究，认为酸化水玻璃水解形成的硅酸根离子与方解石表面吸附的捕收剂进行竞争吸附，从而使得与方解石表面

Ca^{2+} 结合的捕收剂遭到排挤，方解石被抑制。深度酸化时水玻璃水解形成的胶粒能够进一步细化，细化后的胶粒有利于泡沫的稳定，并且酸化后的水玻璃能够对矿浆中的 Ca^{2+} 形成非螯合配位体，从而消除在酸性条件下方解石溶解产生的 Ca^{2+} 对萤石浮选的影响。通过试验证明当酸化水玻璃大用量时能够促进捕收剂的作用，对萤石的浮选有一定的活化作用。将酸化水玻璃和抑制剂 Y 及添加剂 A 进行适当配比作为某高碳酸盐萤石矿精选作业方解石的抑制剂，当三者的配比为酸化水玻璃：Y：A = 4：1：40 时，效果最好，不仅便于生产应用，且能够减少抑制剂的用量。对萤石和方解石的溶解特性及溶液化学的研究表明：矿物溶解的离子能够在另一种矿物表面进行吸附并发生化学变化，使得矿物表面性质发生变化，这是萤石和方解石浮选分离比较困难的原因之一。并通过溶液化学计算得出二者表面相互转化的临界 pH 值为 8.4~9.1。腐殖酸钠和水玻璃组合使用作为脉石矿物的抑制剂，碳酸钠作为试验 pH 调整剂，自主研发的 KY-100 作为捕收剂，对某碳酸盐型萤石矿进行试验研究，成功地实现了萤石和方解石的浮选分离，取得了良好的精矿指标。萤石和方解石浮选分离时，矿浆中存在的 CO_3^{2-} 对方解石的浮选具有较大的影响，矿浆中的 CO_3^{2-} 能够在方解石表面发生静电吸附，使得方解石的表面双电层被压缩、电性被中和，颗粒间的排斥力降低从而形成聚团，使得颗粒更容易附着在气泡上，因此能够提高方解石的浮选速率。

萤石是一种重要的氟原料，与我国的国防建设和国民经济密不可分。伴随着我国经济的飞速发展，氟的需求量也日益增大。然而，单一型萤石矿将逐渐被开采殆尽，如何最大限度地利用伴（共）生型萤石矿，已成为如今氟工业发展亟待解决的关键问题。我国伴生萤石资源十分丰富，但大部分伴生型萤石矿属于低、贫萤石矿，脉石矿物相当复杂，所以需要高选择性的捕收剂及强有效的抑制剂。本文通过纯矿物试验研究，为低、贫萤石矿的选别提供了可靠的依据。

5.4.2 研究内容

本节的主要研究内容如下：
(1) 纯矿物的制备。
(2) 糊精对萤石和方解石抑制性能影响。
(3) 水玻璃对萤石和方解石抑制性能影响。
(4) 淀粉对萤石和方解石抑制性能影响。
(5) 苛性淀粉对萤石和方解石抑制性能影响。
(6) 栲胶对萤石和方解石抑制性能影响。
(7) 不同种类抑制剂对方解石浮选的影响对比。
(8) 不同种类抑制剂对萤石浮选的影响对比。
(9) 人工混合矿的浮选分离。

5.4.3 试验原料、药剂及试验研究方法

5.4.3.1 纯矿物的制备

萤石纯矿物取自贵州某萤石矿山，方解石纯矿物也取自贵州某矿山。萤石和方解石分别经人工破碎后，进行挑选，蒸馏水清洗后自然晾干，再用陶瓷球磨机磨细，筛取

-74+38um的常规粒级再用蒸馏水洗涤后，晾干，用矿样袋装好备用。分别取萤石和方解石送去化验，化验结果如下：萤石纯度为97.63%，方解石纯度为95.19%。萤石和方解石的XRD衍射图如图5-36和图5-37所示。从矿石纯度及XRD衍射图结果可以得知萤石和方解石都达到了纯矿物试验要求。

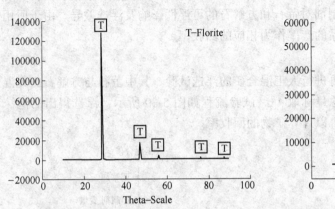

图5-36 萤石纯矿物的XRD衍射图

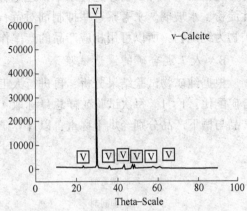

图5-37 方解石纯矿物的XRD衍射图

5.4.3.2 试验仪器及药剂

试验仪器见表5-29，浮选试验中采用的捕收剂均为工业纯，所有捕收剂为改性后的油酸钠。试验所使用化学药剂，见表5-30。

表5-29 试验所用主要仪器

名 称	型号	厂 家	用 途
标准筛	—	—	筛分
不锈钢电热蒸馏水器	YA·ZD-10	丹东多效蒸馏水器厂	制备蒸馏水
电子天平	FA2204B	上海精密仪器仪表有限公司	矿样称重
电显酸度计	TES-1380	上海苏特电气有限公司	测矿浆pH
干燥箱	2XZ-2	南京瑞奥电热科技有限公司	干燥矿物
挂槽浮选机	XFG$_{II}$-4L	中国长春吉林省探矿机械厂	矿物浮选

表5-30 试验药剂

试剂名称	试剂品级	用 途
油酸钠	分析纯	捕收剂
糊精	分析纯	抑制剂
水玻璃	分析纯	抑制剂
淀粉	自配	抑制剂
栲胶	分析纯	抑制剂
苛性淀粉	自配	抑制剂
NaOH$_{(aq)}$	分析纯	pH调整剂
盐酸	分析纯	pH调整剂

5.4.3.3 浮选实验研究方法

A 纯矿物浮选试验

制备好合格的纯矿物，试验每次称取 2g 纯矿物，采用 XFG$_{II}$ 型浮选机按照图 5-38 进行浮选试验。在纯矿物浮选体系中，选定合适的捕收剂，通过添加栲胶、糊精、淀粉、苛性淀粉、水玻璃。来考察这些抑制剂对萤石和方解石的可浮性影响及浮选差异。由于所用矿物为纯矿物，所以可用相应产品的产率作为相应的回收率。

B 人工混合矿的浮选试验

根据纯矿物试验结果分析，再进行人工混合矿的浮选试验。其中萤石与方解石二元混合矿配比：1∶1。每次试验矿样总量称取 4g。试验流程如图 5-39 所示，浮选得出的泡沫产品与槽下产品分别经烘干称重，以计算矿物的回收率。

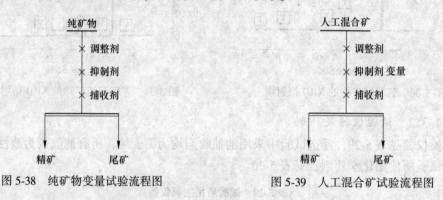

图 5-38 纯矿物变量试验流程图　　　　图 5-39 人工混合矿试验流程图

5.4.4 萤石和方解石的浮选行为研究

5.4.4.1 捕收剂油酸钠

油酸钠，别名十八烯酸钠，顺式-9-十八烯醇，油醇，顺-9-十八烯醇，（Z）-十八-9-烯醇，橄榄油醇，顺-9-十八烯-1-醇，9-正十八碳烯醇，十八烯醇。

油酸钠是氧化矿物浮选所使用的典型羧酸类捕收剂，同时在萤石矿物浮选中也是使用最多的捕收剂。如果萤石矿物的成分比较简单，利用油酸类捕收剂可以获得较好的浮选指标和分选结果。然而，油酸类捕收剂在浮选萤石复杂矿物时，捕收剂与萤石相互作用的同时，共生及伴生的其他矿物也被捕收，这样，就不能得到令人满意的分选结果。

目前，对于萤石吸附油酸钠的过程，很多学者都认为是物理吸附和化学吸附共同作用的结果，但是一方面他们大都使用特定地区的矿石作为研究对象，这样吸附机理的解释就具有明显的局限性，另一方面，他们一般只研究萤石组分中个别物质对油酸钠的作用机理。对矿物各个组分与油酸钠作用的相互关联性关注较少。同时，对萤石与油酸钠作用的化学吸附过程说明也不够详细。因此，研究萤石矿物各个组分对药剂吸附的表面特性，从而建立用药制度，进而使资源得到最大化的利用，节约成本. 对萤石矿物的浮选具有重要意义。

5.4.4.2 抑制剂对矿物的可浮性的影响

由于脂肪酸类捕收剂的选择性不好，因此浮选萤石时抑制剂就显得尤其重要。本节以抑制剂用量为变量，在 pH 为 8.5，捕收剂油酸钠浓度为 100mg/L 条件下，来考察糊精、水玻璃、淀粉、栲胶及苛性淀粉对萤石和方解石的抑制效果。

A　糊精对萤石和方解石的抑制

糊精是淀粉水解的产物，分子质量 3000~10000，高支链结构。糊精作为调整剂，其抑制力强，选择性比淀粉好，因而在矿物浮选中被普遍使用。

早在 1939 年 Booth 即将糊精用于含碳质的黄铁矿金矿石的浮选，发现糊精能选择性地抑制碳质。后来 Klassen 研究了糊精和淀粉对煤的抑制作用，发现支链多糖比直链多糖的抑制作用更强。Im 和 Apam 试验了 55 种不同多糖在煤浮选中的抑制作用，得出了与 Klassen 相同的结论。Miller 等利用糊精作煤的抑制剂进行两段反浮选试验，结果表明煤中黄铁矿的含量比常规浮选低。Haung 等研究了糊精在煤上的吸附行为，发现在低糊精浓度下煤的浮选受到抑制。

固定 pH 值为 8.5，捕收剂油酸钠浓度为 100mg/L，考察糊精用量对萤石方解石的浮选分离的影响。实验流程如图 5-38 所示，捕收剂油酸用量为 100mg/L。

由图 5-40 试验研究结果可知：糊精的用量对萤石的浮选效果影响，糊精的用量的改变对萤石的浮选基本没有影响，所以我们得出结论，糊精对萤石的抑制效果不好；糊精的用量对方解石的浮选效果影响，当糊精用量从 20mg/L 增加到 60mg/L 时，方解石的回收率一直在降低，在 60mg/L 时达到最低，当糊精用量超过 60mg/L 时，方解石的回收率又逐渐上升。所以我们可以从纯矿物实验的过程中可以得出，当 pH 为 8.5、糊精用量为 60mg/L 时，浮选分离效果最佳。

B　水玻璃对萤石和方解石的抑制

固定 pH 值为 8.5，捕收剂油酸钠用量为 100mg/L 来考察水玻璃用量对萤石与方解石浮选分离的影响，如图 5-38 步骤，得出图 5-41 结果。

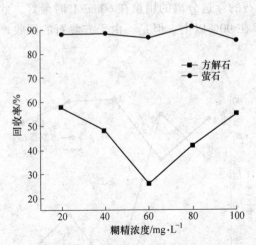

图 5-40　糊精对萤石与方解石抑制性影响

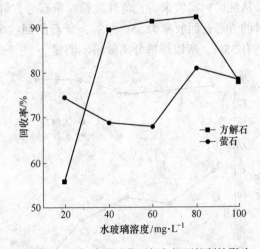

图 5-41　水玻璃对萤石与方解石抑制性影响

由图 5-41 试验研究结果可知：当水玻璃的用量增加时方解石的回收率逐渐升高，当水玻璃的用量超过 80mg/L 时，它的回收率开始降低，当水玻璃的用量为 80mg/L 时，萤石的回收率最大，达到 90% 以上；当水玻璃的用量在 20~60mg/L 时，方解石的回收率随着水玻璃用量增加逐渐降低，当水玻璃的用量在 60~100mg/L 时，方解石的回收率随着水玻璃用量增加逐渐升高，最后趋向平衡，也就是当水玻璃的用量为 60mg/L 时，方解石的回收率最低，但最低也在 60% 以上，所以，单从纯矿物实验来看，水玻璃对萤石和方解石的浮选分离效果不明显。

C　淀粉对萤石和方解石的抑制

早在 20 世纪 30 年代，人们就已经发现了淀粉的选择性抑制作用，而且，淀粉作为选择性抑制剂被大量用于铁矿石浮选。淀粉在盐类矿石（萤石、方解石、磷灰石、重晶石等）的浮选分离上的应用，虽在理论上阐述了它的可行性，但应用实例很少。这里研究了几种常用淀粉在萤石与方解石浮选分离中的作用，发现淀粉可以作为萤石与方解石的选择性抑制剂。

固定 pH 值为 8.5，捕收剂用量为 100mg/L，考察淀粉用量对萤石方解石的浮选分离效果的影响。实验流程如图 5-38 所示，pH 保持不变，淀粉用量改变。

由图 5-42 试验研究结果可知：当抑制剂淀粉量增加时，萤石的回收率基本保持不变，保持在 90% 左右，可以得出，抑制剂淀粉对萤石的影响很小，基本没有影响；而随着淀粉用量的增加，方解石的回收率一直在降低，当淀粉的量为 100mg/L 时，达到最低点，回收率低于 10%。试验结果显示，淀粉的能够有效实现萤石与方解石的浮选分离。

D　苛性淀粉对萤石和方解石的抑制

固定 pH 为 8.5，捕收剂用量为 100mg/L，考察苛性淀粉用量对萤石方解石的浮选分离效果的影响，实验流程如图 5-38 所示。

由图 5-43 试验研究结果可知：当苛性淀粉的量改变时萤石的回收率有微弱的变化，但总体保持平稳；当苛性淀粉的量在 20~40mg/L 时，方解石的回收率逐渐升高，在 40~60mg/L 时，回收率逐渐降低，在 60~80mg/L 时，回收率升高，最终达到平稳。所以，若是从纯矿物实验来看，苛性淀粉对萤石与方解石的浮选分离的用量在 60mg/L 时最好，此时的方解石回收率为 35% 左右，萤石的回收率在 90% 以上，但是，由于方解石的回收率还有 35%，所以浮选分离效果不明显。

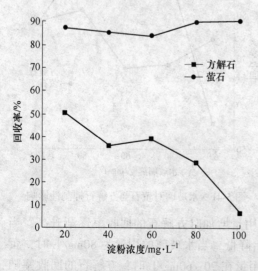

图 5-42　淀粉对萤石与方解石抑制性影响

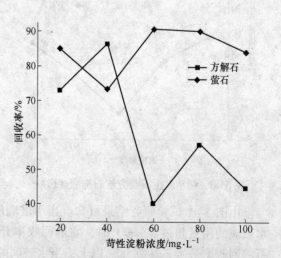

图 5-43　苛性淀粉对萤石与方解石抑制性影响

E 栲胶对萤石和方解石的抑制

栲胶又称植物鞣剂，是复杂的天然化合物的混合物，除了主要成分多元酚类化合物单宁之外，还有非单宁和不溶物，分子质量最高为 5 万。在它的组成中单宁型抑制剂中较有效，易于使用的药剂，栲胶中的 OH^- 极易和 Ca^{2+}、Cu^{2+}、Al^{3+}、Fe^{2+} 和 Fe^{3+} 作用，这种性能对选矿有重要意义。

栲胶具有来源广泛，价格便宜，无味，性能稳定，易溶于水等优点。因此，在浮选上是值得研究推广的一种新型浮选药剂。

固定 pH 值为 8.5，捕收剂用量为 100mg/L，考察栲胶用量对萤石方解石的浮选分离效果的影响。实验流程如图 5-38 所示。

由图 5-44 试验研究结果可知：随着抑制剂栲胶量增加，萤石的回收率基本保持不变，保持在 80% 左右，可以得出，抑制剂栲胶对萤石的影响很小，基本没有影响；而当栲胶的浓度在 20~40mg/L 时，方解石的回收率逐渐降低，当抑制剂栲胶的量在 40~60mg/L 时，方解石的回收率又升高，当抑制剂栲胶的量在 60~100mg/L 时，方解石的回收率逐渐降低，在抑制剂栲胶的量在 80mg/L 时，方解石的回收率达到最低，30% 左右，试验结果表明，栲胶的能够比较有效实现萤石与方解石的浮选分离。

F 不同种类抑制剂及 pH 对方解石浮选效果的影响对比

本节主要研究糊精、水玻璃、淀粉、苛性淀粉和栲胶这 5 种常见的抑制剂对萤石和方解石的浮选分离效果，它们的抑制效果受到 pH 值的影响，而且萤石和方解石的浮选分离也受到 pH 的影响，所以现在首先我们先研究这 5 种抑制剂在不同的 pH 时对方解石的浮选分离的影响。

实验：保持 5 种抑制剂的量为 60mg/L 保持不变，改变 pH 的大小，分别取 5 份 2g 方解石样本，按图 5-38 实验，得出结果如图 5-45 所示。

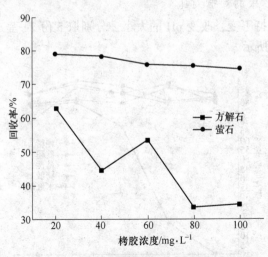

图 5-44 栲胶对萤石与方解石抑制性影响

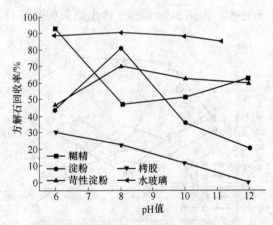

图 5-45 方解石的浮选效果与 pH 的关系

由图 5-45 试验研究结果可知：

（1）糊精受 pH 值的影响为 pH 值在 6~8 时，抑制效果增强，浮选回收率降低；当 pH 在 8~12 时，抑制效果在减弱，浮选回收率升高；在 pH 为 8 时，抑制效果最好，浮选回收率最低。

（2）淀粉受 pH 值影响为 pH 值在 6~8 时，抑制效果减弱，浮选回收率升高，当 pH 在 8~12 时，抑制效果增强，浮选回收率降低。

（3）苛性淀粉受 pH 值影响为 pH 值在 6~8 时，抑制效果减弱，浮选回收率升高，当 pH 在 8~12 时，抑制效果增强，浮选回收率降低。

（4）栲胶受 pH 值的影响，pH 值增大的过程中，抑制效果一直在增强，浮选回收率一直在降低。

（5）水玻璃受 pH 值的影响，在 pH 值增大的过程中，抑制效果变化很小，浮选回收率基本保持平稳。

实验：改变 5 种抑制剂的用量，pH 值为 8.5，取 5 份 2g 方解石样本，按图 5-38 分别实验，得出结果如图 5-46 所示。

由图 5-46 试验研究结果可知：

（1）当糊精的用量在 20~60mg/L 时，方解石的回收率逐渐降低，当用量在 60~100mg/L 时，方解石的回收率逐渐升高，所以当糊精的用量为 60mg/L 时，对方解石的抑制效果最好。

（2）当淀粉的用量从 20~100mg/L 增加时，方解石的回收率一直在降低，也就是说当淀粉的用量为 100mg/L 时，对方解释的抑制效果最好。

（3）当苛性淀粉的用量在 20~60mg/L 时，方解石的回收率逐渐降低，当用量在 60~100mg/L 时，方解石的回收率先升高，后保持平稳。所以当苛性淀粉的用量为 60mg/L 时对方解石的抑制效果最好，但是方解石的回收率还有 40% 以上。

（4）当栲胶的用量为在 80mg/L 时对方解石的抑制效果最好。

（5）水玻璃的用量增加时对方解释的抑制效果不明显，回收率都在 90% 左右。

G 不同种类抑制剂及 pH 对萤石浮选效果的影响对比

实验：保持 5 种抑制剂的量为 60mg/L 保持不变，改变 pH 的大小，分别取 5 份 2g 萤石样本，按图 5-38 实验，得出结果如图 5-47 所示。

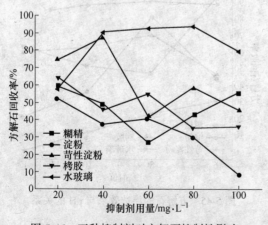

图 5-46 五种抑制剂对方解石抑制性影响

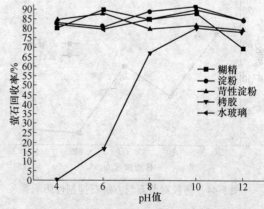

图 5-47 萤石的浮选效果与 pH 值的关系

由图 5-47 试验研究结果可知：

（1）糊精受 pH 值的影响为：当 pH 值在 4~6 时，抑制效果减弱，浮选回收率升高，当 pH 值在 6~8 时，抑制效果在增强，浮选回收率降低，在 pH 值在 8~10 时，抑制效果减弱，浮选回收率升高，在 pH 值在 10~12 时，抑制效果在增强，浮选回收率降低。

（2）淀粉受 pH 值影响为：当 pH 值在 4~6 时，抑制效果在增强，浮选回收率降低，当 pH 值在 6~10 时，抑制效果减弱，浮选回收率升高，在 pH 值在 10~12 时，抑制效果在增强，浮选回收率降低。

（3）苛性淀粉受 pH 值影响为：在 pH 值为 4~8 时，抑制效果在增强，浮选回收率降低，当 pH 值在 8~12 时，抑制效果减弱，浮选回收率升高，最后达到平稳。

（4）栲胶受 pH 值的影响：pH 值增大的过程中，抑制效果一直在减弱，浮选回收率一直在升高，最后保持平稳。

（5）水玻璃受 pH 值的影响：当 pH 值在 4~6 时，抑制效果在增强，浮选回收率降低，当 pH 值在 6~10 时，抑制效果减弱，浮选回收率升高，在 pH 值在 10~12 时，抑制效果在增强，浮选回收率降低。

实验：改变 5 种抑制剂的用量，pH 值为 8.5，取 5 份 2g 萤石样本，按图 5-38 分别实验，得出结果如图 5-48 所示。

由图 5-48 试验研究结果可知：

（1）当糊精的用量改变时，萤石的回收率基本保持不变，保持在 90% 左右。

（2）当淀粉的用量从 20~60mg/L 增加时，萤石的回收率略降，用量在 60~100mg/L 时，萤石的回收率略升，但这个过程中萤石的回收率变化不大。

（3）当苛性淀粉的用量在 20~40mg/L 时，萤石的回收率在降低，当用量在 40~60mg/L 时，萤石的回收率先升高，后基本保持平稳。

（4）当栲胶的用量变化时，萤石的回收率基本不变，回收率在 80% 左右。

（5）水玻璃的用量在 20~60mg/L 萤石的回收率降低，60~100mg/L 时，萤石的回收率升高，后面保持平稳，保持在 80% 左右。

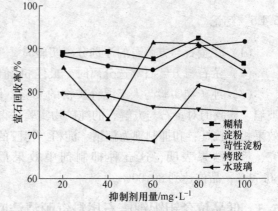

图 5-48 五种抑制剂对萤石抑制性影响

H 人工混合矿的浮选分离

萤石与方解石的分离是当今的难点及热点，所以在两者分离上不仅捕收剂重要抑制剂显得更为重要。经过上面的试验，了解到，当 pH 值在 8~9 时，糊精、淀粉、栲胶对萤石与方解石的浮选分离的效果可能更好，下面进行这 3 种抑制剂对方解石与萤石的人工混合矿物的浮选分离研究的效果比较，试验采用人工混合矿试验的结果，每次矿样萤石 2g、方解石 2g 混合，pH 值为 8.5，抑制剂的用量保持 80mg/L，捕收剂用量为 100mg/L，改变抑制剂的种类进行实验，试验流程图如图 5-39 所示，试验结果见表 5-31。

由表 5-31 试验结果可知：萤石与方解石 1:1 的混合矿，当 pH 值为 8.5，抑制剂为糊精时，回收率很高，但精矿的品位太低；抑制剂为淀粉时，也是回收率很高，品位过低；抑制剂为栲胶时，回收率相对糊精与淀粉的低一点，但也保持在 80% 左右，而且品位很高。所以经过人工混合矿物实验，栲胶对方解石、萤石的浮选分离效果最好的是栲胶。

表 5-31 萤石与方解石人工混合矿分离结果（混合比例 1 : 1）

抑制剂名称	产品名称	CaF_2 产率/%	CaF_2 品位/%	CaF_2 回收率/%
糊精	萤石精矿	71.00	64.42	93.70
	尾矿	29.00	10.61	6.30
	混合矿	100.00	48.82	100.00
淀粉	萤石精矿	80.50	59.00	97.30
	尾矿	19.50	6.77	2.70
	混合矿	100.00	48.82	100.00
栲胶	萤石精矿	49.25	80.00	80.71
	尾矿	50.75	18.55	19.29
	混合矿	100.00	48.82	100.00

5.4.5 结论

（1）在萤石与方解石的浮选分离实验时，一般采用油酸钠作为捕收剂。

（2）萤石与方解石浮选分离时，最佳 pH 值应在 8~9，此时最适合它们的浮选分离。

（3）纯矿物实验与人工混合矿物的实验，做了抑制剂为糊精、淀粉、苛性淀粉、水玻璃、栲胶的对萤石与方解石的纯矿物实验，得出了糊精、淀粉、栲胶 3 种抑制剂的抑制效果相对较好；和抑制剂为糊精、淀粉、栲胶的萤石、方解石人工混合矿物的浮选分离研究，最终结果表明，这五种抑制剂中效果最好的是栲胶，实验结果，回收率达到 80.71%，品位达到 80.00%。

5.5 低品位含钽铌锂废石尾料资源清洁回收与利用案例

5.5.1 概述

江西宜春钽铌矿是中国最具代表性的钽铌锂资源，其资源储量、产量、出口量均居全国首位，是我国不可撼动的钽铌锂资源大省。现已累计探明的资源储量为：钽 1.85 万吨、铌 1.49 万吨、锂 75.22 万吨，矿床类型属钠长石、锂云母花岗岩型含钽、铌、锂、铷、铯等多种稀有金属的大型矿床。钽铌工业储量约占全国探明的 44.3%，锂工业储量约占全国已探明储量的 89.2%。随着工业生产的发展与产能的扩大，江西宜春钽铌矿已开采四十余年，此过程中富矿及易采选的钽铌锂矿石不断减少，大量低品位、复杂难选的表面矿、废矿正逐渐增多。据统计，江西宜春钽铌矿每年约生产剥离出废石 40~50 余万吨，截至目前，矿区已累堆存废石近千万吨。这些废石不仅含钽、铌、锂品位低（（Ta, Nb)$_2$O$_5$ 为 0.019%、Li$_2$O 品位约 0.32%、K$_2$O 与 Na$_2$O 品位约 5%、Al$_2$O$_3$ 品位为 15% 左右），而且矿石性质复杂、矿物组分多、嵌布粒度细、钛铁锰等杂质含量高等，是我国钽铌锂资源特有的"黑斑矿"类型。由于废石自然禀赋差，既达不到陶瓷玻璃工业对长石原料的要求，也达不到钽铌锂矿床开采品位要求，选矿分离与综合回收困难，因此一直未得到合理的开发与妥善的处理，除了少数用于填坑、铺路外，绝大多数被视为固体废弃物堆弃，不仅造成矿产资源的严重浪费，还给矿区环境及周边安全带来严重危害。

为合理开发该矿产资源，实现低品位含钽铌废石尾料资源综合回收，提高矿产资源综合利用效率，进行选矿主干流程入选粒级优化，确定了最佳的入选粒度；通过详细的基础理论研究，确定了主要组成矿物的分选行为；通过选矿试验研究，寻找含钽铌废石尾料资源综合回收的最佳流程结构，确定分选的原则工艺流程；通过工艺矿物学与浮选试验研究，开发了锂云母矿物的高选择性捕收剂，强化了锂云母与长石的浮选分离；通过磁选、重选试验及新装备研究，探索了含钽铌废石尾料资源回收的最佳工艺流程及铁、钛、锰等有害杂质脱除的最佳方法，设计了高梯度磁选机的高性能磁介质盒及其相匹配的磁介质，研制了高效模块式高频振动斜管浓密分级设备，并优化了工艺流程与技术参数，提高了钽铌、锂云母及长石精矿产品的质量与目的矿物选矿回收率。

5.5.2 矿石性质

江西宜春某低品位钽铌锂矿石为采场开采剥离出的表面矿、废石及低品位矿石等，矿石中矿物组成复杂，既有原生矿物，又有次生氧化矿物，既有氧化矿物、氢氧化物，又有硫化矿物，矿物种类复杂，但含量稀少，除钽铌及含锂矿物可作为主产品回收利用外，其他矿物回收利用价值较低。矿石中金属矿物主要有磁铁矿、赤铁矿、钽铌铁矿、细晶石、锡石、蚀变锆石、羟硅铍石软锰矿、磷钇矿、黄铁矿、黄铜矿、闪锌矿、方铅矿、辉铜矿、斑铜矿等，次生氧化矿物为有褐铁矿、铜蓝等。

由于矿石遭受风化和热液交代等作用，导致长石等矿物常被分解为高岭石及黏土矿物，使得矿石泥化现象严重，但仍保留其花岗结构特征，并与含铁、锰、钛及钽、铌等矿物构成宜春地区特有的"黑斑矿"矿石类型。原矿 K_2O 含量（质量分数）为 3.90% ~ 4.20%、Na_2O 含量（质量分数）为 3.85% ~ 4.05%，Li_2O 含量（质量分数）为 0.1% ~ 0.3%，$(TaNb)_2O_5$ 含量（质量分数）为 0.006% ~ 0.022%，属低品位难处理钽铌锂矿石。

5.5.2.1 原矿化学多元素分析

原矿化学多元素分析结果见表 5-32。

表 5-32 原矿化学多元素分析结果 （$w/\%$）

元素	Li_2O	K_2O	Na_2O	CaO	MgO	SiO_2	Al_2O_3
含量	0.31	4.31	4.17	0.37	0.085	69.86	15.94
元素	Fe_2O_3	TiO_2	MnO	P_2O_5	烧失量	Ta_2O_5	Nb_2O_5
含量	1.02	0.018	0.16	0.78	3.22	0.009	0.008

结果表明，该矿中锂云母矿物可作为主要回收对象，钽铌矿物、长石矿物可作为副产品回收利用，主要脉石矿物为石英。该矿石属于钽铌的矿，其中主要有价金属矿物有锂、钽和铌，含（质量分数）氧化锂 0.31%、含钽 0.009%、含铌 0.008%。

5.5.2.2 矿石矿物组成及含量

（1）矿石矿物组成。矿石中目的矿物为锂白云母，其他矿物有石英、钾长石、斜长石、黏土矿物、黄玉、萤石、钠长石。副矿物有铌钽铁矿、锡石、黄铁矿、褐铁矿、磁铁矿等。

（2）矿石矿物含量。矿物矿石含量见表5-33。

表 5-33　矿物矿石含量表　（w/%）

矿物名称	锂云母	石英	斜长石	钾长石	黄玉	黏土矿物	萤石
含　量	10.0	25	24	31	1.8	4.5	偶
矿物名称	褐铁矿	黄铁矿	钠长石	磁铁矿	锡石	钽铌铁矿	
含　量	微	微	微	微	微	微	

5.5.2.3　矿石的结构构造

（1）构造。本矿石主要结构有块状构造、团粒状构造及星散状构造等。

1）块状构造。岩石由石英、长石，少量锂白云母组成致密块状。

2）团粒状构造。锂白云母局部聚集成团粒状。

3）星散状构造。锂白云母呈散状分布于长石、石英粒间。

（2）结构：

1）显微鳞片变晶结构。锂白云母呈鳞片状集合体交代长石、石英，如图5-49所示。

2）花岗结构。由半目柱状斜长石和他形石英、钾长石、云母组成粒状镶嵌，如图5-55所示。

3）交代残余结构。锂白云母交代长石，有的长石呈残余，如图5-53所示。

4）变余花岗结构。岩石被风化和热液交代作用。但仍保留其花岗结构特征。主要为锂白云母交代岩石中的长石。以及长石经风化作用，长石分解为高岭石、黏土矿物，图5-56所示。

5.5.2.4　矿石主要矿物粒级组成和单体解离

A　主要矿物粒级组成（见表5-34）

表 5-34　主要矿物粒度组成

粒级（目）	锂云母/%		钽—铌铁矿/%	
	个别	累计	个别	累计
+1.28	43.44	—	—	—
−1.28+0.64	33.79	77.23	—	—
−0.64+0.32	16.90	94.13	2	—
−0.32+0.16	3.62	97.75	10	12
−0.16+0.08	1.81	99.56	20	32
−0.08+0.04	0.44	100.00	30	62
−0.04+0.02	0	—	38	100.00
合计	100.00		100.00	

从表5-34的矿物粒级组成可知，以+0.32mm锂云母为主，99.56%锂云母在+0.08mm以上粒级。钽铌铁矿则相反，粗粒级含量极少，都在-0.08mm以下粒级中分布。

B　主要矿物单体解离度测试

锂云母和钽铌矿单体解离度测定结果见表5-35和表5-36。

表 5-35 锂云母单体解离度

粒级（目）	产率/%	单体/%	连生体		
			1/4	2/4	3/4
+0.45	50.79	75.68	1.35	4.32	18.65
-0.45~+0.15	24.08	92.52	0.15	0.62	6.71
-0.15~+0.076	12.57	100.00	0	0	0
-0.076~+0.045	5.23	100.00	0	0	0
-0.045	7.33	100.00	0	0	0
合计	100.00	—	—	—	—

从表 5-35 中看出的单体解离度良好，全样达 93.23%，+100 目单体解离可达 90%以上。

表 5-36 钽铌矿单体解离度

粒级（目）	产率/%	单体/%	连生体		
			1/4	2/4	3/4
+0.25	7.86	15.46	0.25	0.77	4.02
-0.25+0.15	11.37	23.45	0.13	0.40	2.08
-0.15+0.096	12.23	40.86	0.27	0.87	4.52
-0.096+0.074	8.54	78.52	0.63	1.89	9.80
-0.074+0.045	36.39	100.00	0.2	0.63	5.58
-0.045+0.038	14.86	100.00	0	0	0
-0.038	8.75	100.00	0	0	0
合计	100.00	—	—	—	—

从表 5-36 中看出的钽铌单体嵌布较细，-200 目单体才基本解离。

5.5.2.5 显微镜照片说明

如图 5-49~图 5-57 所示，显微镜照片的显示状况。

图 5-49 照片 1 锂白云母不规则鳞片集合体在石英长石粒间分布并交代斜长石

图 5-50 照片 2 白云母呈放射状花瓣状交代

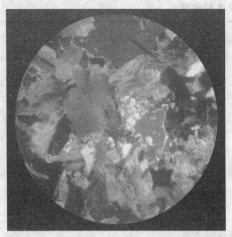

图 5-51 照片 3 黄玉、锂白云母长石石英镶嵌分布

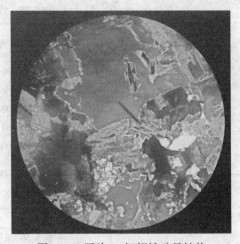

图 5-52 照片 4 钽铌铁矿呈针状

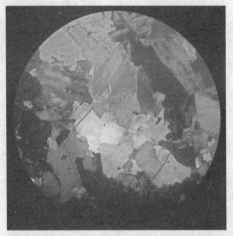

图 5-53 照片 5 锂白云母包裹板状钠长石

图 5-54 照片 6 黄玉裂纹解离发育,
锂白云母在粒间分布

图 5-55 照片 7 锂白云母包裹黄玉,
钾长石泥化包裹柱状斜长石

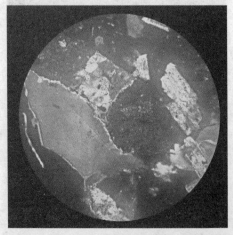

图 5-56 照片 8 高岭石化在锂白云母边缘分布

矿石性质及特点：

（1）目的矿物赋存形式复杂。矿石中钽铌主要赋存在钽铌铁矿中，其次为烧绿石、细晶石等矿物中，锂主要赋存在锂云母矿物中，钾、钠主要赋存在锂云母、长石、高岭土及黏土等矿物中，嵌布形式复杂。

（2）矿石构造构造复杂。矿石主要为块状构造和稀疏星点状构造，块状构造导致矿石致密，硬度高，稀疏星点状构造导致矿石贫细化，钽铌、铁等金属矿物多呈细小颗粒稀疏散布于脉石矿物颗粒间，属难回收的矿石类型。

（3）由于矿床遭受风化及热液交代等作用，导致长石等矿物常被分解为高岭石及黏土矿物，

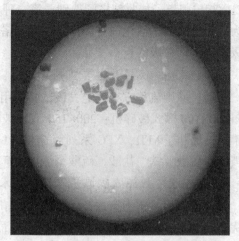

图5-57 照片9 锰钽铌矿，钽铌铁矿

使得矿石泥化现象严重，但仍保留其花岗结构特征，并与含铁、锰、钛及钽、铌等矿物致密共生，选别难度大。

（4）矿石中有用矿物嵌布特征复杂，包裹交代等特征常见，其中锂云母、长石、石英等矿物常构成复杂的集合体，难以解离分离。

（5）烧绿石、细晶石等脉石矿物性质复杂，回收困难。烧绿石、细晶石等矿物含量高、比重大、性质复杂、易于泥化，而部分钽铌矿物以类质同象的形式赋存于其中，重选回收与磁铁矿等相似比重矿物难于分离，浮选回收又因可浮性差缺少高选择性药剂和回收困难。

（6）矿物嵌布特征复杂，嵌布粒度不均匀。矿石中矿物嵌布特征复杂，包裹交代等特征明显，同时钽铌锂矿物嵌布粒度分散，分布不均匀，锂云母矿物嵌布粒度较粗，而钽铌矿物嵌布粒度以中粒为主，呈中细粒嵌布，属极不等粒的不均匀嵌布类型，单体解离不一，致使磨矿工艺难以选择，综合回收困难。

5.5.3 实验室小型试验

对该低品位含钽铌废石尾料资源进行选矿实验室流程试验，旨在通过试验选择适合于该矿的合理选矿工艺流程，充分回收矿石中的锂、钽、铌等有价金属和长石等，为该矿的选矿工艺流程改造提供依据。尽量用简单的综合回收工艺流程，用最短的时间完成选矿工艺流程的推荐，最大限度的提高选矿指标。

5.5.3.1 选矿试验方案的确定

A 原则流程的确定

根据工艺矿物学对原矿性质研究结果，主要以钽铌、锂云母、长石为回收对象，对该公司含钽铌废石尾料中的钽铌、锂云母、长石进行了回收试验，根据矿石的特性，并参考以往的试验成果及类似矿山的选矿实践，试验采用重选、浮选的主干流程。矿样钽铌矿物品位较低、比重大、价值高，考虑首先回收钽铌矿，钽铌矿与脉石矿物比重差异大，宜采用重选方法进行回收，钽铌重选尾矿进行浮选回收锂云母，浮选尾矿则回收长石产品。锂云母采取三种方案来选别，第一种方案为使用江西理工大学研制云母类矿物的辅助捕收剂

ZH-00 与阳离子捕收剂搭配选别；第二种方案为单独使用阳离子捕收剂选别；第三种方案为采用金属离子活化剂与阳离子捕收剂搭配选别。对浮选的尾矿进行高梯度磁选除铁、分级得到不同粒级的长石产品。

B 试验的仪器及主要药剂

通过原则流程方案确定，该试验所用的主要设备和药剂。XPC 150×125 颚式破碎机；PE 60×100 颚式破碎机；200×150 双辊破碎机；XSE-73 300×600 振筛机；XMQ-240×90 型锥形球磨机；XFD、XFG 系列浮选机；LY 实验室型摇床；十二胺、椰油胺、ZH-00、水玻璃、硫酸亚铁、盐酸、硫酸铜、均为矿山选厂工业性药剂；试验用水为民用自来水。

5.5.3.2 钽铌选矿工艺流程和技术指标

实验室通过钽铌粗选条件试验、粗精矿再磨试验后，确定溜槽-摇床-再磨-摇床选别钽铌矿石方案，试验流程如图 5-58 所示，最终可以获得含 $w[(Ta, Nb)_2O_5]$ 为 38.78%，对原矿回收率为 24.09% 的钽铌精矿 I 和含 $w[(Ta, Nb)_2O_5]$ 为 35.24%，对原矿回收率为 13.95% 的钽铌精矿 II。最终钽铌精矿的品位为 37.40%，钽铌回收率为 38.04%。

钽铌精矿及中矿多元素分析见表 5-37。

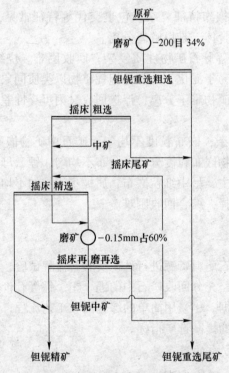

图 5-58 钽铌选矿实验室试验工艺流程

表 5-37 钽铌精矿多元素分析 （w/%）

元素	Li_2O	K_2O	Na_2O	CaO	MgO	SiO_2
含量	0.08	1.84	1.79	0.37	0.085	16.37
元素	Fe_2O_3	P_2O_5	$(Ta, Nb)_2O_5$	Ta_2O_5	Al_2O_3	
含量	0.45	0.08	38.07	21.12	8.94	

5.5.3.3 锂云母浮选试验工艺及技术指标

在粗选条件试验、精选试验、开路试验的基础上进行了流程为两粗一精一扫的闭路试验，闭路试验流程图，如图 5-59 所示，闭路试验结果见表 5-38。

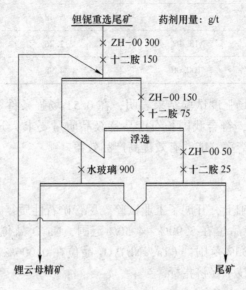

图 5-59 闭路试验流程

表 5-38 闭路试验结果 (%)

产 品	产 率	Li$_2$O 品位	回收率
锂云母精矿	5.23	3.76	61.45
尾矿	94.77	0.13	38.55
钽铌重选尾矿	100.00	0.32	100.00

闭路试验结果表明，当钽铌重选尾矿含 Li$_2$O 0.324% 时，该流程能获得产率为 5.23%，锂云母精矿含 Li$_2$O 3.76%，回收率为 61.45% 的选矿技术指标。

5.5.3.4 长石回收试验

在锂云母浮选的尾矿回收长石矿物，浮选尾矿中 K$_2$O 品位为 4.98%，Na$_2$O 品位为 4.35%。Fe$_2$O$_3$ 品位为 1.09%，按照我国长石产品质量要求，可直接作为二级产品来销售，为最大可能的提高产品效益，应用脉动高梯度磁选机（磁场强度为 0.5T）对浮选尾矿进行除铁试验，降低长石粉中的铁含量，提高长石的白度。为进一步提高产品效益，将高梯度磁选的尾矿通过螺旋分级机分级，分别得到粗粒级和细粒级的长石粉，试验流程如图 5-60 所示，试验结果见表 5-39。

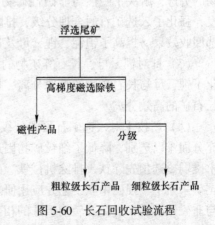

图 5-60 长石回收试验流程

表 5-39 长石回收试验结果 （%）

产品名称	产 率	K_2O 品位	Na_2O 品位
粗粒级长石产品	55.61	5.61	4.84
细粒级长石产品	30.93	5.48	4.78
磁性产品	13.46	1.26	1.31
浮选尾矿	100.00	4.98	4.35

脉动高梯度磁选磁场强度试验结果表明，在 0.5T 场强条件下，长石产品中的 Fe_2O_3 品位就降到 0.07% 以下，符合我国长石产品特级品质量要求。分级后，粗粒级长石产品的产率大于细粒级产品产率，能够有效提高产品效益。

5.5.4 工业试验

在实验室研究的基础上，开展了工业试验。尽管矿石性质复杂，品位偏低且出现了一定的波动，其中含 K_2O 品位在 3.90% ～ 4.50% 范围，Na_2O 品位在 3.85% ～ 4.35% 范围，Li_2O 品位在 0.23% ～ 0.33% 范围，$(Ta，Nb)_2O_5$ 品位在 0.006% ～ 0.022% 范围的情况下，但新工艺能体现较好的技术经济指标。

5.5.4.1 新工艺技术特点

（1）根据钽铌、锂矿石中不同矿物的粒度、比重、磁性及浮选行为差异，开发了"弱磁除铁-磁性分离-重浮联合"新工艺，采用湿式永磁弱磁选预先除铁脱杂，排除铁质矿物对钽铌矿物重选回收的影响，以中、强磁串联工艺分离磁性与非磁性矿物，降低钛、铁、锰等磁性与含钽铌的细晶石、烧绿石等非磁性矿物在重选流程中的干扰，减轻磁性矿物对云母、长石精矿品质的影响，采用"重-浮"联合工艺分选钽铌、云母及长石矿物，显著改善了钽铌、锂云母及长石矿物的分离效果，实现了钽铌、锂、长石矿物的综合回收与高效分离。

（2）基于铌钽铁矿、磁铁矿、硬锰矿、烧绿石、细晶石等含钽铌磁性矿物特性与磁性差异，研发了磁、重选高性能新装备。一种高梯度磁选机用梯度的研发，强化了磁性矿物的分选，解决了磁性与非磁性矿物的分离难题；模块式高频振动斜管浓密分级机的研发，强化了入选矿石的合理分级，排除了细泥对目的矿物选别的干扰，改善了钽铌矿物重选回收效果，提高了钽铌、锂云母及长石矿物的分选指标。

（3）针对锂云母、长石等矿物的浮选行为，开发了锂云母高选择性捕收剂 ZH-00，强化了锂云母与长石矿物的浮选分离，显著改善了长石与锂云母分离效果，实现了锂云母与长石矿的高效分离。

（4）新技术对入选矿石预先分级，粗粒选择性再磨，避免了粗粒矿物因单体解离不充分而难以选别，降低了细粒矿物因过磨而过粉碎导致泥化严重；分级后的产品采用湿式永磁弱磁选预先除铁，排除机械铁、磁铁矿等强磁性矿物对钽铌矿物重选的影响；强磁选尾矿采用中、强磁串联工艺并应用研发出的高性能磁介质盒及其相匹配的磁介质分离磁性与非磁性矿物，避免二者间重选的相互干扰；重选尾矿采用研发出的模块式高频振动斜管浓密分级机脱除细泥，排除细泥对流程的影响；脱泥后的产品采用新开发的高效捕收剂

ZH-00，实现长石与锂云母矿物的浮选分离。

（5）新技术实施后，可提高精矿质量与品位，并显著提高钽铌、长石、锂云母选矿回收率。

5.5.4.2 选矿新工艺技术条件与操作要点

（1）采用"阶段磨矿-阶段选别"的流程进行合理分级，预先分级采用 3mm 的粒级分级，粗粒给入球磨机磨矿，细粒级采用 0.5mm 的粒级进行强化分级，分级后的产品采用湿式永磁弱磁选进行脱铁，弱磁选磁场强度为 3000Gs，弱磁尾矿进入中磁作业进行磁性与非磁性矿物分离，中磁磁场强度为 7000Gs。

（2）磁性矿物采用模块式高频振动斜管浓密分级机预先脱泥，再采用摇床和螺旋溜槽回收钽铌矿物；非磁性矿物先采用螺旋溜槽预选，富集后采用摇床重选回收，所有摇床中矿选择性再磨，并返回至中磁作业，再磨细度-0.074mm 含量为 60%。

（3）非磁性矿物重选尾矿采用高频振动斜管浓密分级机预先脱泥，脱泥后矿浆采用两段高梯度磁选机强化除铁，磁场强度分别为 10000Gs 和 13000Gs。

（4）强磁选脱铁后采用硫酸作 pH 值调整剂、水玻璃作分散剂、ZH-00 作捕收剂，在用量较小的情况下，实现了锂云母与长石矿物的浮选分离，整个浮选系统保持稳定，药剂添加均匀合理，浮选液面不易过高，操作时贯彻"勤挂泡、浅挂泡"原则。

5.5.4.3 选矿设备及工艺流程

新工艺设备名称见表 5-40，含钽铌废石尾料资源工业试验工艺流程，如图 5-61 所示，设备形象联系图如图 5-62 所示。

表 5-40 选矿工艺设备

序号	名 称	型 号	台数	应用
1	颚式破碎机	PE750×1060	1	破碎车间
2	反击式破碎机	PFW1315	1	破碎车间
3	振动筛	ZYA2160	1	破碎车间
4	圆锥破碎机	HPC220	1	破碎车间
5	振动给料机	Apr-07	2	破碎车间
6	带式输送机	TDY75φ400×800	1	磨选车间
7	带式输送机	TDY75φ630×800	1	磨选车间
8	皮带秤	XK3110	1	磨选车间
9	叠层高频振动细筛	HGZS-551207	3	磨选车间
10	高频振动筛	D5F1216G03-00	2	磨选车间
11	高频振动斜管浓密分级机	JH-MK-01	1	磨选车间
12	逆流磁选机	HCT-1050	1	磨选车间

序号	名　称	型　号	台数	应用
13	直线振动高频筛	ZZS-1848	1	磨选车间
14	高梯度磁选机	SLON-2500	2	磨选车间
15	螺旋分级机	FC1.5X11	1	磨选车间
16	湿式格子型球磨机	MQG-3230	1	磨选车间
17	玻璃钢摇床	cc24500×1830	9	磨选车间
18	摇床	6-S（粗砂）	12	磨选车间
19	摇床	6-S（细泥）	6	磨选车间
20	摇床	6-S（中砂）	7	磨选车间
21	振动浓密机	4×5.2×2/5×6×2	2	磨选车间
22	水力旋流器	FX250-GX-BX4 FX150-PU-BX10	2	磨选车间
23	带式过滤机	DU-1000/10、2500/25、2500/58 m²	1	磨选车间
24	高效浓缩机	NX2-12	1	磨选车间
25	高效浓缩机	NXZ-30	1	磨选车间
26	压滤机	XZM200／1298-U	2	磨选车间
27	浮选机	SF-4	11	浮选车间
28	搅拌桶	XB-1000、1500、2000	10	浮选车间
29	螺旋溜槽	φ1200×720×3	8	磨选车间
30	螺旋溜槽	φ1200×540×3	8	磨选车间
31	螺旋溜槽	φ900×540×3	12	磨选车间
32	螺旋溜槽	φ900×405×2	6	磨选车间
33	螺旋溜槽	φ900×540×3	6	磨选车间

　　新工艺强化入选矿石合理分级，避免了粗粒矿物因单体解离不充分而难以选别，降低了细粒矿物因过磨而过粉碎导致泥化严重；磨矿分级后的产品采用湿式永磁弱磁选预先除铁，排除机械铁、磁铁矿等强磁性矿物对钽铌矿物重选的影响；强磁选尾矿采用中、强磁串联工艺并应用研发出的高性能磁介质盒及其相匹配的磁介质分离磁性与非磁性矿物，避免二者间重选的相互干扰；重选尾矿采用研发出的模块式高频振动斜管浓密分级机脱除细泥，排除细泥对流程的影响；脱泥后的产品采用新开发的高效捕收剂 ZH-00，实现长石与锂云母矿物的浮选分离。

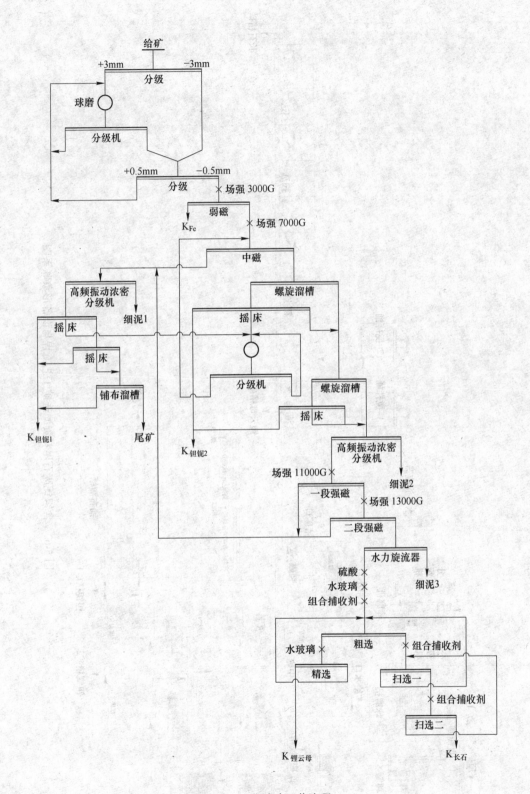

图 5-61 工业试验工艺流程

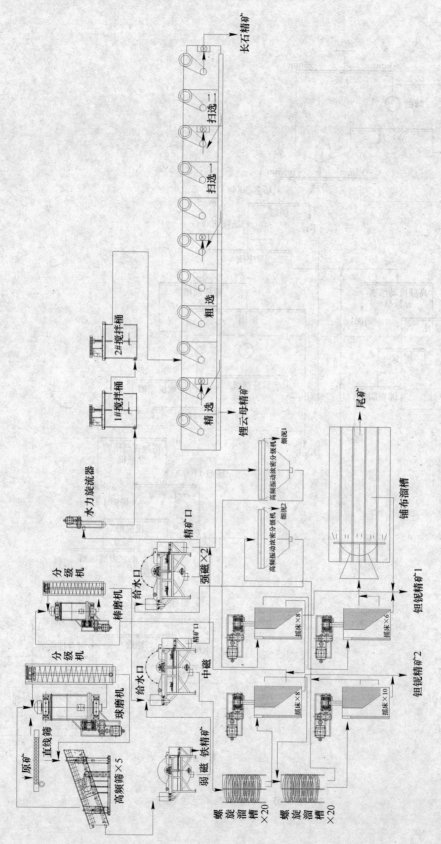

图 5-62　含钽铌废石尾料资源选矿工艺流程与设备形象联系图

5.5.4.4 工业试验结果

工业试验结果见表 5-41。

表 5-41 工业试验结果 (w/%)

精矿产品	品 位			回收率
钽铌精矿	$(Ta, Nb)_2O_5$		Ta_2O_5	$(Ta, Nb)_2O_5$
	34.11		20.44	37.66
锂云母精矿	Li_2O 品位			Li_2O 回收率
	3.68			60.45
长石精矿	品 位			白度	选矿比
	Na_2O	K_2O	Fe_2O_3		
	5.25	4.73	0.07	65%	1.23

新技术工业试验在入选废石含（质量分数）K_2O 4.36%、Na_2O 4.10%、Li_2O 0.31%、$(Ta, Nb)_2O_5$ 为 0.018%的情况下，可获得 $(Ta, Nb)_2O_5$ 含量为 34.11%，$(Ta, Nb)_2O_5$ 回收率为 37.66% 的钽铌精矿；含 Li_2O 3.68%、K_2O 7.47%、Na_2O 3.91%、Fe_2O_3 0.18%、Li_2O 回收率为 60.45% 的锂云母精矿；含 K_2O 5.25%、Na_2O 4.73%、Fe_2O_3 0.07%，选矿比 1.23，白度为 65% 的长石精矿。新技术指标优越，效果显著，实现了含钽铌废石尾料资源的高效综合回收。

5.5.5 工业应用

5.5.5.1 工业试验期间存在的问题

（1）入选矿石性质不稳定，品位变化差异大。入选矿石为采矿场开采剥离出的表面矿、低品位矿、废石等的混合矿，虽然矿石中不同程度的含有钽铌、锂等矿物，但各矿物组分、含量、性质等不均匀，不同矿石类型与采区地段性质不同，矿石品位变化变异大，导致生产不稳定，影响钽铌、锂及长石精矿品位与回收率的提高。

（2）中矿再磨细度不够，对钽铌分选指标的进一步提高影响较大。由于选矿厂选用的再磨机型号偏小，导致矿石入选细度不够，若降低矿石处理量，磨矿细度有一定的提升，钽铌回收率也明显提高，但此举不利于生产与计划的完成，因此工业试验期间矿石入选细度一直保持在 -0.074mm 含量占 45%~50%，这极大地影响了钽铌精矿回收率的进一步提高。

（3）细泥对锂云母、长石分选指标存在一定的影响。非磁性矿物重选尾矿采用模块式高频振动斜管浓密分级机预先脱泥，虽然斜管浓密分级机脱泥效果较好，但随着生产能力的提高，设备台数明显不够，为此现场采用空余的螺旋分级机进行替代生产，并在后续强磁选尾矿采用水力旋流器强化脱泥，但效果均不如斜管浓密分级机脱泥效果，影响了锂云母和长石精矿浮选指标的进一步提高。

（4）磨矿参数控制不够，钢球补加不合理。由于矿石硬度偏高，球磨机型号偏小，导致生产能力与磨矿细度均偏低。工业试验期间对磨矿浓度、细度等参数进行了优化，但控制不够稳定，同时钢球补加不合理，充填率仅 35% 左右，严重影响了磨机处理能力与磨矿效率。

（5）分级作业参数控制不稳定，产品粒度不均匀。工业试验期间对分级作业进行了相应的改造，并对给矿浓度、给矿压力等技术参数进行了相应的调整，但控制不够稳定，"沉砂跑细、溢流跑粗"现象仍较常见，使得粗粒级未能单体解离，细粒级过粉碎严重，产品粒度不均匀，影响了钽铌锂矿物的分选指标。

（6）浮选时间不够，锂云母、长石回收率受到影响。工业试验期间对浮选系统进行了详细流程考查，发现粗一作业浮选时间为 11.4min、扫一作业为 5.2min、扫二作业为 5min，精一作业浮选时间为 20.5min，长石精矿中仍有部分细粒级的云母矿物未脱除。可见，精选作业时间较好，但粗扫选作业浮选时间不足，导致长石精矿中仍含有部分的锂云母矿物。

5.5.5.2 工业应用期间的持续改进措施

针对工业试验期间所存在的问题，项目组通过系统研究提出切实可行的方案，期间采用研究人员跟班、考查、跟踪、指导等多种途径，对生产中存在的问题持续改进，并加强过程监控与管理等有效手段，巩固并进一步完善了新工艺。

A 设立原料堆存，混匀配矿

工业试验期间由于入选矿石性质不稳定，品位变化差异大，导致生产不稳定，影响钽铌、锂及长石精矿品位与回收率的提高。为此，项目组在选矿厂周围设立了原矿堆场，对原料进行了预先堆存，待取样化验检测后进行混匀配矿，保证原矿入选试样相对稳定，品位变化不大。原料堆场现场照片，如图 5-63 所示。

图 5-63 原料堆存现场混样配矿

原矿试样在原料堆场混样配矿后效果显著，不仅试样的入选品位基本保持一致，而且矿石性质也趋于稳定，对选矿厂的生产提供了良好的保障，钽铌、锂云母、长石等矿物也得到了较好的分选。

B 优化破碎筛分工艺

由于选矿厂在设计选型时没有充分考虑矿石硬度与生产处理能力的提高，导致矿石入选细度偏低，离小型试验、验证试验及生产实践所需最佳细度还有一定差距，而现今选矿厂不可能更换磨机，生产处理能力也不能下降，在此诸多因素限制下，项目组相关技术人员对破碎工艺进行了优化，采用"多碎少磨"原则合理分配了矿石破碎粒度，优化了中碎给矿方式。

经详细计算发现，当选矿厂磨矿处理量为 1300t/d（即 54.2t/h），一段磨矿分级机溢流细度-0.074mm 含量 50%时，所需的磨机给矿粒度应约为 9mm。因此，在不降低处理量的前提下，实现磨矿细度的提高，就必须保证磨矿给矿粒度为-12mm，而原破碎工艺最终产品粒度也即磨矿给矿粒度为-15mm，故要实现入磨粒度降低就必须减小筛孔尺寸，也就必须降低破碎产品粒度，缩小各破碎机的排矿口宽度，降低破碎机单位处理能力，延长破碎时间，降低破碎循环负荷。

在此思路的指导下，研究人员对破碎机的排矿口进行了调整，由于细碎机采用的是 HPC220 型圆锥破碎机，排矿口已不能再缩小，否则功率过大，电流过高，细碎机调整环将频繁跳动，因此只对粗碎、中碎破碎机排矿口进行了调小。同时，将中、细碎筛分机更换为 12×12mm 筛网的振动筛；并且为了提高筛分效率，将振动筛由单层筛网改为双层筛网（见图 5-64），上层筛孔尺寸为 20mm×20mm，下层为 10mm×10mm。

图 5-64　更换后的双层筛网

破碎工艺改进前，中碎作业经常因给矿不足始终没有达到挤满式给矿，出现破碎机空转现象，而改造后这一现象尤为明显。据此，研究人员对细碎不合格产品走向进行了优化，将部分细碎的循环负荷返回中碎作业，一方面保证了中碎的挤满式给矿，实现层压式破碎，使中碎产品-12mm 粒级含量增加；另一方面也减小了细碎的循环负荷量，提高了中、细碎的破碎效率。

C　优化磨矿工艺

工业试验期间发现，由于再磨细度不够，对铁质矿物的脱除和钽铌分选指标的提高影响较大。由于选矿厂选用的再磨机型号偏小，导致矿石入选细度不够，若降低矿石处理量，磨矿细度有一定的提升，钽铌回收率也明显提高，但此举不利于生产与计划的完成，因此工业试验期间矿石入选细度一直保持在-0.074mm 含量占 45%~50%，这极大地影响了钽铌精矿回收率的进一步提高。

据此，研究人员对磨矿工艺进行了优化，通过球径半理论公式计算，当破碎产品最终粒度降低到-10mm 以后，一段 MQY3200×4500 球磨机给矿中 95%通过筛孔的粒度为 9mm，则磨矿给矿粒度所需精确球径 D_b 为：

$$D_b = K_c \frac{0.5224}{\psi_2 - \psi_6} \sqrt[3]{\frac{\delta_{压}}{10 \cdot \rho_e \cdot D_0}} \cdot d = 1.2 \times \frac{0.5224}{0.76^2 - 0.76^6} \times \sqrt[3]{\frac{1600}{10 \times 5.77 \times 135}} \times 9 = 88mm$$

式中，K_c 为综合经验修正系数；ψ 为磨机转速率，%；$\delta_{压}$ 为矿石极限抗压强度，kg/cm²，

$\delta_{\text{压}}=100f$；ρ_e 为钢球在矿浆中的有效密度，kg/cm^3；D_0 为磨机内钢球"中间缩聚层"直径，cm；$D_0=2R_0$，$R_0=\sqrt{\dfrac{R_1+KR_1}{2}}$；$R_1$ 为磨机内最外层球的球层半径，cm；K 与转速率 ψ、装球率 φ 有关。

由此可见，当一段磨矿给矿中 95% 通过筛孔的粒度为 9mm 时，所需钢球精确球径 D_b 为 88mm；同理，当粒度为 7mm、5mm、3mm 时，计算出的钢球精确球径 D_b 分别为 71mm、56mm、44mm。二段磨矿给矿中 95% 通过筛孔的粒度为 0.6mm、0.15mm 时，计算出的钢球精确球径 D_b 分别为 18.2mm、8.4mm。

根据磨机给矿产品的粒度分布与计算结果，确定一段磨机补加钢球为 90mm 和 70mm 两种，且计算出补加比例为 2∶1；而中矿再磨由于所需钢球较细，考虑到小钢球生产困难、价格高、耗量大、易随磨矿产品排出，同时大钢球也会逐渐磨细成小钢球等实际情况，最终确定二段磨机补加 60mm 与 40mm 的钢球，且计算配比为 1∶2。

优化磨矿工艺，合理补加球后，磨机磨矿效率明显升高，一段磨机生产率由原工艺的 $0.62t/m^3 \cdot h$ 提高至 $0.66t/m^3 \cdot h$，再磨机生产率由原工艺的 $0.15t/m^3 \cdot h$ 提高至 $0.20t/m^3 \cdot h$。同时，一段分级机溢流细度 $-0.074mm$ 含量提高至 55% 左右，再磨机旋流器溢流细度 $-0.074mm$ 含量提高至 65% 左右。通过连续水析试验考查发现，最终磨矿产品中 $-19\mu m$ 的微粒级含量减少了 2.80%，显著降低了过磨现象。为此，工业应用期间，不仅铁质矿物脱除效果较高，而且钽铌矿物回收率也得到了一定的提高。

D　优化分级工艺

工业试验期间对分级作业进行了相应的改造，并对给矿浓度、给矿压力等技术参数进行了相应的调整，但控制不够稳定，"沉砂跑细、溢流跑粗"现象仍较常见，使得粗粒级未能单体解离，细粒级过粉碎严重，产品粒度不均匀，影响了钽铌锂矿物的分选指标。为此，项目组成员采用控制分级技术对摇床中矿进行选择性再磨，将中矿采用 $\phi250$ 型水力旋流器预先分级，分级溢流浓缩后返回粗选再选，分级沉砂给入再磨机选择性再磨，实现未解离矿物充分单体解离，避免细粒矿物过粉碎及脉石矿物过度泥化。

E　增加斜管浓密分级机预先脱泥

细泥对锂云母、长石分选指标存在一定的影响，非磁性矿物重选尾矿采用模块式高频振动斜管浓密分级机预先脱泥，虽然斜管浓密分级机脱泥效果较好，但随着生产能力的提高，设备台数明显不够，为此现场采用空余的螺旋分级机进行替代生产，并在后续强磁选尾矿采用水力旋流器强化脱泥，但效果均不如斜管浓密分级机脱泥效果，影响了锂云母和长石精矿浮选指标的进一步提高。

为此，工业应用期间增加了 2 两台模块式高频振动斜管浓密分级机预先脱泥，脱泥后的矿浆给入强磁选作业除铁效果明显更好，排除了细粒级锂云母和铁锂云母对强磁选的磁团聚的影响。

F　添加浮选机台数，延长长石、锂云母浮选分离时间

浮选时间不够，锂云母、长石回收率受到影响。工业试验期间对浮选系统进行了详细流程考查，发现粗一作业浮选时间为 11.4min、扫一作业为 5.2min、扫二作业为 5min，精一作业浮选时间为 20.5min，长石精矿中仍有部分细粒级的云母矿物未脱除。可见，精选

作业时间较好，但粗扫选作业浮选时间不足，导致长石精矿中仍含有部分的锂云母矿物。为此，对锂云母、长石浮选分离作业进行了优化改进，在粗选、扫一、扫二作业相应增加2、1、1配置的浮选机，保证粗扫选作业时间，从而进一步提高锂云母、长石浮选分离指标。

5.5.5.3 工业应用期间的药剂制度与技术参数

工业生产应用采用了一系列持续改进措施，也获得了理想的生产指标，期间共运行了25个月，所采用了药剂制度与技术参数为：

（1）一段磨矿分级最终产品细度-0.074mm含量占55%，中矿再磨分级最终产品细度-0.074mm含量占65%。

（2）碎磨系统最终生产处理能力扩大为1500t/d；

（3）工业应用生产药剂添加点与添加量见表5-42。

表 5-42　工业应用生产药剂制度

加药点	水玻璃	硫酸	捕收剂
粗选搅拌桶	550g/t	2800g/t	400g/t
粗选搅拌桶	350g/t	1800g/t	300g/t
扫选一	—	600g/t	50g/t
扫选二	—	400g/t	50g/t
精选一	200g/t	—	—

5.5.5.4 工业应用生产结果

工业应用生产结果见表5-43。

表 5-43　工业应用生产结果　　　　　　　　　　　　（%）

精矿产品	品位			回收率
钽铌精矿	$(Ta, Nb)_2O_5$	Ta_2O_5		$(Ta, Nb)_2O_5$
	32.61	20.92		36.40
锂云母精矿	Li_2O 品位			Li_2O 回收率
	3.57			57.35
长石精矿	品位			白度	选矿比
	Na_2O	K_2O	Fe_2O_3		
	4.82	5.58	0.07	65.3%	1.24

新技术工业试验在钽铌矿废石平均入选矿石含（质量分数）K_2O 4.37%、Na_2O 4.12%、Li_2O 0.31%、$(Ta, Nb)_2O_5$ 为0.019%的情况下，通过本工艺的实施，可获得 $(Ta, Nb)_2O_5$ 含量为32.61%、其中 $w(Ta_2O_5)$ 为20.92%，$(Ta, Nb)_2O_5$ 回收率为36.40%的钽铌精矿；含 $w(Li_2O)$ 为3.57%、$w(K_2O)$ 为7.66%、$w(Na_2O)$ 为3.68%、$w(Fe_2O_3)$ 为0.19%，Li_2O 回收率为57.35%的锂云母精矿；含 $w(K_2O)$ 为5.58%、$w(Na_2O)$ 为4.82%、$w(Fe_2O_3)$ 为0.07%，选矿比1.24，白度为65.3%的长石精矿。

参 考 文 献

[1] 崔越昭，等．中国非金属矿业 [M]．北京：地质出版社，2008．

[2] 国土资源部信息中心．世界矿产资源年评 2013 [M]．北京：地质出版社，2013．

[3]《中国矿业年鉴》编辑部．中国矿业年鉴（2014~2015）[M]．北京：地质出版社，2016．

[4] 中华人民共和国国土资源部．中国矿产资源报告 2016 [M]．北京：地质出版社，2016．

[5] 陈其慎，等．点石：未来 20 年全球矿产资源产业发展研究 [M]．北京：科学出版社，2016．

[6] 孙传尧，等．选矿工程师手册．第 1 册 [M]．北京：冶金工业出版社，2015．

[7] 孙传尧，等．选矿工程师手册．第 4 册 [M]．北京：冶金工业出版社，2015．

[8] 谢广元，等．选矿学（第 2 版）[M]．徐州：中国矿业大学出版社，2010．

[9] 丁明．非金属矿物加工工程 [M]．北京：化学工业出版社，2003．

[10] 王利剑，等．非金属矿物加工技术基础 [M]．北京：化学工业出版社，2010．

[11] [日] 富田坚二．非金属矿选矿法 [M]．北京：中国建筑工业出版社，1982．

[12] 张泾生，阙煊兰．矿用药剂 [M]．北京：冶金工业出版社，2008．

[13] 郑水林．非金属矿超细粉碎技术与装备 [M]．北京：中国建材工业出版社，2016．

[14] 杨华明，张向超．非金属矿物加工工程与设备 [M]．北京：化学工业出版社，2015．

[15] 傅平丰，杨慧芬．非金属矿深加工 [M]．北京：科学出版社，2015．

[16] 赵世永，杨兵乾．矿物加工实践教程 [M]．西安：西北工业大学出版社，2012．